クリーン水素・アンモニア利活用最前線

The Forefront of Clean Hydrogen and Ammonia Utilization

監修：小島由継
Supervisor：Yoshitsugu KOJIMA

シーエムシー出版

カーボンニュートラルを目指して

　2015年12月12日，第21回気候変動枠組条約締約国会議（COP21）において，二酸化炭素（CO_2）などの温室効果ガス排出を今世紀後半に実質ゼロにすることを目指すパリ協定が採択された。2016年11月4日にパリ協定は発効し，2016年11月8日に日本はパリ協定を承認した。パリ協定では「世界的な平均気温上昇を産業革命以前に比べて2℃より十分低く保つとともに，1.5℃に抑える努力を追求する」との目標を掲げている。産業革命以降，2019年までで2兆4000億トンのCO_2が排出されて気温が約1.2℃上昇している（2兆トン/1℃）（図1）。残りの温度上昇は0.3〜0.8℃である。これはCO_2排出量に換算すると6000億トン〜1兆6000億トンとなる。

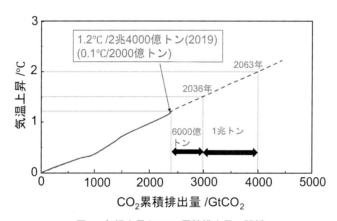

図1　気温上昇とCO_2累積排出量の関係
https://www.jccca.org/download/42990

　2023年，世界の二酸化炭素排出量は374億トンである（2020年：約314億トン，2021年：約332億トン，2022年：368億トン，2023年：374億トン）。2024年以降，排出量が年に依らず374億トンと仮定すると，2025年には1.3℃上昇し，2035年から2062年にかけて温度は1.5℃〜2℃上昇することが予測される。

　2019年12月11日に発表された欧州グリーンディールでは，EU加盟国（2022年27カ国）は2050年までに温室効果ガス排出量ネットゼロ（カーボンニュートラル）を目指す。日本は2020年10月26日，2050年までに温室効果ガスの排出を全体としてゼロにする脱炭素社会を目指している。2020年12月10日，韓国は2050年までに二酸化炭素（CO_2）の排出を実質ゼロにするカーボンニュートラルの達成を目指す「2050大韓民国炭素中立ビジョン」を宣言した。その後，

中国，ブラジル，UAE，サウジアラビア，オーストラリア，インド，シンガポール等も2050から2070年までに温室効果ガスのネットゼロの達成を宣言している。

このような背景から，循環型でCO_2を発生せず脱炭素社会（カーボンニュートラル社会）の形成に貢献し得る再生可能エネルギー（代替エネルギー：太陽光，風力，水力等）は，クリーンな次世代エネルギーとして注目されている。再生可能エネルギーからは主に電気が得られるが，時間的，空間的に変動し，安定供給は困難である。再生可能エネルギーを平準化するため，これまでの小規模分散型エネルギーシステムである水素・燃料電池に加え，燃焼しても二酸化炭素の発生しない水素・アンモニアを用いた大規模集中型エネルギーシステムである火力発電に最近注目が集まっている。

図2には日本経済新聞に掲載された3種類の水素エネルギーキャリア［アンモニア，液体水素（液化水素），液体有機水素キャリア（LOHC，有機ハイドライド，メチルシクロヘキサン，MCH）］の記事数と年の関係を示す（2016年1月1日〜2024年7月31日）。2019年，欧州グリーンディールの発表後，アンモニア（主に燃料アンモニア）や液体水素の記事数が増加している。とくにアンモニアに関する記事数は2020年，日本が脱炭素社会を目指す宣言をした後2021年から著しい増加を示している。NNA Europe，ヨーロッパ経済ニュースにおいても2021年からアンモニアの記事数は液体水素や液体有機水素キャリアに比べ著しく多くなっている（図3）。

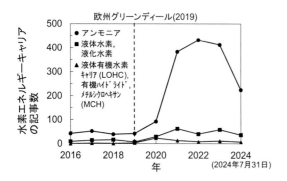

図2　日本経済新聞における水素エネルギーキャリアの記事数

https://www.nikkei.com/

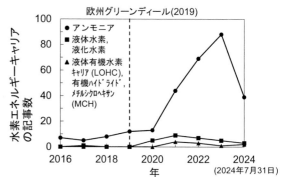

図3　ヨーロッパ経済ニュースにおける水素エネルギーキャリアの記事数

https://europe.nna.jp/news/

本書ではCO_2排出量を削減可能なクリーン水素・アンモニア（グリーン水素・アンモニア，ブルー水素・アンモニア）の利活用最前線として，総論，国内外の技術開発動向，製造，貯蔵・輸送・インフラ構築のための要素技術，利活用に関して最新の動向を解説して頂く。今後，クリーン水素・アンモニアを利用した発電技術が実装され，カーボンニュートラルな脱炭素社会実現が望まれる。

最後に，ご多忙の中をご執筆いただいた皆様方および本書刊行のためにご尽力いただいたシーエムシー出版の上本朋美氏に感謝申しあげます。

　2024 年 11 月

広島大学

小島由継

執筆者一覧（執筆順）

小 島 由 継　広島大学　自然科学研究支援開発センター　特命教授

柴 田 善 朗　(一財)日本エネルギー経済研究所
　　　　　　　クリーンエネルギーユニット　担任補佐，研究理事

森　　晃 一　エア・ウォーター㈱　グローバル＆エンジニアリンググループ
　　　　　　　プラント・機器開発センター　機器開発グループ　グループリーダー

市 川 貴 之　広島大学　大学院先進理工系科学研究科　教授

久保田　　純　福岡大学　工学部　化学システム工学科　教授

郭　　方 芹　広島大学　大学院先進理工系科学研究科　助教

宮 岡 裕 樹　広島大学　自然科学研究支援開発センター　特定教授

長 澤 兼 作　(国研)産業技術総合研究所　再生可能エネルギー研究センター
　　　　　　　水素エネルギーチーム　主任研究員

濱 口 裕 昭　あいち産業科学技術総合センター　技術支援部　計測分析室
　　　　　　　主任研究員

鈴 木 正 史　あいち産業科学技術総合センター　産業技術センター　化学材料室
　　　　　　　主任研究員

伊 原 良 碩　㈱伊原工業　代表取締役

佐 藤 勝 俊　名古屋大学　大学院工学研究科　化学システム工学専攻　特任准教授

永 岡 勝 俊　名古屋大学　大学院工学研究科　化学システム工学専攻　教授

中 山 怜 香　早稲田大学　理工学術院　先進理工研究科

駒野谷　　将　三井金属鉱業㈱

関 根　　泰　早稲田大学　理工学術院　先進理工研究科　教授

江 場 宏 美　東京都市大学　理工学部　応用化学科　教授

片 山　　祐　大阪大学　産業科学研究所　准教授

高 桑 宗 也　日揮ホールディングス㈱　サステナビリティ協創オフィス
　　　　　　　サステナビリティ協創ユニット　アシスタントプログラムマネージャー

小 林 　 覚	東京科学大学　物質理工学院　材料系　准教授	
高 井 健 一	上智大学　理工学部　機能創造理工学科　教授	
榊 原 洋 平	㈱IHI　技術開発本部　技術基盤センター　材料・構造技術部　主幹	
小 林 寛 幸	㈱IHI プラント　ライフサイクルビジネスセンター　構造技術部 スタッフ	
中 村 英 晃	㈱IHI プラント　ライフサイクルビジネスセンター　構造技術部 主査	
石 本 祐 樹	(一財)エネルギー総合工学研究所　カーボンニュートラル技術センター 水素エネルギーグループ　部長代理，主管研究員	
川 上 　 朋	三菱重工業㈱　エナジードメイン　GTCC 事業部 ガスタービン技術部　ガスタービン燃焼器 2 グループ　グループ長	
羽 田 　 哲	三菱重工業㈱　エナジードメイン　GTCC 事業部 ガスタービン技術部　部長	
関 口 　 尚	デロイト トーマツ リスクアドバイザリー合同会社 グリーントランスフォーメーション＆オペレーション　コンサルタント	
赤 松 史 光	大阪大学　大学院工学研究科　機械工学専攻　燃焼工学研究室 教授	
花 岡 　 亮	㈱IHI　資源・エネルギー・環境事業領域 カーボンソリューション SBU　ライフサイクルマネジメント部 燃焼技術グループ　主幹	
山 田 敏 彦	㈱IHI　資源・エネルギー・環境事業領域 カーボンソリューション SBU　開発部　部長	
壹 岐 典 彦	(国研)産業技術総合研究所　エネルギー・環境領域 再生可能エネルギー研究センター　水素キャリア利用チーム 招聘研究員	

目　　次

【第Ⅰ編　総論】

第1章　脱炭素社会における水素・アンモニアの展望　小島由継

1　はじめに ………………………………… 1
2　水素貯蔵材料と液体水素の水素密度と
　　エネルギー密度 ………………………… 2
3　水素・アンモニアのカラーリング ……… 3
4　大規模発電用燃料としてアンモニアと
　　液体水素の特性 ………………………… 5
5　アンモニアの許容濃度 ………………… 10
6　まとめ …………………………………… 12

第2章　水素・アンモニアを巡る動向と課題　柴田善朗

1　はじめに ………………………………… 15
2　水素・水素キャリア・水素系燃料 …… 15
3　輸入水素等の潜在的リスク …………… 16
　3.1　制度的課題：CO_2 の帰属 ………… 16
　3.2　低価格・安定調達に係る課題 …… 17
4　国内再エネ水電解水素に求められる合
　　理性の追求 ……………………………… 18
　4.1　水素キャリアへの変換は可能な限り
　　　回避すべき …………………………… 18
　4.2　再エネの使い方 …………………… 19
5　e-methane/fuel に関する議論から浮か
　　び上がる日本の将来設計図の必要性 … 19
6　おわりに ………………………………… 20

第3章　水素・アンモニアに関する取扱の注意点と法規制　森　晃一

1　はじめに ………………………………… 22
2　水素 ……………………………………… 22
　2.1　水素の取扱注意点 ………………… 23
　2.2　水素に関する法令の規制 ………… 24
3　アンモニア ……………………………… 25
　3.1　アンモニアの取扱注意点 ………… 25
　3.2　アンモニアに関する法令の規制 … 27
4　安全に取り扱うための基準，指標等 … 30
　4.1　工業用燃焼炉利用技術指標
　　　（水素） ……………………………… 30
　4.2　水素ガス消費基準 ………………… 30

I

【第Ⅱ編　国内外の技術開発動向】

第1章　水素・アンモニアの最新の技術動向・展望　市川貴之

1　はじめに ………………………… 31	4　水素の利用技術 ………………… 34
2　素材としての価値からエネルギーとしての価値へ ………… 32	5　アンモニアの利用技術 ………… 36
3　水素の貯蔵・輸送技術 ………… 33	6　おわりに ………………………… 37

第2章　水素・アンモニアの製造技術動向　久保田　純

1　はじめに ………………………… 39	3.2　窒素と水からの電気化学的アンモニア合成 ………… 44
2　水素製造 ………………………… 39	
3　アンモニア製造 ………………… 42	4　まとめ …………………………… 46
3.1　窒素と水素からの触媒的アンモニア合成 ………… 42	

第3章　中国の水素・アンモニア技術動向　郭　方芹，市川貴之

1　はじめに ………………………… 49	4　水素貯蔵と水素輸送 …………… 52
2　中国の水素・アンモニア政策 ……… 50	5　水素エネルギーの応用 ………… 53
3　中国国内の水素製造における主な技術的アプローチ ………… 51	6　おわりに ………………………… 54

【第Ⅲ編　製造】

第1章　低温排熱を利用した熱化学水素製造　宮岡裕樹

1　はじめに ………………………… 57	4　耐腐食性材料の探索，及び腐食回避環境下での反応特性評価 ………… 60
2　熱化学水素製造 ………………… 57	
3　ナトリウムレドックス（Na–Redox）サイクル ………… 58	5　おわりに ………………………… 65

第2章　グリーン水素製造の為の水電解評価技術開発　長澤兼作

1　はじめに ………………………… 67	2.1　欧米 …………………………… 67
2　要素評価用標準小型セルの開発動向 … 67	2.2　日本 …………………………… 68

II

3	小型電解槽の評価の基礎 ……………… 70	5	水電解要素評価法の開発 ……………… 73
4	要素評価用小型セル（YNUセル）の	6	まとめ ………………………………… 76
	特徴 ……………………………………… 71		

第3章　メタン直接分解によるターコイズ水素製造技術の開発

濱口裕昭, 鈴木正史, 伊原良碩

1	はじめに ……………………………… 78	4	金属触媒板を用いたターコイズ水素製
2	ターコイズ水素製造技術の開発動向 … 79		造 ……………………………………… 81
3	担持鉄触媒を用いたターコイズ水素製	5	生成炭素の物性評価 …………………… 84
	造 ……………………………………… 79	6	まとめ ………………………………… 86

第4章　低温でアンモニアを合成する触媒の開発　佐藤勝俊, 永岡勝俊 … 89

第5章　電場印加触媒反応を利用した低温域でのアンモニア合成技術とそのメカニズム

中山怜香, 駒野谷　将, 関根　泰

1	アンモニア合成と電場触媒反応 ……… 96	4	担体性質の制御による電場 NH_3 合成活
2	電場 NH_3 合成反応のメカニズム ……… 96		性の向上に向けた触媒の開発 ………… 98
3	担体性質による電場 NH_3 合成活性の違	5	電場触媒による NH_3 オンデマンド合成
	いとその支配因子 …………………… 97		への期待 ……………………………… 101

第6章　鉄スクラップと二酸化炭素による水素・アンモニア製造

江場宏美

1	はじめに ……………………………… 103	5	アンモニア生成反応 …………………… 107
2	水素キャリアとしての鉄 …………… 103	6	窒化鉄からのアンモニア生成メカニズ
3	純鉄による水素生成反応の実際 ……… 104		ム ……………………………………… 109
4	鉄鋼粉による水素生成反応 ………… 106	7	まとめ ………………………………… 109

第7章　電気エネルギーを用いた常温・常圧アンモニア合成　片山　祐

| 1 | はじめに ……………………………… 112 | 3 | これまでの研究動向 …………………… 114 |
| 2 | 技術の概要 …………………………… 112 | 4 | 水をプロトン源とする反応系の開拓 … 116 |

5 まとめと展望 ………………… 120

第8章　グリーンアンモニア製造・活用技術開発・実証事業について

高桑宗也

1 グリーンアンモニア製造の特徴 ……… 122
　1.1 グリーンアンモニア製造の構成要素
　　　………………………………… 122
　1.2 グリーンアンモニア製造の課題 … 123
2 グリーンアンモニア製造技術開発 …… 123

2.1 Green Ammonia Plant Automated
　　Optimizer（GAPAO™）………… 124
2.2 統合制御システム ……………… 124
3 低炭素アンモニア活用技術開発
　―大規模アンモニア分解水素製造技術
　　………………………………… 125

【第Ⅳ編　貯蔵・輸送・インフラ構築のための要素技術】

第1章　高温水素利用による耐熱部材の材料損傷問題　小林　覚

1 はじめに ………………………… 127
2 高温水素利用装置・機械における高温
　部位と懸念される材料損傷 ……… 128
　2.1 固体酸化物型高温水電解装置 …… 128
　2.2 アンモニア焚きガスタービン …… 129

2.3 水素燃焼器 ……………………… 130
3 耐熱材料の水素脆化と高温水素損傷 … 131
　3.1 水素脆化 ……………………… 131
　3.2 高温水素損傷 ………………… 135
4 おわりに ………………………… 137

第2章　水素脆化の潜伏期からき裂発生・進展・破壊まで　高井健一

1 はじめに ………………………… 139
2 水素脆化理論 …………………… 139
3 水素脆化破壊における潜伏期 ……… 140
4 水素脆化破壊におけるき裂発生挙動の
　解析 ……………………………… 143

5 水素脆化に及ぼす因子と抑制に向けた
　指針 ……………………………… 146
6 おわりに ………………………… 148

第3章　大容量の低温液化アンモニア貯蔵タンクの開発状況

榊原洋平，小林寛幸，中村英晃

1 はじめに ………………………… 149
2 技術課題と対策 ………………… 150
3 大容量化のための設計指針の作成 …… 151

4 大容量アンモニアタンクに資する鋼材
　の応力腐食割れ性評価方法 ………… 152

5	大容量アンモニアタンク	6	国際規格化 ……………………… 155
	（PC タンク，PC メンブレンタンク）… 153	7	おわりに ………………………… 155

第4章　水素サプライチェーンの水素コスト及び炭素集約度の分析事例について

石本祐樹

1	はじめに ………………………… 157	3.1	輸入サプライチェーン ………… 160
2	水素サプライチェーンの水素コスト及	3.2	国産サプライチェーン ………… 163
	び炭素集約度分析の方法論 ………… 158	4	まとめ …………………………… 166
3	分析結果の例 …………………… 160		

【第V編　利活用】

第1章　水素・アンモニア焚きガスタービンの開発　　川上　朋，羽田　哲

1	はじめに ………………………… 167	2.3	水素焚き燃焼器 ………………… 171
2	水素・アンモニア焚きガスタービン … 168	2.4	アンモニア焚き燃焼器 ………… 173
2.1	水素・アンモニア焚きガスタービン	3	高砂水素パークでの実証 ……… 174
	の特徴とメリット ……………… 168	4	まとめ …………………………… 175
2.2	ガスタービン燃焼器における水素燃		
	焼・アンモニア燃焼の課題 ……… 169		

第2章　水素サプライチェーンの全体像と日本の勝ち筋となりうる技術分野

関口　尚

1	イントロダクション …………… 176	4	国際展開を狙う注力分野利用 ……… 178
1.1	日本の水素産業振興と特に注力して	4.1	水素製造部門 …………………… 178
	いる技術分野 …………………… 176	4.2	水素貯蔵/輸送/転換部門 ……… 179
2	2050 年に向けた世界での水素需要量見	4.3	水素利用部門 …………………… 181
	通し ……………………………… 177	5	総括 ……………………………… 182
3	水素サプライチェーンの全体像 ……… 177		

第3章　工業炉でのアンモニア直接燃焼利用　　赤松史光

1	まえがき ………………………… 185	2	エネルギーキャリアとしての水素・ア
			ンモニア ………………………… 186

3	工業炉でのアンモニア直接燃焼利用 … 188	5	結言 …………………………………… 191
4	二段燃焼による NOx 低減 ………… 189	6	おわりに ………………………………… 192

第4章　石炭火力におけるアンモニア燃焼技術開発の状況

花岡　亮，山田敏彦

1	はじめに ………………………… 194	4.1	高比率燃焼バーナ ……………… 201
2	石炭火力でのアンモニア燃焼ロード	4.2	アンモニア専焼バーナ ………… 202
	マップ …………………………… 194	5	海外石炭火力での取り組み ………… 203
3	アンモニア 20％燃焼 ……………… 196	5.1	インドネシアでの取り組み ……… 203
3.1	試験設備での燃焼試験 ………… 196	5.2	インドでの取り組み …………… 203
3.2	碧南火力での実機実証試験 ……… 198	5.3	マレーシアでの取り組み ……… 204
4	アンモニア高比率および専焼バーナ開	6	最後に …………………………… 205
	発状況 …………………………… 201		

第5章　ガスタービンでのアンモニア利用　壹岐典彦

1	アンモニアを燃料とする様々なガス	2.3	定常運転について ……………… 208
	タービン ………………………… 206	2.4	低 NOx 燃焼器 ………………… 210
2	産総研におけるマイクロガスタービン	2.5	液体アンモニア噴霧燃焼 ……… 210
	試験 ……………………………… 207	2.6	社会実装に向けた取り組み ……… 210
2.1	燃料供給設備について ………… 207	3	最後に …………………………… 212
2.2	ガスタービンの起動について …… 208		

【第Ⅰ編　総論】

第1章　脱炭素社会における水素・アンモニアの展望

小島由継*

1　はじめに

　太陽光，風力，水力などの再生可能エネルギーによって発電された電気エネルギーは天気（晴れ，曇り，雨，風の強弱等）に左右され，時間的，空間的に変動する。電気エネルギーの安定供給（同時同量発電）の立場から，電力を平準化するため，エネルギー密度とその利用効率（電気エネルギーを位置エネルギー，運動エネルギーや化学エネルギーに変換して，再度電気エネルギーに変換した場合の効率）の高いエネルギー貯蔵技術が必要である。図1には種々のエネルギー貯蔵システムと液体水素，水素貯蔵材料の重量エネルギー密度と体積エネルギー密度を示す[1,2]。エネルギー貯蔵技術として，(1) 超伝導磁気エネルギー貯蔵システム（SMES），(2) 揚水発電システム，(3) スーパーキャパシタ（電気二重層キャパシタ），(4) フライホイール，(5) 熱エネルギー貯蔵システム，(6) 二次電池，(7) 圧縮空気エネルギー貯蔵システム（CAES），(8) 水素エネルギーシステム（水電解装置，高圧水素タンク，燃料電池），(9) 重力蓄電システムと(10) 水素貯蔵材料，液体水素が検討されてきた。

　これらの技術の中で水素貯蔵材料と液体水素の再生可能エネルギー由来電気の貯蔵・発電（利用）効率は20〜40％（液体水素，アンモニアの製造効率：56％[1]，発電効率：40〜61％[3]から計算）

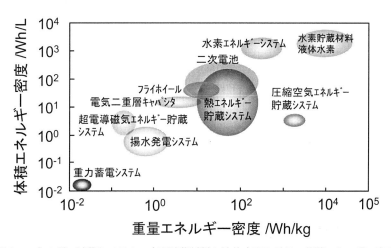

図1　エネルギー貯蔵システム，水素貯蔵材料と液体水素の重量，体積エネルギー密度

＊　Yoshitsugu KOJIMA　広島大学　自然科学研究支援開発センター　特命教授

となる。ここで，再生可能エネルギー由来電気をそのまま利用する時の効率を100％とする。水素貯蔵材料や液体水素を再生可能エネルギー貯蔵材料として利用すると，その効率は二次電池（70～90％）[1] やその他のエネルギー貯蔵システム（40～90％）[4~6] に比べ低いものの，軽量（高い重量エネルギー貯蔵密度），コンパクト（高い体積エネルギー密度）である（図1）[1]。また，再生可能エネルギーを大量に輸送できるため，グローバルなエネルギーの平準化技術として期待されている。

化学工業などではプラントのコストは製造容積（製造量）の2/3乗（0.6乗，0.7乗）に，製造単価は製造量の−1/3乗（−0.4乗，−0.3乗）に比例する[7,8]。プラントの大型化はコスト節減につながる[9,10]。これから，再生可能エネルギー由来電気から水素を製造し，水素貯蔵材料や液体水素に変換するプラントも大規模の方が有利である。例えば，水素をアンモニアに変換するコストはスケールが大きいほど低下し，2000トン/日以上では一定の値に接近することが報告されている（図2）[9,10]。その変換コストは製造量の−0.35乗に比例する。

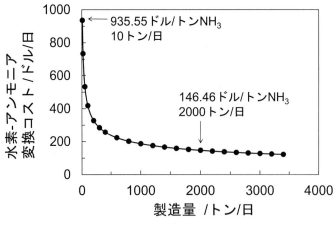

図2　水素-アンモニア変換コストと製造量の関係

2　水素貯蔵材料と液体水素の水素密度とエネルギー密度

水素貯蔵材料（水素吸蔵合金，無機ハイドライド，有機ハイドライド，炭素材料等）の重量水素密度は1～20 wt％，体積水素密度は2～12 kgH$_2$/100（固体の充填率：50％）と材料の種類により大きく変化した[10,11]。表1には水素含有量の多い水素貯蔵材料（メチルシクロヘキサン，LiBH$_4$，NH$_3$BH$_3$，NH$_3$）と液体水素の重量，体積水素密度，利用可能水素放出反応，利用可能重量，体積水素密度と利用可能重量，体積エネルギー密度を示す。

アンモニア（液体アンモニア）の体積水素密度（12.1 kgH$_2$/100 L），利用可能体積水素密度（12.1 kgH$_2$/100 L）や利用可能体積エネルギー密度（4.03 kWh/L）は水素貯蔵材料や液体水素の中で最高値を示す。これから，水素貯蔵材料・液体水素の中で，液体アンモニアは最もコンパ

第1章　脱炭素社会における水素・アンモニアの展望

表1　水素貯蔵材料と液体水素の水素密度とエネルギー密度

水素貯蔵材料と液体水素	メチルシクロヘキサン (C_7H_{14})	固体$LiBH_4$	固体NH_3BH_3	NH_3(液体NH_3)	液体H_2
	充填率:100%	充填率:50%	充填率:50%	充填率:100%	充填率:100%
重量水素密度/wt% 体積水素密度/kgH$_2$/L	14.4 0.111	18.5 0.0616	19.6 0.0764	17.8 0.121	100 0.0708
利用可能水素放出反応	$C_7H_{14} \rightarrow$ $C_7H_8+3H_2$	$LiBH_4 \rightarrow$ $LiH+B+3H_2$	$NH_3BH_3 \rightarrow$ $BNH+5/2H_2$	$NH_3 \rightarrow$ $1/2N_2+3/2H_2$	液体$H_2 \rightarrow$ H_2ガス
利用可能重量水素密度/wt% 利用可能体積水素密度/kgH$_2$/L	6.15 0.0473	13.9 0.0459	16.3 0.0636	17.8 0.121	100 0.0708
利用可能重量エネルギー密度kWh/kg 利用可能体積エネルギー密度kWh/L	2.05 1.58	4.63 1.53	5.43 2.12	5.93 4.03	33.3 2.36

利用可能エネルギー密度：水素燃焼の低位発熱量(120MJ/kgH$_2$)，1MJ=0.278kWh から計算

クトであることがわかる（体積水素密度は液体水素の 1.7 倍）。

　一方，アンモニアの重量水素密度は NH_3BH_3（19.6 wt%），$LiBH_4$（18.5 wt%）よりも低いものの[11]，すべての水素を利用できる。その結果，利用可能重量水素密度（17.8 wt%）や利用可能重量エネルギー密度（5.93 kWh/L）も水素貯蔵材料の中では高い値を示す。しかしながら，液体水素の重量水素密度は 100 wt%［33.3 kWh/kg，120 MJ/kgH$_2$（低位発熱量：LHV），1 MJ ＝ 0.278 kWh］であり，液体水素は最も軽量である。

3　水素・アンモニアのカラーリング

　水素を製造方法や原料に応じて色で分類するという考え方が普及してきている。ドイツ連邦政府は 2020 年 6 月に国家水素戦略を採択した[12]。表 2 にドイツの国家水素戦略（The National Hydrogen Strategy）で提案された 4 種類の水素（グレー水素，ブルー水素，グリーン水素，ターコイズ水素）の製造方法や[12]，ピンク水素/パープル水素/イエロー水素，ブラウン水素，ブラック水素，ホワイト水素/ゴールド水素の製造方法を示す[13〜18]。

　ブラウン水素，ブラック水素生成時に放出される CO_2 を回収，貯留することで CO_2 排出量が削減された水素となり，ブルー水素とも呼ぶ[15]。ホワイト水素/ゴールド水素は最近注目されている天然水素であり，地中を採掘することで入手することができる。西アフリカのマリ共和国では 2012 年からこの水素を活用している。天然水素量は不明であるが，大量の天然水素を容易に取り出すことができればカーボンニュートラルの達成に大きく貢献するものと考えられる。現在ホワイト水素/ゴールド水素は調査や研究が進んでいる段階である[19]。

クリーン水素・アンモニア利活用最前線

表2　水素ガスの色と製造方法[12〜19]

グレー水素[12〜14]	グレー水素は，炭化水素（主に天然ガス，主成分：メタン H/C：4）の水蒸気改質として知られるプロセスを通じて生成される。
ブルー水素[12〜14]	ブルー水素はグレー水素と同じであるが，排出二酸化炭素が回収されて貯留される（二酸化炭素の回収・貯留：CCS）。
グリーン水素[12〜15]	グリーン水素は，二酸化炭素排出量ゼロの再生可能エネルギーを利用して水の電気分解から生成される。
ターコイズ水素[12,14]	メタンガスを熱分解することによって生成される水素の一種で，このプロセスでは二酸化炭素の排出は無い。
ピンク水素[13,14]/パープル水素[13]/イエロー水素[13]	原子力発電の電力で水を電気分解して生成される水素である。
ブラウン水素[13,14]	褐炭を原料に生成した水素（炭素含有率：66〜78%，H/C：0.7〜1.0）である[18]。
ブラック水素[13,14,16]	石炭を原料に生成した水素（炭素含有率：79〜92%，H/C：0.4〜0.9）である[18]。
ホワイト水素[14]/ゴールド水素[17]	地下の堆積物中で自然に生成された水素である[14,17,19]。

　表2中，8種類の水素の中で，グリーン水素は再生可能エネルギーと水からの製造時二酸化炭素の放出は無い。しかしながら水素はガスであり，大量に輸送することは困難である。海外で大量のグリーン水素を液体水素や液体アンモニアに変換することでコンパクトな燃料（グリーンアンモニアやグリーン液体水素）を製造できる。

　表3にはクリーンアンモニア（ブルー，グリーンアンモニア）とクリーン液体水素（ブルー，グリーン液体水素）の製造方法を示す[20]。

　ブルーアンモニアやブルー液体水素は製造時に二酸化炭素（CO_2）の排出量がその回収・貯留（CCS：Crbon dioxide Capture and Storage）により削減される。なお，アンモニアや液体水素の原料である水素を化石燃料から生成する際大量の二酸化炭素が排出される。そのため，CCSで

表3　ブルー，グリーンアンモニア，ブルー，グリーン液体水素の製造方法

ブルーアンモニア（ブルー液体アンモニア）	天然ガスの水蒸気改質により生成した水素と，空気から分離された窒素をハーバー・ボッシュ法により反応させて製造される。その際排出される二酸化炭素は CCS により削減される。
グリーンアンモニア（グリーン液体アンモニア）	再生可能エネルギー起源の電力を用いた水の電気分解によって生成される水素と，空気から分離された窒素をハーバー・ボッシュ法により反応させて製造されるアンモニアである。すべての反応は再生可能エネルギーで進行する。
ブルー液体水素	天然ガスの水蒸気改質と CCS により生成したブルー水素を電気エネルギーにより−253℃（20 K）に冷却する。
グリーン液体水素	再生可能エネルギー起源の電力を用いた水の電気分解によって生成される水素（グリーン水素）を再生可能エネルギーの電気を用い冷却して製造する。液化するために−253℃（20 K）に冷却する。

4

第1章 脱炭素社会における水素・アンモニアの展望

削減される二酸化炭素は主に水素生成時に発生したものである。グリーンアンモニアやグリーン液体水素は再生可能エネルギーから製造されるため，CO_2 の排出の無い大量水素エネルギーの長距離輸送が可能である。

4 大規模発電用燃料としてアンモニアと液体水素の特性

アンモニアと液体水素はその他の水素貯蔵材料と異なり直接燃焼できる[21~23]。(1)式にはアンモニアガスの燃焼反応を示す。NH_3 は $3/4 O_2$ と反応して $1/2 N_2$ と $3/2 H_2O$ を生成する。

$$NH_3 + 3/4 O_2 \rightarrow 1/2 N_2 + 3/2 H_2O \tag{1}$$

燃料の発熱量には，高位発熱量（HHV）と低位発熱量（LHV）がある。HHVには水蒸気の凝縮エンタルピー（凝縮熱）が含まれ，LHVには凝縮エンタルピーが含まれない。発電用燃料にはLHV（燃焼による標準エンタルピー変化から凝縮エントロピーを除いた絶対値）が使用される。アンモニアガスは，アンモニア燃焼により生成される排熱を使用して，液体アンモニアから生成される。これから，液体アンモニアの体積燃焼熱（LHV）は，12.7×10^3 MJ/m^3（重量燃焼熱：18.6 MJ/kg，密度：0.682×10^3 kg/m^3）[1, 11] と計算される。

(2)式は水素ガスの燃焼反応を示す。$3/2 H_2$ は $3/4 O_2$ と反応して $3/2 H_2O$ を生成する。

$$3/2 H_2 + 3/4 O_2 \rightarrow 3/2 H_2O \tag{2}$$

水素燃焼により発生する373 Kの蒸気から水への凝縮熱を利用して，液体水素から水素ガスを生成する。(2)式から，液体水素の体積燃焼熱は 8.50×10^3 MJ/m^3（液体 H_2 の密度：$0.0708 \times$

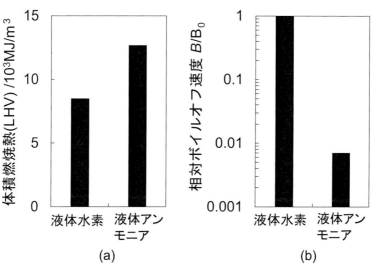

図3 液体水素，液体アンモニアの体積燃焼熱と相対蒸発速度

$10^3\,kg/m^3$ [1,11]，液体 H_2 の重量燃焼熱：120 MJ/kg）と計算される。従って，液体アンモニアの体積燃焼熱は液体水素の 1.5 倍となる（図 3 (a)）。一方，アンモニアの重量燃焼熱は液体水素のわずか 16% である。これから液体アンモニアの大きな体積燃焼熱はその高い液体密度に基づくことが示唆される。

同一タンク，同一断熱値の下で，貯蔵容器の表面積と熱伝達係数は燃料の種類に依らず定数となる。液体アンモニアの液体水素に対する相対蒸発速度 B/B_0 は次式で表される[24]。

$$B/B_0 = \frac{H_0/V_0}{(T_s - T_0)} \times \frac{(T_s - T_b)}{H_v/V_m} \tag{3}$$

ここで，B_0 は液体水素の蒸発速度，T_0 は液体水素の沸点（20 K），H_0 は液体水素の蒸発エンタルピー（0.90 kJ/mol），V_0 は液体水素のモル体積（$28.5 \times 10^{-6}\,m^3/mol$），（密度 0.0708×10^3 kg/m^3，分子量：2.016）である。(3)式で，相対蒸発速度 B/B_0 が燃料の沸点 T_b，蒸発エンタルピー H_v およびモル体積 V_m（分子量/液体密度 d）によって計算され，沸点 T_b および体積蒸発エンタルピー H_v/V_m が増加するにつれて減少することを示す。

液体アンモニアの T_b：240 K，H_v：23.3 kJ/molNH$_3$，V_m：$25.0 \times 10^{-6}\,m^3/mol$ より，アンモニアの相対蒸発速度 B/B_0 は液体水素の 1/100 を下回る（0.00706）（図 3 (b)）。アンモニアの遅い蒸発速度は主に液体水素に比べ沸点の上昇と蒸発熱の増加に基づく。液体水素の蒸発速度は液体アンモニアの 100 倍以上となる。同一蒸発速度に抑えるには液体アンモニアの 1/100 以下の熱浸入を有する貯蔵容器が必用である。

アンモニアは -33℃，0.1 MPa で容易に液化する。その物性は液化プロパンに類似している（アンモニアの沸点：-33℃（240 K），プロパンの沸点：-42℃（231 K），アンモニアの 298 K の液化圧：1.0 MPa，プロパンの 298 K の液化圧：0.95 MPa）[25]。図 4 (a) には水素，メタン，アンモニア，エタン，プロパンの沸点と分子量の関係を示す。一般に，分子量が大きな物質ほどファンデルワールス力に基づく分子間力（分子間に作用する力）が大きくなり沸点が上昇する。そのため，水素，メタン，エタン，プロパンの沸点は分子量が大きいほど高くなっている。一方アンモニアの沸点は同程度の分子量を有するメタンよりも上昇している。アンモニアの沸点が相対的に高くなるのは水素結合（窒素，酸素，フッ素，塩素，臭素などのような電気陰性度の大きい原子が，それに結合している水素原子の介在によって，同一分子内，あるいはほかの分子の電気陰性度の大きい原子に接近し，系が安定化するとき，水素結合をつくるという。）によるものである[23,26,27]。また，アンモニア（分子量 17.0）とプロパン（分子量 44.1）の沸点や液化圧が類似した値になるのは，アンモニアの水素結合（1 分子あたりの水素結合数：1）に基づく分子間力とプロパンのファンデルワールス力に基づく分子間力が同程度であるためと考えられる。従って，液体アンモニアの液体水素に比べ高い沸点はその水素結合とより大きな分子量に基づくものと考えられる。

同様に，液体アンモニアの大きな蒸発熱（液体アンモニア：23.3 kJ/molNH$_3$，液体水素：0.90 kJ/mol）や高い密度（液体アンモニア：$0.682\,g/cm^3$，液体水素：$0.0708\,g/cm^3$）も水素結

第1章　脱炭素社会における水素・アンモニアの展望

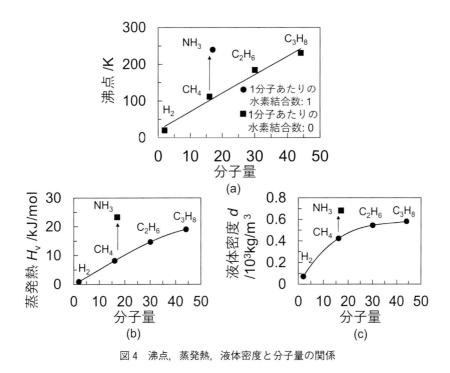

図4　沸点，蒸発熱，液体密度と分子量の関係

合とより大きな分子量に基づくものと考えられる（図4(b)，図4(c)[28]）。

　図5は直接燃焼用グリーン液体アンモニア，グリーン液体水素の特性［体積燃焼熱，相対ボイルオフ速度，安全性（可燃性，健康有害性），エネルギー効率（再エネ電気からの製造効率，LHV）及び変換コスト］をまとめて示す[20]。アンモニアの体積燃焼熱は，液体水素の1.5倍，ボイルオフ速度は液体水素の1/100以下である。さらに，タンクの体積，重量を含めると，アンモニアタンク（タンク体積：10^4〜$4 \times 10^4 \mathrm{m}^3$）の体積燃焼熱は液体水素タンク（タンク体積：$10^4$〜$4 \times 10^4 \mathrm{m}^3$）の約2倍（1.9倍），アンモニアタンク（タンク重量：20〜30トン）の重量燃焼熱は液体水素タンク（タンク重量：20〜30トン）と同程度（0.9倍）となった[20]。

　国際エネルギー機関（IEA）は加盟国に90日分相当の原油や石油製品を備蓄するよう義務付けている。再生可能エネルギーにおいても備蓄はエネルギー安全保障上重要であると考えられる。アンモニアの長期備蓄は可能であるが，液体水素の場合ボイルオフとフラッシュロス（輸送容器から消費のために受入タンクに移し替える際にガス化すること）の問題がある。

　アンモニアと液体水素のエネルギー（製造）効率は同程度であるが，水素からアンモニアへの変換コストは0.4ドル/$\mathrm{kgH_2}$，水素から液体水素への変換コストはその4倍以上（1.7ドル/$\mathrm{kgH_2}$）である[20,29]。

　全米防火協会（NFPA：National Fire Protection Association）では，「緊急対応時に物質の危険性を同定するための標準システム」として，NFPA704を設けている。このコードは，通称ファイアーダイアモンドと呼ばれるダイヤ型の標識に，赤い「可燃性」，青い「健康有害性」，黄色い

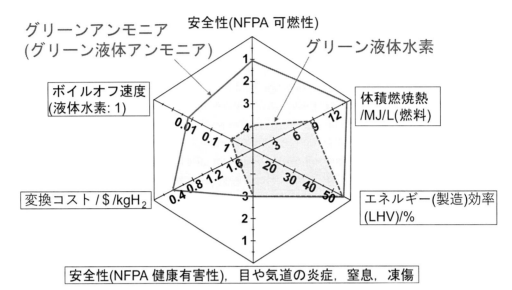

図5 グリーンアンモニア，グリーン液体水素の体積燃焼熱，ボイルオフ速度，変換コスト，エネルギー効率，安全性（可燃性，健康有害性）（NFPA：全米防火協会，LHV：低位発熱量）

「不安定性」，白い「特記事項」の4種類で物質特性を示すもので，それぞれ5段階の数値（0〜4）が表記されている。アンモニアの安全性（NFPA 可燃性）は液体水素よりも高いものの，引火点が高く，燃焼速度が遅い問題を生じる[30,31]。そのため，CO_2を排出させずに燃焼性の改善が必用であり，酸水素ガスの添加が検討されている[31]。安全性（NFPA 健康有害性）はアンモニア（目や気道の炎症）と液体水素（窒息，凍傷）で同じ値を示す。

図6には直接燃焼用水素・アンモニアサプライチェーンの概念図を示す。資源国において，風力発電，太陽光発電や水力発電によって得られた電気エネルギーを用いて水を電気分解することでグリーン水素が得られる。また，天然ガスの水蒸気改質とCCS（二酸化炭素の回収・地中貯留）によってブルー水素が得られる。グリーン水素やブルー水素と空気中の窒素を反応させることでグリーンアンモニアやブルーアンモニアが製造される。グリーン水素やブルー水素を20 Kまで冷却してグリーン液体水素，ブルー液体水素が製造される。

アンモニア（10%以下を除く）は劇物としての管理下で，アンモニアエンジンタンカーによって消費国まで運ばれ，発電用や工業炉用燃料として産業利用される。一方，液体水素は劇物として管理不要な環境下で，水素エンジンタンカーによって消費国まで運ばれ，発電用や工業炉用燃料として産業利用される。

2030年にオーストラリアから日本に再エネ水電解水素（グリーン水素）をグリーン液体水素やグリーンアンモニアに変換して日本まで輸送した場合の供給コスト（製造，変換，輸出ターミナル，輸送，輸入ターミナル，供給）は液体水素が7.1ドル/kgH_2（1ドル150円として1065円/kgH_2），アンモニアが4.4ドル kg/H_2 in NH_3（1ドル150円，アンモニア中の水素燃焼熱は水素

第1章 脱炭素社会における水素・アンモニアの展望

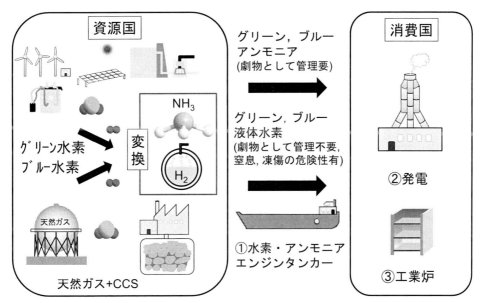

図6 直接燃焼用水素・アンモニアサプライチェーンの概念図

に比べて89.3%, 水素貯蔵量17.8 wt%として, 132円/kgNH₃) と予測されている[29]。一方, 電気料金の目安単価31円/kWh[32], 発電効率40～61%[3]より, 液体水素のコストは600円/kgH₂以下, アンモニア（液体アンモニア）のコストは100円/kgNH₃以下が要求される。グリーンアンモニア, グリーン液体水素のコストは電気料金の目安単価から要求されるコストに比べ上昇している。そのため, 最初のステップとして, 二酸化炭素の回収・貯蔵（CCS）を備えたブルー水素と窒素から合成したブルーアンモニアやブルー水素を冷却して製造したブルー液体水素が脱炭素社会の実現に向けて活用されると考えられる。その後, 再生可能エネルギーにより製造されたグリーンアンモニアやグリーン液体水素の利用促進が期待される。

　これまで, 液化水素運搬船（すいそふろんてぃあ, 貨物槽容積：1250 m³）が建造され（2019年に進水）[33], 2021年12月～2022年2月にかけて日本を出発してオーストリアで褐炭から製造した水素を日本まで輸送した[34]。現在（2024年）, アンモニア燃料タグボート（A-Tug）が建造されている[35]。また, アンモニア燃料アンモニア輸送船（AFMGC, 貨物槽容積：40000 m³）の建造が決定している（2026年竣工）[36]。電力会社では火力発電所のカーボンニュートラルに向けてアンモニアへの転換や液体水素の検討を進めている。大型商用石炭火力発電所において, 燃料アンモニア転換の大規模実証試験（熱量比20%）が実施された（2024年4月～6月）[37]。NO_Xの排出量は石炭のみに比べ悪化せず, N₂Oは検出限界以下であった。このように国内においてアンモニアは主に発電用途とした利用が有望視されている。一方, ヨーロッパにおいてはアンモニアを水素に戻す技術に焦点が当たっている（Hannover Messe 2024）[38]。この技術は以前, 戦略的イノベーション創造プログラム（SIP）で開発が行われた[39,40]。

9

5　アンモニアの許容濃度

　アンモニアを劇物として管理下で利用する場合においても，非常時，室内アンモニア漏洩除去技術の開発は安全性向上のため重要と考えられる。人間の口，鼻から 1 ppm 以下のアンモニア［口：688 ppb（中央値），鼻：34 ppb（中央値）］が放出されており[41]，アンモニア濃度が 1 ppm 程度の健康有害性は低いと考えられる。表 4 には日本，米国と欧州のアンモニアの人体に対する許容濃度を示す。許容濃度は国や評価方法，評価機関によって 20〜50 ppm（暴露時間：8 時間/日，15 分）まで変化している。NIOSH（US National Institute for Occupational Safety and Health）によると，漏洩アンモニアから 30 分以内の脱出限界濃度（IDLH：Immediately Dangerous to

表 4　アンモニアの許容濃度

国	関連団体	項目	許容濃度 /ppm	許容濃度 298 K* /mg/m³
日本	産業衛生学会	1 日 8 時間，週 40 時間	25	17
米国	米国産業衛生専門家会議 American Conference of Governmental Industrial Hygienists	ACGIH・TLV　TWA（8 時間） ACGIH・TLV　STEL（15 分）	25 35	17 24
	労働安全衛生局（米国） Occupational Safety and Health Administration	OSHA・PEL　TWA（8 時間） OSHA・PEL　STEL（15 分）	50 35	34 24
	米国環境保護庁の AEGL 委員会 Acute Exposure Guideline Level（AEGL）	AEGL-1（10 分〜8 時間）「不快レベル」，身体の障害にならず一時的で暴露の中止により回復する。	30	20
欧州	欧州労働安全衛生機関 European Agency for Safety and Health at Work	EU・IOEVL　TWA（8 時間） EU・IOEVL　STEL（15 分）	20 50	14 34
	ドイツ研究振興協会（**DFG**）	DFG・MAK　TWA（8 時間） DFG・MAK　STEL（15 分）	20 40	14 28
	英国安全衛生局 Health and Safety Executive（HSE）	HSE・WEL　TWA（8 時間） HSE・WEL　STEL（15 分）	25 35	17 24

Threshold Limited Value（TLV）：許容限界値
Time-Weighted Average（TWA）：時間加重平均，1 日 8 時間，1 週間 40 時間
Short term Exposure Limit（STEL）：短時間暴露限度，15 分間の短時間暴露限界
Permissible Exposure Limit（PEL）：労働者の許容暴露限度
Indicative Occupational Exposure Limit Values（IOEVL）：職業ばく露限度指針値（欧州）
Maximale Arbeitsplatz Konzentration（Maximum Workplace Concentration）（MAK）：有害化学物質の最大現場濃度
Workplace Exposure Limits（WEL）：職場ばく露限界値
＊25 ppm の時，17 mg/m³ として計算

第1章　脱炭素社会における水素・アンモニアの展望

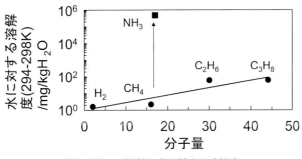

図7　種々の燃料の水に対する溶解度

Life and Health Limit）は300 ppmであるが，この濃度では空気呼吸器が必須である。

図7に示すようにアンモニアの水に対する溶解度は従来の燃料に比べ著しく高く[42]，屋外アンモニア漏洩時に水がアンモニア除去剤として工業的に利用されている。

10 wt%以下のアンモニア水中のアンモニア濃度をC_a，アンモニア蒸気濃度をC_vとすると次式が成立する[30]。

$$C_a \approx C_v \qquad (4)$$

室内でアンモニアが漏洩した場合，アンモニア蒸気濃度を許容濃度（20〜50 ppm）とするために大量の水が必要となり，アンモニア水中のアンモニア濃度は5×10^{-3} wt%以下にしなければならない。排気ファンを使うことで室内の漏洩アンモニアガスを室外に排出できる。その際，大気汚染を防ぐために，アンモニア除去後の空気を大気中へ排出することが要求される。アンモニア1000 ppm（100 Pa）が308 Kで，室内空間（10890 m^3，30 m × 33 m × 11 m）に漏洩した場合[30]，室内の漏洩アンモニア量は理想気体の状態方程式から7.24 kgとなる。漏洩アンモニアを水に吸収させて大気へ排出する場合，室内アンモニア濃度を308 Kで50 ppm（表4参照）とするためには水が145トン以上必要となる。

アンモニア除去剤として水の代わりにリン酸ジルコニウム（固体酸）を利用すると，人体に有害なアンモニアは毒性の低いアンモニウムイオンに変化してリン酸ジルコニウムに吸蔵される。そのため，145トン以上必要な水の量を約64 kgのリン酸ジルコニウム（アンモニア吸蔵量：10.2 wt%）で削減できる。また，リン酸ジルコニウムは水に不溶性（水不溶物：99.9%以上）であり，アンモニアを吸蔵したリン酸ジルコニウムと水の分離が容易である[43,44]。アンモニアは硫酸水素アンモニウム（酸性塩）と反応して硫酸アンモニウムに変化するため，漏洩アンモニア7.24 kgを約49 kgの硫酸水素アンモニウム（アンモニア吸蔵量：12.9 wt%）で除去できる[40]。酸の水溶液（希塩酸，希硫酸等）とアンモニアの中和反応によりアンモニウム塩が生成することは良く知られている。従って，室内アンモニア漏洩には除去剤としてプロトンを有する固体酸，酸性塩，酸の水溶液等が有用である[43]。

6 まとめ

　液体アンモニアの体積燃焼熱は，液体水素の1.5倍，ボイルオフ速度（同一タンク使用）は液体水素の1/100以下である。アンモニアの水素ガスからの変換コストは液体水素よりも低く，製造のエネルギー効率は同程度である。アンモニアは大量の再生可能エネルギーの長距離輸送と備蓄に優れる。しかしながら，アンモニアは劇物である。そのため劇物として管理下で，直接燃焼が可能な発電所，工業炉，船舶の燃料（エネルギーキャリア）として利点を有する。一方，液体水素は劇物としての管理不要な状況下で利用できる。

文　　　献

1) 小島由継，第1章再生可能エネルギーを取り込むための水素著材料，液体水素と高圧水素，監修：小島由継，水素エネルギー利用拡大に向けた最新技術動向，シーエムシー出版 (2021)

2) 武笠敏夫，重力蓄電システムの概要，https://jsek.jp/post-2.html

3) BATの参考表（令和2年1月時点），BAT: Best Available Technology, https://www.meti. go. jp/policy/safety_security/industrial_safety/sangyo/electric/files/bat_sankouhyou/bat_ 20200100.pdf

4) 南正晴，超伝導利用による電力貯蔵技術開発への取組み，三菱重工技報，**35**(6)，390-393 (1998-11)，https://dl.ndl.go.jp/view/prepareDownload?itemId=info%3Andljp%2Fpid%2F3 527079&contentNo=1

5) 三田裕一，電力貯蔵技術の課題と展望，http://www.aesj.or.jp/~snw/sympo/sympodoc/ 2022mita.pdf

6) 国立研究開発法人科学技術振興機構 低炭素社会戦略センター，日本における蓄電池システムとしての揚水発電のポテンシャルとコスト，https://www.jst.go.jp/lcs/pdf/fy2018-pp-08. pdf

7) 長野浩司，使用済燃料貯蔵を要締とする原子燃料サイクル戦略，原子力バックエンド研究，**8**(2)，135-143 (2002)，https://nuce.aesj.or.jp/jnuce/vol8/Jnuce-Vol8-2-p135-143.pdf

8) 平成11年度　NEDO成果報告書，新エネルギー海外情報00-10号，第5章　バイオマスエネルギーシステムの経済性評価，152-159，https://dl.ndl.go.jp/view/prepareDownload? itemId=info%3Andljp%2Fpid%2F8761627&contentNo=8

9) J. R. Bartels, Graduate Theses and Dissertations Paper, p. 53, 11132, Iowa State University (2008), http://lib.dr.Jastate.edu/etd/11132/

10) 小島由継，エネルギーキャリアとしてのアンモニアの現状と将来展望，日本エネルギー学会誌，**93**(5)，378-385 (2014)；小島由継，第12章アンモニア，監修：幾島賢治，幾島貞一，水素エネルギーの開発と応用，シーエムシー出版 (2014)

11) Y. Kojima, *International Journal of Hydrogen Energy*, **44**, 18179-18192 (2019), https://doi.

org/10.1016/j.ijhydene.2019.05.119

12) ドイツ国家水素戦略, The National Hydrogen Strategy, Federal Ministry for Economic Affairs and Energy, Public Relations Division 11019, Berlin, June（2020）, https://www.bmwk.de/Redaktion/EN/Publikationen/Energie/the-national-hydrogen-strategy.pdf?__blob=publicationFile&v=6

13) 山家公雄, No. 274　第6次エネ基考察⑤　グリーン水素 vs ブルー水素, https://www.econ.kyoto-u.ac.jp/renewable_energy/stage2/contents/column0274.html

14) 脱炭素化の切り札：彩り豊かな水素, https://spectra.mhi.com/jp/the-colors-of-hydrogen-expanding-ways-of-decarbonization

15) （一財）新エネルギー財団, グレー水素, ブルー水素, グリーン水素, https://www.nef.or.jp/keyword/ka/articles_ku_04.html

16) ブラック水素, https://dictionary.goo.ne.jp/word/%E3%83%96%E3%83%A9%E3%83%83%E3%82%AF%E6%B0%B4%E7%B4%A0/

17) JOGMEC, 独立行政法人エネルギー・金属鉱物資源機構, 石油・天然ガス資源情報, 天然水素の動向, https://oilgas-info.jogmec.go.jp/info_reports/1009585/1009871.html

18) 持田勲著, 現代応用化学シリーズ3, 炭素材の化学と工学, p. 51, 朝倉書店（1990）

19) L. Truche, F. V. Donzé, E. Goskolli, B. Muceku, C. Loisy, C. Monnin, H. Dutoit, *Science*, **383**, 618-621（2024）, https://www.science.org/doi/10.1126/science.adk9099

20) Y. Kojima, M. Yamaguchi, *International Journal of Hydrogen Energy*, **47**, 22832-22839（2022）, https://doi.org/10.1016/j.ijhydene.2022.05.096,

21) 小島由継, 市川貴之, 燃料電池, **12**, 64-70（2012）

22) K. Aika, H. Kobayashi, editors, "CO₂ free ammonia as an energy carrier, Japan's insights", Springer（2023）, https://link.springer.com/book/10.1007/978-981-19-4767-4

23) 小島由継, "燃料アンモニア" サイエンスビュー, 化学総合資料, 230-231, 東京, 実教出版, 2024年2月20日, ISBN978-4-407-36314-2, https://www.jikkyo.co.jp/book/detail/24322011

24) D. Berstad, S. Gardarsdottir, S. Roussanaly, M. Voldsund, Y. Ishimoto, P. Nekså, *Renewable and Sustainable Energy Reviews*, **154**, 111772（2022）, https://doi.org/10.1016/j.rser.2021.111772

25) W M Haynes. Editor-in-Chief: CRC Handbook of Chemistry and Physics, 97th Edition, CRC Press 2016-2017

26) 玉虫文一, 富山小太郎, 小谷正雄, 安藤鋭郎, 高橋秀俊, 久保亮五, 長倉三郎, 井上敏編集, 岩波理化学辞典　第3版, 岩波書店（1975）

27) P. Atkins, T. Overton, J. Rourke, M. Weller, F. Armstrong, Shriver & Atkins Inorganic Chemistry, 5th Edition（2010）

28) NIST Chemistry WebBook NIST Standard Reference, https://webbook.nist.gov/chemistry

29) IEA, The Future of Hydrogen, Seizing today's opportunities, Report prepared by the IEA for the G20, Japan, Page 82, June（2019）

30) Y. Kojima, *International Journal of Hydrogen Energy*, **50**, 732-739（2024）, https://doi.org/10.1016/j.ijhydene.2023.06.213

31) R. Kenanoğlu, E. Baltacioğlu, *International Journal of Hydrogen energy*, **46**, 29638-29648

(2021), https://doi.org/10.1016/j.ijhydene.2020.11.189

32) 電気料金の目安単価，27 円/kWh から 31 円/kWh に，https://news.mynavi.jp/article/20220809-2421349/

33) 世界初，液化水素運搬船「すいそ　ふろんてぃあ」が進水〜脱炭素化に向けた国際水素エネルギーサプライチェーン構築への挑戦〜2019 年 12 月 11 日，https://www.khi.co.jp/pressrelease/detail/20191211_1.html

34) 世界初，褐炭から製造した水素を液化水素運搬船で海上輸送・荷役する実証試験の完遂式典を開催 2022/04/09，https://www.marubeni.com/jp/news/2022/release/00031.html

35) 日本郵船，A—Tug 初公開，世界初アンモニア燃料船　2023 年 12 月 25 日，https://www.jmd.co.jp/article.php?no=292073&gateway=out

36) アンモニア燃料アンモニア輸送船の建造決定　2024 年 01 月 25 日，https://www.nyk.com/news/2024/20240125_02.html

37) JERA 碧南火力発電所における燃料アンモニア転換実証試験を開始〜世界初となる大型の商用石炭火力発電機でのアンモニア 20% 転換の実証，https://www.ihi.co.jp/all_news/2024/resources_energy_environment/1200736_13676.html

38) グリーン水素猶予無し〜「Hannover Messe 2024」見聞録〜，日経エレクトロニクス，2024 年 8 月号，30-37，https://www.nikkeibpm.co.jp/item/ne/883/saishin.html?yclid=YSS.1000390923.EAIaIQobChMImM605_zXhwMVcm0PAh39YTAnEAAYASABEgI5-vD_BwE

39) Y. Kojima, "CO$_2$ Free Ammonia as an Energy Carrier, Japan's Insights", Edited by K. Aika, H. Kobayashi, 355-374, Springer (2023), https://link.springer.com/book/10.1007/978-981-19-4767-4

40) H. Miyaoka, H. Miyaoka, T. Ichikawa, T. Ichikawa, Y. Kojima, *International Journal of Hydrogen Energy*, **43**, 14486-14492 (2018), https://doi.org/10.1016/j.ijhydene.2018.06.065

41) F. M. Schmidt, O. Vaittinen, M. Mets?l?, M. Lehto, C. Forsblom, P H. Groop, L. Halonen, *Journal of Breath Research*, **7**, 017109 (2013), https://doi.org/10.1088/1752-7155/7/1/017109

42) PubChem, national library of medicine，https://pubchem.ncbi.nlm.nih.gov/

43) Y. Kojima, M. Yamaguchi, *International Journal of Hydrogen Energy*, **45**, 10233-10246 (2020), https://doi.org/10.1016/j.ijhydene.2020.01.145

44) M. Yamaguchi, T. Ichikawa, H. Miyaoka, T. Zhang, H. Miyaoka, Y. Kojima, *International Journal of Hydrogen Energy*, **45**, 22189-22194 (2020), https://doi.org/10.1016/j.ijhydene.2020.05.255

第2章 水素・アンモニアを巡る動向と課題

柴田善朗*

1 はじめに

近年の水素導入に向けた世界的な動きは，2014年に日本で水素・燃料電池戦略ロードマップが策定されたことに端を発する。2017年には水素基本戦略が策定され（2023年に改訂），その後，多くの国でも水素戦略を策定している。ここ数年，EU再エネ指令での産業部門や運輸部門での水素や水素系燃料の導入義務政策，並びに，英国の価格差支援，ドイツの共同調達・価格差支援，米国の税額控除等の経済的支援策が，水素の社会実装に向け導入・実施されている。日本でも2024年に「脱炭素成長型経済構造への円滑な移行のための低炭素水素等の供給及び利用の促進に関する法律」，通称「水素社会推進法」が成立し，化石燃料と低炭素水素の価格差に対する支援（価格差支援）と拠点整備にかかる費用の支援（国内水素インフラ支援）が導入されることとなった。

このように，2014年から10年が経ち，ようやく水素の利用が実現されつつある。一方で，水素は，製造から輸送・利用までのサプライチェーンの各段階において，まだ技術的なハードルがある。更には，水素は他のエネルギーや資源から変換して製造されることから，非効率性を回避することができないため，競合するオプションとの比較や水素系燃料への変換の検討を踏まえ，合理的な製造・輸送・利用を慎重に考える必要がある。更には，クリーン水素の定義やエネルギー安全保障の観点から浮き彫りにされる課題についても，より深い考察が求められる。

本稿では，これらの課題を整理しつつ，脱炭素化のみならず，エネルギー安全保障の強化や国内産業振興の観点から，日本の水素が向かうべき方向性について議論する。

2 水素・水素キャリア・水素系燃料

水素はガス体のままでは輸送・貯蔵の効率性・経済性が劣ることから，液化水素やMCH（メチルシクロヘキサン）等の水素キャリアに変換することが検討されている。日本では，アンモニアは，石炭火力との混焼を主目的として検討が開始されたことから，多用途に適用可能な水素とは別分類されることが多い。また，e-methaneは主に都市ガス，e-fuelは主に運輸部門での利用を前提としており，導入制度を議論する上で役所内の担当部署が異なるという背景もあり，これ

＊ Yoshiaki SHIBATA （一財）日本エネルギー経済研究所　クリーンエネルギーユニット
　　担任補佐，研究理事

らも水素とは別分類されることが多い。

しかしながら，アンモニアも e-methane も e-fuel も，基本的には水素から製造されることから，水素系燃料として水素に分類することが望ましい。また，液化水素や MCH においては，各々気化や脱水素プロセスを経て取り出される水素ガスが需要家で利用されるのに対して，水素系燃料は水素に再変換せずに直接利用されることを前提とされているが，水素を運んでいることに変わりはないことから，水素キャリアと見なすことができる。したがって，水素系燃料＝水素キャリアであり，水素に分類される。以下では，水素という記述には水素系燃料が含まれている場合がある。若しくは水素等と表現する。

3　輸入水素等の潜在的リスク

日本では，2011 年の東日本大震災による原発事故があり，2012 年には再生可能エネルギーの固定価格買取制度が開始されたものの再エネの大規模導入には時間がかかるとの見方もあり，その頃から電源の脱炭素化用水素の大量輸入の本格的な検討が始まった。

上述のように，水素の輸入における輸送手段として多様な水素キャリアが候補になっているが，現状では，技術が成熟しているアンモニアの社会実装が先行すると考えられる[1]。ただし，アンモニアは石炭火力との混焼や船舶エンジンでの直接利用が主であり，その他の用途への展開には，アンモニアから水素を分離するクラッキング技術の成立が必要となる。液化水素や MCH については，長年に亘り研究開発や技術実証が進められているが，経済性の観点から商用化の時期については未知数である。近年注目されている e-methane や e-fuel については，輸送や利用における障壁や課題は無いものの，現状では製造技術が未成熟である。

水素キャリアの技術的課題は今後解決されるかもしれない。しかしながら，輸入水素を考える上では，多様なリスクも考えなければならない。これらのリスクを以下に示す。

3.1　制度的課題：CO_2 の帰属

日本では，「水素社会推進法」において，炭素集約度の基準として，水素は Well to Gate でグレー水素から約 7 割削減に相当する $3.4\,\mathrm{kg\text{-}CO_2e/kg\text{-}H_2}$，アンモニアは Well to Gate でグレーアンモニアから約 7 割削減に相当する $0.87\,\mathrm{kg\text{-}CO_2e/kg\text{-}NH_3}$ と定められた[2]。ここで，国外で製造される水素・アンモニアを日本が輸入する場合を考える。現在の国際ルールに基づくと，水素・アンモニア製造国（輸出国）で，水素・アンモニア製造時に排出される CO_2 は水素・アンモニア製造国でカウントされる。したがって，グレー水素・アンモニアから 7 割削減に相当するクリーン水素・アンモニアを製造できたとしても，残りの 3 割の CO_2 は製造国の排出責任となる。一方，輸入国である日本では，水素・アンモニアを利用する際に排出される CO_2 はゼロである。したがって，輸出国は，日本向けクリーン水素・アンモニアを製造・輸出することで不利益を被ることになり，何らかの対価を日本に求めることになるかもしれない。そうなると，輸入

第2章　水素・アンモニアを巡る動向と課題

水素・アンモニアの輸入価格は上昇する。

　また，e-methane や e-fuel の場合には，利用時（燃焼時）の CO_2 の再排出の取扱いが課題となる。原理によると，e-methane/fuel の製造から利用までのプロセス全体において，CO_2 は回収・利用・再排出されているに過ぎなく，CCU（Carbon Capture and Utilization）の機能には CO_2 排出削減効果は全くない。e-methane/fuel を製造・利用することによって得られる CO_2 排出削減効果は水素のみに由来している。しかしながら，利用時に排出される CO_2 がどの主体に属するのかの解釈が分かれており制度設計を複雑にしている。つまり，e-methane/fuel のメカニズムは「e-methane/fuel ＝ H_2 ＋ CCU」であり，CO_2 排出削減効果は「H_2：CCU ＝ 100：0」であるにも関わらず制度設計（CO_2 の帰属について）の議論は「H_2：CCU ＝ 0：100」と，ねじれ現象が生じていることが e-methane/fuel の根本的な問題である。ＥＵ再エネ指令では条件付きではあるが e-methane/fuel 利用時の排出 CO_2 は利用者に帰属しないと定めている[3]。また，日本の関係者は，e-methane/fuel 利用時の CO_2 排出は原排出者に帰属するという制度の設計に向けて国内外で取組みを行っており[4]，e-methane/fuel の原理に基づいた合理的な制度の構築が期待されるが，国際的に統一されたルールはまだないことから今後の動向に注視が必要である。もし，e-methane/fuel の国際的な取引において，e-methane/fuel 利用時の CO_2 排出の全部または一部が利用者に帰属するというルールが決められると，e-methane/fuel を利用するメリットが小さくなり，意義がなくなることに留意が必要である。

3.2　低価格・安定調達に係る課題

　水素等の輸出国は再エネや CCS（Carbon Capture and Storage）の資源国である。再エネや CCS の資源量は膨大ではあるものの，世界的な脱炭素化の流れで，これらの国も自国の脱炭素を目指すために国内の貴重な再エネや CCS をコストの安いものから優先的に活用することが考えられる。その場合，日本向けの水素等の製造は後回し，若しくは条件の悪い再エネや CCS を利用することになり，水素等の製造コストが高くなる可能性がある。

　同時に，世界的な脱炭素の流れが強まると，水素等の獲得競争・権益争奪戦が激化するかもしれない。この状況において，日本が国内で水素等を製造できない，輸入に依存せざるを得ないとのメッセージが強まると，輸出国に足元を見られて，輸入価格にプレミアムが上乗せされるリスクもある。

　また，日本の国力低下や円安が今後も続けば，水素等の調達において，他の輸入国に対して買い負けする可能性もある。

　日本にとって輸入水素等は必要ではあるものの，これらの調達に係るリスクを踏まえると，エネルギー安全保障の強化や国富流出の抑制の観点からも，国内での再エネ水電解水素製造も同時に進めていかなければならない。

4 国内再エネ水電解水素に求められる合理性の追求

国内再エネ水素の場合は，その大元となる再エネ設備の輸入も等しく課題ではあるが，太陽光パネルのようにコモディティ化している製品の場合は価格が比較的安定しており，また，水素製造に必要な，他国の再エネ発電用土地やCCSという資源争奪という側面は無く，輸入水素に見られるような多くのリスクを回避することができる。しかしながら，いくつかの留意点がある。

4.1 水素キャリアへの変換は可能な限り回避すべき

一つ目の留意点は，水素製造サイトと需要サイトの距離である。再エネ資源が豊富で比較的安価な北海道，東北，九州で水素を製造し，水素を水素キャリアに変換して，遠距離にある水素の需要地に輸送することも考えられる。問題はコストである。図1は輸入水素と国産水素のコストを示す。国産水素は，国外に比べて国内の再エネコストが高いことから，その製造コストは高いものの水素の輸入コストとほぼ同じ水準である。その要因は，水素の国際輸送ではなく水素キャリアへの変換にある。非常にコストの高い水素キャリアへの変換は可能な限り避けるべきであり，国内水素においても同じことが言える。つまり，国内水素を輸送するために水素キャリアに変換すると，輸入水素のコストを上回る。したがって，国内水素については，工場等でのオンサイト水電解水素製造・利用が望ましい。地域によっては水素製造用の再エネの調達が困難な場合があるが，その場合は，遠隔地で製造する水素を水素キャリアに変化して輸送するのではなく，発想を逆転させて，再エネポテンシャルが豊富な地域への工場等の移転という考えもあり得る。工場の移転は簡単なことではないが，水素のような輸送しにくいエネルギーを輸送することでコ

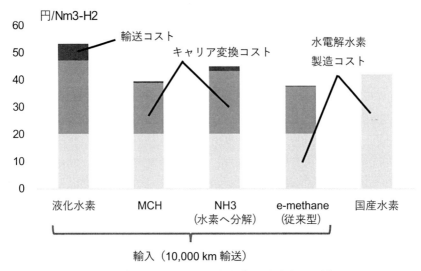

図1 水素キャリアのコスト比較（再エネ由来の場合）
注）既往分析[6,7]に基づき推計。輸入は中東からを想定。

第2章　水素・アンモニアを巡る動向と課題

ストの大幅な上昇が避けられないのであれば，検討の価値はある。多くの工場を移転・集約することで水素需要規模を確保できれば，域内水素パイプラインによる水素供給の採算性を確保することも可能となる。このように，再エネや再エネ水素の生産地域への産業移転の必要性については，日本政府内閣官房の GX 会議でも議論されている[5]。

4.2　再エネの使い方

　二つ目の留意点として，再エネ水電解水素における追加性（additionality）がある。これは，現在稼働（＝発電）している再エネから水素を製造すると，電力需要に電力を供給するために，水素製造に回される発電電力量を他の電源で補わなければならなくなり，その電源が火力発電の場合は電源全体の CO_2 排出係数が増加してしまうことから，水素製造に利用する再エネは新規に追加的に導入されるものでなければならないという概念である。その他に，地理的相関性（Geographical Correlation）や時間的相関性（Temporal Correlation）という概念もあり，再エネが発電している地域以外や時間帯以外で電力系統からの電力を利用して水素を製造してはならないという考えである。これらは，現在電源の脱炭素化に貢献している再エネを"横取り"してまで水素を製造してはならない，再エネ以外の電源から水素を製造してはならないという合理的な考え方であり，EU[8] や米国[9] では，これらの概念に基づいて再エネ水電解水素の定義を設定し，その定義を満たさないと水素事業は経済的支援を受けることができないという制度設計や議論が進む。一方で，日本ではまだ本格的な議論はされていない。

　追加性，地理的相関性，時間的相関性という概念に基づく再エネ水電解水素の定義に関する議論の背景は複雑ではあるが，水電解水素製造は電力需要でもあることから，水素需要を含めた電力需要を，再エネによってどのように経済合理的に脱炭素化すべきかという解釈に帰着する。例えば，石炭火力やガス火力の代替，電気自動車での利用，燃料電池自動車での（再エネを水素に変換して）利用，工業用高温熱需要での（再エネを水素に変換して）利用等において，削減できる CO_2 の量と係るコストによって判断すべきである。水素はあくまで二次エネルギーであり，その製造・利用方法については合理性が求められ，今後，日本においても追加性，地理的相関性，時間的相関性の議論が始まる可能性がある。単に再エネから水素を製造し利用するという考えではなく，エネルギーシステム全体を捉え，どのように電化と水素化を棲み分けて進めていくのかの検討が求められる。原子力からの水素製造も同様である。

5　e-methane/fuel に関する議論から浮かび上がる日本の将来設計図の必要性

　近年，水素系燃料として注目されている e-methane や e-fuel も水素キャリアの一つであり変換コストの上昇は避けられないが，一方で，既存のサプライチェーンや技術を利用することで水素の流通・利用コストを抑制できるメリットがある。

　別の観点からは，既存インフラを利用せざるを得ない，既存産業構造を保護しなければならな

19

い等の背景から e-methane や e-fuel が議論されることもある。e-methane については，建築物における脱炭素化を考えると，貯湯タンクが必要となるヒートポンプ給湯機や電気温水器の設置がスペース制約によって困難であったり，建物内ガス配管の水素配管への変換が困難であることから，e-methane が現実的なオプションとの見方がある。また，e-fuel については，電気自動車への過度な集中・依存により，内燃機関を拠り所とした自動車関連産業の衰退を遅延・回避する目的もある。

ただし，これらの目的や背景があったとしても，根本的な課題は残る。e-methane/fuel は，入口は再エネではあるが化石燃料をベースとした現在のエネルギーシステムや産業構造の維持を目指すものであるが，既存インフラや産業構造は未来永劫続かない。将来にわたりいつまで e-methane/fuel つまり CO_2 に依存するのか，一度 CO_2 依存になってしまえば，流通や利用が楽であるがために，"simple is best" つまり水素の直接利用を忘れてしまうという点には留意が必要である。

6 おわりに

脱炭素化に向けて，水素・水素系燃料は必要ではあるものの，留意しなければならない点が多い。日本では輸入水素を前提とした議論が展開される傾向が強いが，エネルギー安全保障や安定供給に対する懸念等の潜在的リスクが多く，これらは予見し難い。また，当初見込みより高コストになる可能性が高い。したがって，国産再エネ水電解水素も強力に進めていくべきである。しかしながら，再エネを電力として使うのか，それとも水素に変換して使うのかは，最終需要用途における Hard to abate 等の判断基準に基づき合理的に選択されなければならない。また，水素の輸送や利用が困難な場合には，既存インフラや技術が活用できる e-methane/fuel もオプションとなるが，これらの水素系燃料の合理性は現在のエネルギーシステムを前提とすれば成立するものの，現在のインフラや技術は未来永劫続かない。

電気，水素，e-methane/fuel をどのように使い分けていくかは，将来のエネルギーシステムのあるべき姿を明確に示した上で，決定されるべきであろう。エネルギーシステムのあるべき姿を示すためには，再エネ賦存量の大きい地域に産業等の需要家を移転させる方策等の新たな発想も含めた，日本の産業・経済・社会の将来設計図が必要となる。

文　　　献

1)　IEA, "Global Hydrogen Review 2023"
2)　総合資源エネルギー調査会 水素・アンモニア政策小委員会（第14回），https://www.meti.

go.jp/shingikai/enecho/shoene_shinene/suiso_seisaku/014.html

3) European Commission, https://energy.ec.europa.eu/news/renewable-hydrogen-production-new-rules-formally-adopted-2023-06-20_en

4) "天然ガスと合成メタン（e-methane）をめぐる状況について"，"メタネーションに関する環境省の取組"，第 12 回 メタネーション推進官民協議会，2024 年 5 月

5) GX2040 リーダーズパネル（令和 6 年 8 月 1 日）資料 6，https://www.cas.go.jp/jp/seisaku/gx_jikkou_kaigi/gx2040/20240801/siryou6.pdf

6) 大槻，柴田，"合成メタン等の製造・供給費用試算"，第 9 回メタネーション推進官民協議会，2022 年 11 月 22 日

7) 柴田，"水素輸入と製品輸入の比較—水素直接還元製鉄を例にした水素利用の古くて新しい視点—"，日本エネルギー経済研究所，2023 年 5 月

8) https://energy.ec.europa.eu/system/files/2023-02/C_2023_1086_1_EN_ACT_part1_v5.pdf

9) Federal Register / Vol. 88, No. 246 / Tuesday, December 26, 2023 / Proposed Rules, https://www.govinfo.gov/content/pkg/FR-2023-12-26/pdf/2023-28359.pdf

第3章　水素・アンモニアに関する取扱の注意点と法規制

森　晃一[*]

1　はじめに

　近年，2050年のカーボンニュートラル社会に向けて，化石燃料の代替燃料として水素やアンモニアの導入検討が進められている。これらのガスは従来の化石燃料とは異なる性質があり，安全に利用するためには，適切な知識と設備が必要となる。以下にそれぞれのガスの取扱注意点と，これらのガスの消費者が遵守すべき法規について述べる。

　なお，ここでは発電に関する法規は省略するが，2022年12月に水素・アンモニアを燃料として使用する火力発電に関する電気事業法施行規則等の改正がなされている。発電燃料用途に用いる場合は，以下で述べる高圧ガス保安法に代わり電気事業法を参照していただきたい。

2　水素

　水素ガスは，あらゆるガスの中で最も軽く，拡散しやすい。また，他の可燃性ガスに比べても燃焼範囲が広く，燃焼速度が速いため，発火に対する注意が特に必要なガスである（表1）。また，材料の脆化を引き起こすことについても注意が必要である。

表1　各種ガスの物性[1~5]

	水素	アンモニア	プロパン	メタン
20℃における液化圧力（atm）	常に気体	8.5	8.5	常に気体
引火点（℃）	−157	132	−104	−188
最低自着火温度（℃）	500	651	432	537
最大燃焼速度（m/s）	2.91	0.07	0.43	0.37
燃焼範囲（常温，大気圧，vol%）	4~75	15~28	2.2~9.5	5.3~14
比重（空気＝1とする）	0.07	0.5962	1.52	0.55
分類	可燃性ガス	可燃性ガス 毒性ガス 劇物	可燃性ガス	可燃性ガス

＊　Koichi MORI　エア・ウォーター㈱　グローバル＆エンジニアリンググループ
　　　　　　　　プラント・機器開発センター　機器開発グループ　グループリーダー

第3章　水素・アンモニアに関する取扱の注意点と法規制

2.1　水素の取扱注意点[1)]

2.1.1　発火に対する注意点

　一般的に発火源がなければ燃焼，爆発は起きないが，水素は最小発火エネルギーが小さく，静電気などで容易に発火する危険性が高い。また，着火していても，炎が見えにくいため火傷等に注意が必要である。水素を消費する際の発火を防止するために注意すべきことを以下に記す。

・喫煙，ストーブ，溶接工事の火花は発火源になり得るため，貯蔵所，消費設備付近での使用は禁止する。高圧ガス保安法にて，貯蔵や消費の基準で火気との制限距離（火気距離）が，貯蔵場所より2m，消費に使用する設備より5mと定められている。

・装置・配管の内部の空気は窒素等の不活性ガスで置換してから，水素を通す。その際圧力の上昇は徐々に行う。

・室内などへの漏洩を防止するため，継ぎ手等のリークチェックを行い，ガス漏洩検知器を設置する。警報設定値は爆発下限界の1/4以下の値とする。水素の場合は爆発下限界が4%であるので，警報設定値は1%以下とする。なお，可燃性ガスの爆発下限界濃度を100として可燃性ガスの濃度を100分の1で表した%LEL単位（LEL：Lower Explosive Limit）では25%LEL以下の値に設定することになる。

・電気設備は防爆構造とし，静電気に対しては接地線を設ける。接地抵抗値は総合100Ω以下とする。避雷設備を設けるものは総合10Ω以下とする。

2.1.2　酸欠に対する注意点

　水素は無毒であるが，多量に滞留する雰囲気において，酸素濃度が18%未満になると酸素欠乏症を起こすので，特に密閉空間では注意が必要である。

2.1.3　低温に対する注意点

　液体水素を扱う場合，-253℃と非常に低温である。通常，設備は断熱されているが，断熱不良等の異常時には，保護具等により低温による凍傷の防止対策が必要になる。

2.1.4　脆化に対する注意点

　高温高圧の水素ガス環境では，水素が鋼中に侵入し，鋼中の炭化物（セメンタイト）と反応して鋼を脱炭させるとともに，メタンガスを生成する。メタンガスは結晶粒界に蓄積し，その圧力が高いため多数の微細なき裂を生じ，鋼の機械的性質を低下させる。

　高圧下で使用できる材料については，一般高圧ガス保安規則例示基準9「ガス設備等に使用する材料」で定められている。圧縮水素スタンド及び移動式圧縮水素スタンドの高圧ガス設備（常用の圧力が20MPaを超える圧縮水素が通る部分及び常用の圧力が1MPa以上の液化水素が通る部分に限る）で使用するステンレス鋼では材料の種類の他，常用の圧力に応じたニッケル当量が定められており，一例として表2に示す。ニッケル当量とは含有合金元素から下記の式にて算出され，この値が高いほど耐水素脆性が高い。

クリーン水素・アンモニア利活用最前線

表2　20 MPa を超える圧縮水素を扱う材料の規定例

材料の種類	常用の圧力（82 MPa 以下）における常用の温度	ニッケル当量
JIS G3459（2016）配管用ステンレス鋼管（SUS316TP，SUS316LTP に限る）	−45℃以上 250℃以下	28.5 以上（伸びが 50％以上にあっては，26.9 以上）
	−10℃以上 250℃以下	27.4 以上（伸びが 50％以上にあっては，26.9 以上）
	20℃以上 250℃以下	26.3 以上

　Ni 当量 ＝ $12.6C + 0.35Si + 1.05Mn + Ni + 0.65Cr + 0.98Mo$

　（各合金元素は含有する質量％を示す）

2.2　水素に関する法令の規制[6]

　水素に関する法令の規制を表3に示す。水素の取扱に関する法令の規制等は常に見直しが行われていることから，最新の規制等を適宜確認する必要がある。

　① 水素の製造

　大気汚染防止法施行規則において，水素製造装置の水蒸気改質方式の改質器は，ばい煙発生施設とみなされるため，都道府県知事への届出，ばい煙及び窒素酸化物の測定が義務付けられている。

　② 水素の貯蔵・供給

　高圧ガス保安法で，水素は製造設備および貯蔵設備の処理能力に応じて，各都道府県知事への届出または許可を得る必要がある。

　設備の種類や規模により，第一種保安物件（学校，病院，収容人員 300 名以上の劇場等），第二種保安物件（住居の用に供するもの）との設備距離，火気取扱施設との距離，危険物施設との距離等が定められている。また，水素ステーションにおける離隔距離を定めている。

　石油コンビナート等災害防止法において，取り扱う水素量が 20 万 m³ 以上の事業所は特定事業所として指定される。特定事業所を設置している者は特定事業者として，自衛防災組織の設置や特定防災施設等の設置，異常現象の通報，災害応急処置等の責務が発生する。

　一般高圧ガス保安規則において，貯蔵容器の保管方法について，充填容器の温度や設置箇所について記載されている。また，容器置場及び充填容器等の技術上の基準が定められている。

　危険物船舶運送及び貯蔵規則において，液化水素を船舶輸送する際に用いる容器や積載方法に関する規定が定められている。

　港則法において，水素等の危険物積載船舶が特定港に入港する際の規制や岸壁区分別の荷役許容量が定められている。

　道路法において，水素は通行制限品の高圧ガスに該当する。長さ 5,000 m 以上のトンネル，水底・水際トンネルにおいて，通行の要件が定められている。

第3章　水素・アンモニアに関する取扱の注意点と法規制

ガス事業法施行規則において，500 m を超える配管を構外に設置する際の規制が定められている。

建築基準法において，水素ステーションの設置ができる地域に制限を設けている。

③　水素の利用

一般高圧ガス保安規則において，自立型水素電源のような可燃性ガスの消費に使用する設備から 5 m 以内での，喫煙及び火気の使用や引火性または発火性のものの設置を禁じている。

労働安全衛生法において，水素は可燃性ガスに分類されており，可燃性ガスが存在して爆発又は火災が生ずるおそれのある場所については，爆発又は火災を防止するため，通風，換気等の措置を講じなければならないと規定されている。

騒音規制法・振動規制法において，著しい騒音・振動を発生する施設を特定施設とし，規制地域内において工場又は事業場に特定施設を設置する場合は，事前に所管自治体に届出を行わなければならない。特定施設には原動機の定格出力が 7.5 kW 以上の送風機が含まれており，換気対策として該当する設備を設置する際には留意する必要がある。

3　アンモニア

アンモニアは LPG と同様に，常温でも加圧すると液化する性質があり，水素に比べ貯蔵しやすく，輸送コストも低くできる。そのため，将来の脱炭素燃料として注目されている。

アンモニアは，毒物及び劇物取締法で劇物に指定されている他，一般高圧ガス保安規則にて毒性ガスに定義されている（表 1）。可燃性ガスであり，人体に有害，特定の金属を腐食させる性質があるため，取扱には十分な注意が必要である。

3.1　アンモニアの取扱注意点[2]

①　人体への影響に対する注意点

アンモニアは刺激および腐食性が強く，人体組織の深部にまで作用する。空気中濃度が 5 ppm で，臭いを感じ，1 日 8 時間労働における職場の空気中許容濃度は 25 ppm である。高濃度のガスを吸入すると，肺水腫を起こし，中枢に作用して呼吸停止を起こすことがあるため，吸入しないよう注意を要する。

そのため，アンモニアを漏洩させないことはもちろんであるが，万一の漏洩時には保護具を着用する。高圧ガス保安法一般則例示基準 28「除害のための措置」に下記のように保護具の種類と個数が定められている。

(1)　空気呼吸器，送気式マスク又は酸素呼吸器（いずれも全面形とする。）

(2)　隔離式防毒マスク（全面高濃度形）

(3)　保護手袋及び保護長靴（ゴム製又は合成樹脂製）

(4)　保護衣（ゴム製又は合成樹脂製）

25

クリーン水素・アンモニア利活用最前線

表3 水素に関する法令[6]

①水素の製造
■ 炉等の使用による水素製造
大気汚染防止法施行規則（第6条，第15条）

②水素の貯蔵・供給
■ 高圧ガスの製造・貯蔵に関する届出/許可
高圧ガス保安法（第2条，第5条 等）
■ コンビナート地区
コンビナート等保安規則（第3条 等）
石油コンビナート等災害防止法 （第2条，第5条，第15条，第16条，第23条，第24条 等）
■ タンクを用いた貯蔵
一般高圧ガス保安規則（第6条）
コンビナート等保安規則（第5条）
■ 海上輸送
危険物船舶運送及び貯蔵規則（第2条）
港則法（第20条，第21条，第22条）
■ 陸上輸送
道路法（第46条）
■ パイプライン
ガス事業法施行規則（第168条）
一般高圧ガス保安規則（第6条第1項）
コンビナート等保安規則（第9条第1号）
海岸法，河川法，道路法
■ 水素ステーション
建築基準法（第27条，48条，49条 等）
高圧ガス保安法（第7条）

③水素の利用
■ 消費の基準
高圧ガス保安法（第24条）
■ 水素を取り扱う際の換気対策
労働安全衛生法（第261条 等）
騒音規制法，振動規制法（第6条 等）
■ 自立型水素電源
一般高圧ガス保安規則（第60条）

第3章　水素・アンモニアに関する取扱の注意点と法規制

常備個数

(1)又は(4)の保護具については，緊急作業に従事することとしている作業員数に適切な予備数を加えた個数又は常時作業に従事する作業員10人につき3個の割合で計算した個数（最小3個とする。）。

(2)又は(3)の保護具については，毒性ガスの取扱いに従事している作業員数に適切な予備数を加えた個数又は常時作業に従事する作業員10人につき3個の割合で計算した個数（最小3個とする。）。

② 発火，爆発に対する注意点

アンモニアは可燃性ガスであるため，周囲の火気には注意し，装置内に空気が入らないようにする。アンモニアを消費する際の発火を防止するために注意すべきことを以下に記す。

・喫煙，ストーブ，溶接工事の火花は発火源になり得るため，貯蔵所，消費設備付近での使用は禁止する。高圧ガス保安法にて，貯蔵や消費の基準で火気との制限距離（火気距離）が，貯蔵場所より2m，消費に使用する設備より5mと定められている。

・電気設備は防爆構造とし，静電気に対しては接地線を設ける。接地抵抗値は総合100Ω以下とする。避雷設備を設けるものは総合10Ω以下とする。

・ガス漏洩検知器を設置する。警報設定値は，アンモニアは毒性ガスであるので，許容濃度以下である25ppm以下とする。

また，アンモニアはハロゲン，強酸と接触すると激しく反応し，爆発する恐れがあり，注意が必要である。また，水銀と接触すると爆発性の窒化物が生じる場合があり，圧力測定に水銀マノメーターを使用してはならない。

③ 腐食に対する注意点

アンモニアは銅やアルミニウムを腐食させる。従って，設備や計器などの材料に銅や銅合金，アルミニウム，アルミニウム合金は使用できない。また，一般的に耐腐食性が高いフッ素ゴムを腐食させるため，使用しないよう注意が必要である。

3.2　アンモニアに関する法令の規制[6]

アンモニアに関する法令の規制を表4に示す。

① アンモニアの貯蔵・供給

<u>高圧ガス保安法</u>で，アンモニアは製造設備および貯蔵設備の処理能力に応じて，各都道府県知事への届出または許可を得る必要がある。また，一般高圧ガス保安規則によって，毒性ガスとして定められており，設備の種類や規模により，第一種保安物件，第二種保安物件との設備距離，火気取扱施設との距離，危険物施設との距離等や技術上の基準が規定されている。

<u>労働安全衛生法，特定化学物質障害予防規則</u>において，可燃性ガスが存在して爆発又は火災が生ずるおそれのある場所については，爆発又は火災を防止するため，通風，換気等の措置を講じなければならないと規定されている。

また，特定化学物質第3類物質として指定され規制されており，下記の対応が必要となる。

・第3類物質等を製造・取り扱う特定化学設備（反応器，蒸留塔，熱交換器等），又はその付属設備の工事を行う場合は，開始30日前までに計画の届出が必要となる。

・第3類物質等を製造・取り扱う設備の腐食防止，バルブ等の開閉方向の表示，送給原材料の表示，計測装置・警報設備の設置等による漏えい防止措置を行う。

・特定化学物質及び四アルキル鉛等作業主任者技能講習を修了した者のうちから特定化学物質作業主任者を選任し，作業に従事する労働者の指揮その他の事項を行わせなければならない。

騒音規制法・振動規制法において，著しい騒音・振動を発生する施設を特定施設とし，規制地域内において工場又は事業場に特定施設を設置する場合は，事前に所管自治体に届出を行わなければならない。特定施設には原動機の定格出力が7.5kW以上の送風機が含まれており，換気対策として該当する設備を設置する際には留意する必要がある。

石油コンビナート等災害防止法において，取り扱うアンモニア量が20万m^3以上の事業所は特定事業所として指定される。特定事業所を設置している者は特定事業者として，自衛防災組織の設置や特定防災施設等の設置，異常現象の通報，災害応急処置等の責務が発生する。

建築基準法において，アンモニア供給設備の設置ができる地域に制限があるため，確認する必要がある。

港湾法において，臨港地区で一定規模以上の工場，事業場の新増設，危険物取扱施設の建設・改良は港湾管理者へ届出が必要である。

消防法において，アンモニアは火災予防または消火活動に重大な支障を生ずるおそれのある物質で，政令で定めるものに該当する。200kg以上を貯蔵または取り扱う場合は所轄消防長又は消防署長に届け出が必要になる。

毒物及び劇物取締法において，劇物として指定されている。国又は都道府県等による登録を受けなければ，販売または授与の目的で製造，輸入，販売，貯蔵，運搬または陳列してはならない。また，取り扱いや事故の際の処置に関しても記載されている。

悪臭防止法において，特定悪臭物質として規制の対象とされている。1号規制では敷地境界線における規制基準が1ppm，2号規制では煙突等の気体排出口（補正された排出口高さが5m以上の場合）での規制基準値が下式によって定められている。

$$q = 0.108 \times He^2 \cdot Cm$$

q ：流量（Nm³/h）
He：補正された排出口の高さ（m）
Cm：当該事業場の敷地境界線における規制基準値（ppm）
H_0：排出口の実高さ（m）
Q ：15℃における排出ガスの流量（m³/s）
V ：排出ガスの排出速度（m/s）
T ：排出ガスの温度（絶対温度）

第3章　水素・アンモニアに関する取扱の注意点と法規制

表4　アンモニアに関する法令[6]

①アンモニアの貯蔵・供給

■ 高圧ガスの製造・貯蔵に関する届出/許可

高圧ガス保安法（第2条，第5条 等）
一般高圧ガス保安規則（第2条第1項第2号）

■ アンモニアを取り扱う際の換気対策

労働安全衛生法（第261条 等）
騒音規制法，振動規制法

■ アンモニアを取り扱う際の防災対策

石油コンビナート等災害防止法 （第2条，第5条，第15条，第16条，第23条，第24条 等）
危険物の規制に関する政令（第9条，第11条）

■ アンモニア供給設備の設置

建築基準法（第27条，第48条，第49条 等）
港湾法（第37条，第56条の2の2，第38条，第40条 等）
消防法（第9条）
労働安全衛生法，特定化学物質障害予防規則
毒物及び劇物取締法（第3条，第11条，第16条）
悪臭防止法（第3条，第4条）

■ 海上輸送

危険物船舶運送及び貯蔵規則（第2条）
港則法（第20条，第21条，第22条）

■ 陸上輸送

道路法（第46条）

■ パイプライン

ガス事業法施行規則（第168条）
一般高圧ガス保安規則（第6条第1項）
コンビナート等保安規則（第9条第1号）
海岸法，河川法，道路法

■ タンクコンテナを用いた貯蔵

消防法（第36号，第10条第1項　ただし書き，第52号）

危険物船舶運送及び貯蔵規則において，アンモニアは毒性高圧ガスに分類され，危険物と規定されている。船舶輸送する際に用いる容器や積載方法に関する規定が定められている。

港則法において，アンモニア等の危険物積載船舶が特定港に入港する際の規制や岸壁区分別の荷役許容量が定められている。

道路法において，アンモニアは通行制限品の高圧ガスに該当する。長さ5,000 m以上のトンネル，水底・水際トンネルにおいて，通行の要件が定められている。

消防法において，タンクコンテナ貯蔵の場合の屋内貯蔵所または屋外貯蔵所に貯蔵する場合の規定を定めている。

4 安全に取り扱うための基準，指標等

これまでに法規制について紹介したが，安全に取り扱うための基準，指標等もあるので，安全に取り扱うために参考にすると良い。

4.1 工業用燃焼炉利用技術指標（水素）

工業用燃焼炉で水素を含む燃料を利用するための工業用燃焼炉の安全通則がJIS B5415-2 (2020)にて制定されている他，工業用ガス燃焼設備の安全技術指標（一般社団法人 日本ガス協会 編集/発行）でも追補として水素燃焼の安全技術指指標が定められている。

4.2 水素ガス消費基準

水素ガスを安全に消費するために，特性，関連設備の基礎知識，緊急時の措置，保安教育等の情報が，「水素ガス消費基準」（一般社団法人 日本産業・医療ガス協会）に纏められている。

文　　　献

1) 高圧ガス取扱ガイドブック（圧縮水素編），高圧ガス保安協会
2) 高圧ガス取扱ガイドブック（液化アンモニア編），高圧ガス保安協会
3) 小林秀昭，カーボンフリーアンモニア燃焼，日本燃焼学会誌，**58**(183)（2016）
4) 柳生昭三，混合ガスの爆発範囲（18），**5**(3)（1966）
5) 神谷信行，環境に優しい21世紀の新エネルギージメチルエーテル，水素エネルギーシステム，**30**(2)（2005）
6) 国土交通省 港湾局，「カーボンニュートラルポート（CNP）形成計画」策定マニュアル初版，参考資料2（2021年12月）

【第Ⅱ編　国内外の技術開発動向】

第1章　水素・アンモニアの最新の技術動向・展望

市川貴之[*]

1　はじめに

　カーボンニュートラル実現のために，太陽光・風力を中心とする再生可能エネルギー（再エネ）の主力電源化を避けて通ることはできない。しかし，再エネは調整力を持たないこと，とりわけ，日変動，季節変動，年によっても大きく変動することと，地域によって供給能力が大きく異なることが本質的な問題であるととらえられている。こうした中，余剰電力を蓄電池に貯蔵する動きが見られ始めているが，蓄電池の導入コストを X 万円/kWh とした際に，例えば 2000 回/寿命の充放電回数を想定して，やっと，5X 円/回 = 5X 円/kWh となる計算となる。仮に 0 円/kWh の余剰電力が得られたとしても，上記の想定は 10 年の寿命を想定した場合，200 回/年の充放電を計画する必要があるため，蓄電池の導入規模や利用計画を誤ると蓄電池導入にともなう電力コストに相当するコストが，系統から購入する電力コストを大きく上回ることに注意が必要である。毎回の充放電が 100%の充放電を可能とするわけではないため，年間 200 回の利用は，ほぼ毎日余剰電力を充電して翌日までに使い切る計画で蓄電池導入の経済性が担保される計算となる。こうした状況の中，水素・アンモニアのエネルギー媒体としての必要性は，再エネの地球規模の地域間格差や，季節変動以上の長周期変動を埋める重要な役割を果たすために考えられてきた。加えて，電力では賄いきれない様々なエネルギー用途として，つまり，水素・アンモニアおよびこれらによって製造される様々な合成燃料により，その役割が果たされると考えられている。本章では水素・アンモニアに関する最新の技術動向について概観してみたい。

　水素基本戦略において水素製造コストの目標値は，2050 年断面で 20 円/Nm^3 と定められている。1 g の水素の熱量は低位発熱量（LHV）換算で 120 kJ 程度であり，1 Nm^3 = 90 g 程度なので，20 円/Nm^3 ≒ 20 円/10.8 MJ = 1851 円/GJ と見積もられる。これは，天然ガスの国際取引価格を 12 USD/百万 BTU = 1800 円/GJ（1 USD = 150 円とし，BTU は英国熱量単位，百万 BTU ≒ 1 GJ であることを用いた）程度と想定し，これと同程度とすれば発電用燃料や都市ガス原料である天然ガスをグリーン水素に置き替えた際に大きなコスト差を生じさせないことを目標として定めていることを意味する。一方で，アンモニアの国際取引価格は 2020 年直前の水準を 300 ドル/トン NH$_3$ = 2000 円/GJ 程度（アンモニアの熱量を LHV で 382 kJ/mol とした）であると読み取れば，やはり同程度である点は非常に興味深い。現状アンモニアは様々な化石燃料から作られた水素を原料として作られているが，今後は再エネ由来の水素を原料とするグリーンアンモ

---

　[*]　Takayuki ICHIKAWA　広島大学　大学院先進理工系科学研究科　教授

クリーン水素・アンモニア利活用最前線

ニアが流通し始めた後に，石炭火力発電所における混焼が期待されている。これにより石炭火力発電所といえど，その混焼割合によっては，天然ガス火力発電所よりも二酸化炭素の排出割合が低い火力発電所を実現できることは大変興味深い事実である。ヨーロッパを中心に，「石炭火力発電所の延命措置ではないか」という論調が取り上げられがちであるが，二酸化炭素排出によって座礁資産となることが問題視される石炭火力発電所を，よりクリーンな形で寿命を全うできるのであれば，トータルで有利となる解がありうる点を，毅然とした態度で主張していくべきではないだろうか。また，メディアを中心に石炭火力への混焼を背景として，石炭の価格と比べて4倍近い価格動向が強調されがちであるが，そもそも天然ガス代替を想定した目標コストであるため，当然の成り行きであることを指摘しておきたい。

2　素材としての価値からエネルギーとしての価値へ

　水素利用社会実現の困難は，「素材としての水素」を「エネルギーとしての水素」ととらえる必要がある点にある。事実，47 L 容器に約 15 MPa の圧力で 7 Nm^3 充填された水素ガスを，実験室では 2 万円（超高純度クラス）ほどで購入するが，内容量としては 600 g 程度の水素となる。これに対し，ほぼ同じクオリティの水素燃料電池自動車用の水素は，1 kg あたり 1000 円から 2000 円で販売されている。前者は輸送コストを多くが占めるからと思われがちであるが，圧縮空気は同じサイズ感で，数千円で購入可能であるため，単純に容器配達のコストと捉えるべきではない。結果的には，エンドユーザーに届くまでの多くの過程で，多くの人件費が費やされることが考えられるが，エネルギーとしてではなく素材として別の価値を有するため，1 kg あたり数万円という価格が受け入れられている状況にある。一方，後者はガソリン車が満タンで 5000～10000 円くらいを要するガソリン代を引き合いに出し，水素燃料電池自動車が 500～1000 km 程度の走行を可能とする水素量が 5 kg 程度であることから，これと等価な価格として設定されているものである。つまり，現状 1 kg あたり数万円で流通している素材としての水素を，エネルギーとしての水素は販売価格として 1 kg あたり数千円，製造コストとして 1 kg あたり数百円（≒ 20 円/Nm^3）を実現する必要がある点を改めて再認識する必要がある。さらに，現状 2 万トン/年と言われる水素流通量に対して，2030 年での需要予測は 300 万トン程度であるため，文字通り素直にとらえれば 100 倍超の量を流通させることを前提としながら，価値を 1/10～1/100 に落とすということを同時に成立させる必要がある中で，どうやってビジネスを成立させマーケットを成長させるかという点に知恵を絞る必要がある。現状の見積もりでは，素材としての水素も近未来の価値を下げたエネルギーとしての水素も市場規模が変わらない計算となり，この点も新規参入を踏みとどまらせる理由である可能性を指摘しておきたい。

　こうした事情は，メタン，メタノール，エタノールの流通価格においても同様の考察が可能である。先述の通り，メタンの取引価格は 1800 円/GJ 程度であるが，メタノールは 50 円/kg（燃焼熱は約 730 kJ/mol），エタノールは 130 円/L（燃焼熱は 1370 kJ/mol）程度で流通しているよ

第1章　水素・アンモニアの最新の技術動向・展望

うである。比較のために燃焼熱あたりに換算すると，それぞれ 2200 円/GJ，5530 円/GJ であり，メタンとメタノールは熱量当たりの価格は近いが，エネルギーとしての価値のみを有するメタンより，汎用化学品として流通しているメタノールの方が高価値であり，更に薬品としての価値を有するエタノールはこれらに比べてかなり高い価値を有する点からも，「エネルギー」＜「汎用化学品」＜「薬品」という価値構造となっていることが理解できる。一方，汎用化学品として知られるエチレンは 900 ドル/トン程度で流通しているようであるため，同様に発熱量当たりで換算すると，2860 円/GJ となる。ここでアンモニアに着目すると，先述の通り，2000 円/GJ 程度の価値であることがわかり，汎用化学品の中でも特にメタノールとアンモニアは，燃焼熱あたりで比較した場合ではあるが，燃料として利用するに堪えうる価値の最適化（低減）が進んでいる物質であるととらえることができる。この点は水素と大きく異なる点として強調しておきたい。

3　水素の貯蔵・輸送技術

水素をエネルギーとして利用する上で，貯蔵・輸送技術の高度化と低コスト化を避けて通ることはできない。現状，素材としての水素は，上限を 45 MPa とする圧縮水素として，トレーラー輸送することが一般的である。この際，水素の積載量は 200 kg から多くても 500 kg 程度であろう。もちろん，水素消費が多い事業所においては，液体水素による輸送も取り入れられているが，液体水素を想定すると，一度に運べる水素量は 2～3 トンになるため，輸送にかかる費用と，液体水素を取り扱うためのインフラ投資の費用の大小が，どちらを採用するか決定していることは間違いない。一方で，長距離のエネルギー輸送，つまり海外からのエネルギー輸送という観点で液体水素と LNG を比較してみたい。表 1 に液体水素，LNG，アンモニア，メタノールの物性についてまとめてみた。

表1　エネルギーキャリアの物性（燃焼熱は LHV 換算）

物質名	沸点	燃焼熱	密度	エネルギー密度	臨界点	
単位	[℃]	[kJ/mol]	[kg/m^3]	[MJ/L]	[℃]	[MPa]
液体水素	− 253	240	70.8	8.5	− 240	1.3
液化メタン	− 162	802	422	21	− 82	4.6
液化アンモニア	− 33	382	674	15	132	11.3
メタノール	64.7	730	792	18	240	8.1

表から明らかなように，液化メタン（LNG）に対して，液体水素のエネルギー密度は 4 割程度となり，同じ体積の容器で輸送する場合に，その輸送量は燃焼熱に対して半分以下になってしまうことが理解できる。同様の比較で，アンモニアは液化メタンの 7 割程度，メタノールは液化メ

33

タンの9割弱のエネルギーを輸送可能である。また，それぞれの液相のエネルギーキャリアの沸点の違いについても注視する必要がある。液体水素はLNGよりも高い断熱容器を必要とするが，液体アンモニアは比較的常温に近く，超臨界状態となるのは，10 MPa以上かつ100℃以上と知られ，輸送環境下でその条件を超えることはない。

さて，再エネを利用した水素製造の後に，液体水素は冷却により得られるが，液化にともなうエネルギー消費は水素の持つエネルギーの3割程度であると考えられている。一方，メタンは二酸化炭素とサバティエ反応により比較的簡単に得られるが，大きな発熱反応をともない2割弱のエネルギーを失う計算となる。加えて，メタノールおよびアンモニアはそれぞれ，二酸化炭素および窒素と適切な触媒を用いて反応させることによって得られるが，平衡の制約から工業的に有意な量を合成するためには，いずれも30 MPaおよび300℃程度以上の極限環境を必要とすることが知られており，年間数10万トン以上の生産量を担保する必要があるのではないだろうか。

4　水素の利用技術

気体の水素を利用する上での最大の技術的問題は，体積当たりのエネルギー密度の低さである。そのため，これまでは圧縮した状態で水素が利用されてきたが，高圧ガス保安法順守に基づく煩雑な手続きを回避するため，水素吸蔵合金の活用が期待されてきた。オイルショックに端を発する水素利用による二次エネルギー体系の確立に向けた機運の高まりから1980年代には世界的に水素吸蔵合金の研究開発ブームが巻き起こったと思われるが，いち早くアメリカがその開発から手を引いた。この間，日本国内では水素貯蔵だけでなく，二次電池の負極材料としての活用を視野に入れて研究開発が進められ，ニッケル－水素吸蔵合金二次電池（いわゆるニッケル水素電池）の開発および商品化にこぎつけたのは，日本人にとっての誇りであろう。その間，日本を中心に水素吸蔵合金の研究開発は進められたが，1990年代後半からはその最大の用途として期待された水素燃料電池自動車の水素タンクに活用することを目的に，世界中の研究者が水素貯蔵材料の研究開発に取り組んできた。

水素吸蔵合金は，水素の吸蔵放出が比較的常温常圧近くで動作するものが多く存在するため，様々な用途が期待されて研究開発が進められた。その開発指針としては，水素との親和性が高く水素化物を作る元素Aと，水素との親和性が低く水素化物を作らない元素Bを用いて金属間化合物を作り，この金属間化合物の元素を一部置換することで性能的に有利な合金を作りこむことが多くの研究者によって進められた。しかしながら，多くの水素吸蔵合金を構成する元素AとBは遷移金属であり，仮に比較的原子番号の小さなチタンでも最大の水素吸蔵状態として水素化チタン（TiH_2）となった際の重量密度は4 wt%程度であることが知られている。通常はこれより原子番号の大きな元素と合金化して水素を吸蔵するため，重量密度はこれ以下となる。また，一般的に最適な水素吸蔵放出特性を示す。AB5系合金の水素重量密度は1 wt%程度となり，多くの場合水素吸蔵合金における水素重量密度は1〜2 wt%であると知られている。水素燃料電池

第1章　水素・アンモニアの最新の技術動向・展望

自動車の総重量はたかだか2トン程度であるため，仮に5kgの水素を搭載するためには，250kg〜500kgの合金を必要とする計算となり，燃料タンクが車体の大部分を占めることになる。この点が問題視され，原子番号では20以下の比較的軽量な元素に目が向けられ，$NaAlH_4$に代表されるアラネート系，$LiH\text{-}LiNH_2$に代表されるアミド−イミド系，$LiBH_4$を用いた（ボロハイドライド系），加えて，アンモニアボラン（NH_3BH_3）が比較的高い水素重量密度（4wt%〜10wt%）を示すとして研究開発が進められてきた。しかしながら，これらの中には，水素放出後に水素ガスのみで再生できない材料（ボロハイドライド系，アンモニアボラン）や，水素放出時に不純物ガスが含まれる材料（アミド−イミド系，ボロハイドライド系，アンモニアボラン）など様々であり，そのポテンシャルとしては大きく期待されるものの，未だ実用化に到達したものはない。一方，その簡便さから，現状水素燃料電池自動車の車載タンクは，70MPaの超高圧ガスタンクが採用されているが，この仕様を増強する目的として，金属有機構造体（MOF）や活性炭等のナノ構造を有する炭素材料など，多孔体への吸着に目を向けた研究開発も広く進められている。この際，70MPaの高圧タンクと同等の水素吸蔵量を示す多孔体入り35MPaタンク等が想定されて研究がなされているようである。

　一方，こうした中でマグネシウム（Mg）については，様々な研究開発が進められ，一部実証段階まで来ているものもあるため紹介したい。Mgは水素化マグネシウム（MgH_2）として，水素を重量密度で7.6wt%も吸蔵することが知られている[1]。一方，水素化における反応熱は75kJ/mol程度となることが知られ，一般的な水素吸蔵合金との結合力より強いことが知られている。このため，通常の水素吸蔵合金が常温常圧の環境下で水素吸蔵放出を制御可能なのに対して，Mgは300℃程度の高温でないと水素吸蔵放出を制御できないことが知られている。これは材料の熱力学特性にかかる問題であり，反応熱が大きいほど，水素放出に必要な熱量が大きくなり，高温でないと常圧に近い水素放出圧を得ることができないことを意味する。このため，2000年代以前には，MgをA元素としてとらえ，B元素として様々な元素が試され，熱力学的な性能の調整が研究開発の主たる方向性であった。一方，2000年代以降は，上述の通り重量密度が重視されるトレンドとなったため，300℃という高温でも比較的遅い反応速度を改善すべく，触媒添加等による動力学性能の改善に研究開発のトレンドが大きく変わった。もちろん，水素燃料電池自動車において，水素放出に必要な300℃程度という高温を得るのは困難であると考えられ，車載を目的とした研究開発はあまりなされていないが，陸上水素輸送を目的とした実証は中国で進められ始めている状況にある。また，上述の通り高い反応熱を示すということは，逆に言えば，水素吸蔵放出の平衡圧が室温では著しく低いことを意味し，実際には現実的な真空状態と等価な数Pa程度という低い水素吸蔵放出平衡圧を室温条件にて示すことが知られている。これに目を付けた我々のグループでは，2006年に触媒添加によって表面の状態が最適化されたMgで室温において数秒程度で水素を吸蔵しうる性能を示すことに成功している[2]。

　さて，その他の水素吸蔵合金についてはその後様々な研究開発がなされ，一般的には非常に活性な表面を有するため，空気中にさらされると自然発火する危険物指定の材料が多い中で，水素

吸蔵放出特性については従来の特性を維持しつつも，樹脂で覆う等の処理を施すことにより，非危険物化に成功して，高圧ガス適応外となる1MPa程度以下の水素圧において吸蔵放出可能であり，かつ万が一タンクが破損しても発火の恐れがない安全な水素貯蔵システムとして実用化が進められている。

5　アンモニアの利用技術

アンモニアを利用する上での技術的問題は，利用時に低温ではエネルギーを取り出すことが困難な特性と漏洩時の悪臭および毒性である。前者は，アンモニアをエネルギーとして利用する際に，燃焼あるいは直接燃料電池で利用することを想定することになる。燃焼させる際も，必ずしも火が付きやすいガスではないため，水素と窒素に分解して利用することが想定される。固体高分子（PEM）形燃料電池で利用する場合は，当然，超高純度の水素を導入する必要があるし，固体酸化物形燃料電池で利用する場合も，やはりセルの昇温に純水素を必要とする。したがって，多くの場合アンモニアからいかに簡便に水素を取り出すことが可能かという技術開発が非常に重要になる。一般的にアンモニアから水素を取り出す技術としては，適切な触媒を付与した反応層にアンモニアを導入して熱分解を促す方法が考えられるが，この時必要な温度は500℃程度以上ということが良く知られている。したがって，反応層の温度上昇にはそれなりの時間を要するため，コールドスタートのために簡便に水素を取り出す方法として別の技術開発が必要となる。こうした中，アンモニアから簡便に水素を取り出す技術として，①液体アンモニアの直接電気分解，②水素化物との反応によるアモノリシス反応が提案されているので紹介したい。

①　液体アンモニアの直接電気分解

液体アンモニアのイオン積は，アミドイオン（NH_2^-）の濃度とアンモニウムイオン（NH_4^+）の濃度であらわされ，その値は水のイオン積と大きく異なって，25℃では，1.0×10^{-28}程度であることが知られている。水の電気分解でもそうであるが，プロトンと水酸化物イオンのイオンバランスをずらして，電気分解が行われるが，液体アンモニアではそれがより顕著になる。このため，多量の支持電解質を液体アンモニア中に溶解させる必要があるが，候補としては，溶解度の大きなNH_4^+イオンを含む塩化アンモニウム（NH_4Cl）と，NH_2^-イオンを含むカリウムアミド（KNH_2）などがあるが，前者は水系では塩酸中の電気分解を想起させるように金属電極の腐食が激しく，後者はいわゆる水酸化ナトリウムを溶解したアルカリ電解を想起させるように，この反応のみ一般的な電極を用いた状況では制御可能であることがわかっている。反応式を以下に示す。

（アノード）　$3NH_2^- \rightarrow 1/2N_2 + 2NH_3 + 3e^-$

（カソード）　$3NH_3 + 3e^- \rightarrow 3/2H_2 + 3NH_2^-$

これらの反応は，アンモニアの標準生成ギブズエネルギーを用いると，ネルンストの式から，分

解電圧が 0.1 V 以下となることがわかる。水の標準生成ギブズエネルギーの値に対してアンモニアのそれは 1/10 以下であることを示しており，水素が酸化して水になる際のエネルギー差を水素の持つエネルギーと称しているため，この分解電圧の低さが，とりもなおさずアンモニアが水素に近いエネルギーを有しているという理屈になる。さて，実際に，高圧容器にカリウムアミドを溶解した液体アンモニアを導入し，白金電極を用いることで 0.5 V 程度の電解電圧で水素と窒素が発生することを確認されており，熱源を必要とすることなく電気を用いてアンモニアから簡便に水素を得るシステムとなる[3]。

② 水素化物との反応によるアモノリシス反応

アモノリシス反応は加アンモニア分解反応とも呼ばれ，アンモニアと水素化物の反応による水素発生反応であり，加水分解反応をイメージした方がわかりやすいかもしれない。水素化物の候補としては，水素化リチウム，水素化ナトリウム，水素化カリウム（MH：M = Li，Na，K）が想定される。反応式を以下に示す。

$$MH + NH_3 \rightarrow MNH_2 + H_2$$

これは，発熱をともなって水素を放出する反応であり，上述の通りアンモニアを水に置き換えると，水酸化物が生成することがわかる。このアモノリシス反応は，室温でも進行し，アルカリ金属の原子番号が大きくなるほど反応性が向上する結果を得ている。また，加水分解との比較を考えた場合，反応式上の大きな差異はないが，特性上は非常に大きな違いを有する。アモノリシス反応において生成する副生物質は金属アミドと呼ばれる物質であり，金属水酸化物と似通った物質であると思われるが，実際には，水素ガスと金属アミドは圧力および温度の制御で逆反応を進行させられるのに対し，水素ガスと水酸化物の組み合わせでは，どうやっても逆反応を進行させられない。つまり，アモノリシス反応では容易に水素を発生させられるばかりか，生成した副生物質である金属アミドを水素ガスによって再生可能である[4,5]。これにより，特に熱源なく簡便にアンモニアから水素を取り出せ，かつ熱と水素ガスにより再生できるシステムとなることが特徴である。

以上のように，アンモニアは定常的に燃焼あるいはクラッキングをともなった水素利用という観点では，既に実用可能な状況にあるが，その用途を広げる上でコールドスタートが重要視されることがある。最近の研究開発においては，アンモニアから熱源無しに水素を取り出す上記のような技術開発が重要視されつつある。

6 おわりに

水素・アンモニアの最新の技術動向についてコストの話も含めて概観してきた。2030 年を目前にオーストラリア，中東，中国を中心としてグリーン水素の製造が計画されつつある。液体水素技術は，これまで日本・韓国を中心に成熟した LNG 技術に基づく技術として，世界に対して

存在感を示している中，液体水素による再エネの大陸間輸送は，日本・韓国を主とした技術であることは否めない。したがって，こうした技術にコネクションを持たない再エネ業者は，既存技術として世界中で流通しているアンモニアによるグリーンエネルギーの流通の方がより現実的であるという意見も聞かれる。また，同様の理由で二酸化炭素の調達が再エネ適地で可能となれば，グリーンメタノールによる再エネの流通も視野に入る。日本のようなエネルギー自給率の著しく低い国において，現時点も数千万トンといわれる石油備蓄を行っている中では，メタノールによる再エネの流通も大きな優位性が現れる可能性もある。日本国内では水素・アンモニアに特化した形でカーボンニュートラル実現に向けた議論がなされているところではあるが，まだまだ予断を許さない状況が2030年以降も続くのではないかと筆者は予想しているところである。

文　　　献

1) Yuanyuan Shang, Claudio Pistidda, Gökhan Gizer, Thomas Klassen, Martin Dornheim, *J. Magnesium and Alloys*, **9**, 1837-1860 (2021)

2) Nobuko Hanada, Talauilo Ichikawa, Satoshi Hino, Hironobu Fujii, *J. Alloys Compd.*, **420**, 46-49 (2006)

3) Nobuko Hanada, Satoshi Hino, Takayuki Ichikawa, Hiroshi Suzuki, Kenichi Takai, Yoshitsugu Kojima, *Chem. Commun.*, **46**, 7775-7777 (2010)

4) Yoshitsugu Kojima, Kyoichi Tange, Satoshi Hino, Shigehito Isobe, Masami Tsubota, Kosei Nakamura, Masashi Nakatake, Hiroki Miyaoka, Hikaru Yamamoto, Takayuki Ichikawa, *J. Mat. Res.*, **24**, 2185-2190 (2009)

5) Hikaru Yamamoto, Hiroki Miyaoka, Satoshi Hino, Haruyuki Nakanishi, Takayuki Ichikawa, Yoshitsugu Kojima, *Int J. Hydrogen Energy*, **34**, 9760-9764 (2009)

第2章　水素・アンモニアの製造技術動向

久保田　純[*]

1　はじめに

　我が国では 2050 年においてのカーボンニュートラルを達成することの宣言が 2020 年になされ[1]，また 2022 年のロシアによるウクライナ侵略による世界的なエネルギー需給構造の変動もあり，これらを踏まえ 2023 年 6 月には我が国の水素基本戦略が改定され新たなグリーントランスフォーメーション（GX）の方向性が示された[2]。これによると 2040 年における水素導入目標を 1200 万トン/年としている。ここでいう水素とはアンモニア，合成メタン，合成燃料など水素から誘導されるエネルギーキャリア物質も含んでいる。これによると，水素・アンモニアのエネルギー用途としてのこのような大量導入のためには，製造，貯蔵，輸送，利用の各々の過程において多くの技術開発が必要である。また，我が国では，エネルギー物質の高効率な利用技術の研究開発を早くより進めていて，燃料電池やタービンによる発電技術は世界的に優位な競争力を有していることが述べられている。しかし水素・アンモニアなどのエネルギーキャリアの社会導入には，製造の過程が非常に重要であるにもかかわらず，水素・アンモニアをどのように二酸化炭素の排出なく製造し，どの地域から我が国に輸入するかなど製造側の戦略が十分であるか疑問も残る。本章では水素・アンモニアの製造技術の概要と，その動向を述べる。製造技術の各論の詳細については本書第Ⅲ編にまとめられている。

2　水素製造

　水素の製造方法を図 1 にまとめた。主な水素の製造方法を大別すると，①化石燃料から改質反応などで水素を得る方法，②熱エネルギーを用いて水を熱化学的に水素と酸素に分解する方法，③電気エネルギーを用いて水を電気分解して水素を得る方法，④光エネルギーを用いて光触媒によって水から水素を得る方法，⑤バイオマス原料から水素を得る方法，⑥地中に存在する天然水素を採掘する方法，に分けられる。

　この中で 2023 年頃から急激に注目されてきたのが⑥の地中の天然水素の利用である。以前より地中から微量の天然水素が産出される場所はあるが，微量であるため天然水素の存在は無視されていた。近年，地中のマントル付近でカンラン石と水とが反応して水素が得られ，地中に 5 兆トンも存在する米国地質調査所の研究が発表され，世界中が注目している[3,4]。アフリカ，マリ

---

　*　Jun KUBOTA　福岡大学　工学部　化学システム工学科　教授

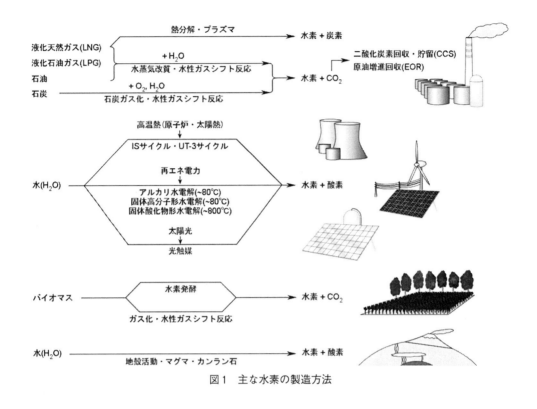

図1 主な水素の製造方法

では2018年頃に井戸から98％の水素が得られることが見つかり，得られた水素は小規模であるが発電に利用されている[5]。米国地質調査所の研究結果が示すように地中に多量の水素が埋蔵されていて，さらに現在も地殻活動で生産され続けていて，人類がそれを採掘し現在の文明活動に十分なエネルギーが得られるならば人類にとって夢のような話ではある[4,5]。しかし，地中の天然水素を人類がエネルギー源として用いるほどの量があるか，それを採掘して利用できるかは全くの未知数である。世界中で多くの地中の天然水素掘削のプロジェクトが進められているが，もちろん懐疑的な意見も多く，人類のエネルギー源を支えられる資源になり得るかどうかの解明が待たれる。

　化石燃料から水素を得る方法は，古くから石炭ガス化反応，炭化水素の水蒸気改質反応，水性ガスシフト反応などで実際の石油精製プラントや化学プラントで行われているため，新しい動向は特に見られない。化石燃料から水素を製造するときには必ず二酸化炭素が排出されるため，二酸化炭素を排出しないためには，二酸化炭素回収・貯留技術（CCS）や二酸化炭素回収・利用・貯留技術（CCUS），二酸化炭素による原油増進回収（EOR）などで貯留・利用をすることが重要である[6]。近年注目されている化石燃料から水素を得る方法は，メタンを熱分解して水素と炭素を得る方法である[7,8]。二酸化炭素は排出されず炭素が得られる。得られた炭素は燃料や材料として利用できる。三菱重工業株式会社は2020年に米国のモノリス社に出資しプラズマ熱分解法でメタンから水素と炭素を得る技術の獲得を目指している[9]。住友化学株式会社も2022年に

第2章　水素・アンモニアの製造技術動向

マイクロ波化学株式会社と共同でメタンをマイクロ波により熱分解し，水素を製造するプロセスの共同開発に着手している[10]。株式会社IHIでは2023年に天然ガス熱分解による水素製造の試作機を作り水素製造量10 kg/日相当で運用し試験をしている[11]。また海外にも熱分解法でメタンから水素を得るプロジェクトが多数進められている。メタンを原料としていることから化石燃料の枯渇という本質的な問題を抱えたままである。

　熱化学的に水素を製造する方法はヨウ素硫黄（IS）プロセスやカルシウム，鉄，臭素を利用するUT（東京大学)-3プロセスが1980年代以前から研究されていて，原子力の高温ガス炉の排熱利用法として日本原子力研究開発機構で現在も研究開発が進められている[12,13]。また近年では1000℃前後の高温ガス炉の排熱を利用するのではなく，500℃前後の集光太陽熱などを用いた熱化学水素製造法が注目されている。

　現在，太陽電池発電，太陽熱発電，風力発電などが世界各地で大量に導入されていることから，これらの電力で水を電気分解して水素を得る方法は最も確実に二酸化炭素排出のないカーボンニュートラルな水素を得る方法である[14]。水電解は，水酸化ナトリウム水溶液などを使うアルカリ水電解，プロトン伝導性高分子電解質を用いる固体高分子形水電解，酸化物電解質を800℃などの高温で用いる固体酸化物形水電解の3つが主流である[14]。アルカリ水電解は古くより大型設備で行われる水電解であるが最新のものでは隔膜の厚さや電極の構造が大きく改善されている。固体高分子形水電解と固体酸化物形水電解は，近年は同様な電気化学セルが燃料電池として普及していることにより，研究が飛躍的に進んでいる。特に高温の固体酸化物形水電解は，水の理論電解電圧も小さく，高温であるため各電極の反応過電圧が小さいことが特徴である。また二酸化炭素と水の共電解など高温を活かした他の反応への応用の可能性も高い。現在，アルカリ水電解では旭化成，日揮ホールディングスが主体となった大規模な実証実験が進められているし，固体高分子形水電解では山梨県，東京電力ホールディングス，東レ，日立造船，シーメンス・エナジー，三浦工業，加地テックが大規模なプロジェクトを進めている。高温の固体酸化物形水電解も東芝エネルギーシステムズやデンソーが積極的に取り組んでいる。

　光エネルギーを用いて光触媒によって水から水素を得る方法は，国際的に我が国が非常に優位にある方法である。太陽光のエネルギーによって水を水素と酸素に分解できれば，化石資源に頼ることなく水素を生産しうる。NEDOの「二酸化炭素原料化基幹化学品製造プロセス技術開発（人工光合成プロジェクト）」を行う人工光合成化学プロセス技術研究組合（ARPChem）では100 m^{2}規模の光触媒パネル反応器を作り最大0.76％の太陽エネルギー変換効率で水から水素が得られることを2021年に発表している[15]。

　バイオマス資源から水素発酵によって水素を生産することも古くから研究が進められてきたものである。ただし，原理的に副生物が多く，原料の量に対して得られる水素が少ないことが欠点である。バイオマス資源からのメタン発酵は実用化が数多く行われていて，バイオマス原料から得られたメタンはカーボンニュートラルであるので，メタンとして利用するほうが現時点では有利である。また，バイオマス資源も熱分解によりガス化すれば水素と一酸化炭素の混合物である

クリーン水素・アンモニア利活用最前線

合成ガスにすることができ，一酸化炭素は水性ガスシフト反応で水素と二酸化炭素に変換できる。発酵プロセスより大規模に容易に水素を取り出すことが可能である。バイオマス資源は水素に変換しなくてもそのまま燃焼にさせてもカーボンニュートラルなので，水素に変換する技術の研究開発は大きくない。

また，図1には記載しなかったが，化学プラントや製鉄所には副生水素が多種存在する。食塩水の電気分解で塩素と水酸化ナトリウムを得るソーダ電解では，塩素と水酸化ナトリウムが生成するのと同時に必ず水素も副生する。含塩素プラスチックを生産しているプラントではソーダ電解が行われていることが多いが，副生した水素は使い道がなく廃棄されることも少なくない。副生水素を有効利用する取り組みは国内各地で古くから見られるが，2013年頃からは山口県周南市地方で株式会社トクヤマがソーダ電解の副生水素を近隣の水素ステーションや燃料電池発電に用いたり，岩谷産業株式会社との協業で液体水素にする設備を建設し，液体水素を中国・四国・九州地方に出荷したりする取り組みを活発に進めている。製鉄のコークス炉からの排気も水素の含有量が多く，有効利用が求められている。製鉄においては高炉への水素吹き込みなどの試験が積極的に行われている。

3 アンモニア製造

3.1 窒素と水素からの触媒的アンモニア合成

図2にアンモニアの合成方法を図示した。現在工業的に製造されるアンモニアは空気中に存在する窒素と化石燃料を基とした水素から一般的に Haber-Bosch 法と呼ばれる以下の反応式で示

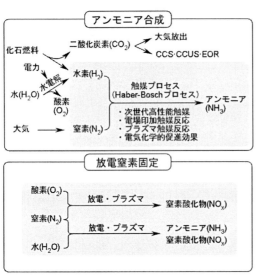
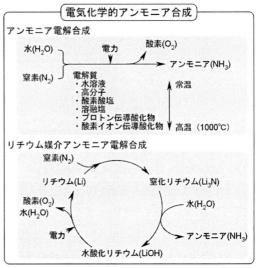

図2 主なアンモニアの合成方法

第2章　水素・アンモニアの製造技術動向

される触媒反応によって得られ，世界で年間 18,000 万トンが製造され消費されている。現在，人工的に製造されるアンモニアの 85％は人工肥料用途に用いられている[16]。

$$N_2 + 3N_2 \rightarrow 2NH_3 \qquad \Delta H = -92 \, \text{kJ mol}^{-1}$$

化石燃料を基とした水素から得られるアンモニアは，水素製造時に排出される二酸化炭素を CCS，CCUS，EOR で貯蔵や利活用をしないと燃料としての利用価値はほとんどなく，化石燃料をそのまま燃料としたほうが効率的である。我が国は火力発電所にアンモニアを燃料として用いて，発電セクターの二酸化炭素排出を減らすことを宣言し，実際に 2023 年から株式会社 JERA と株式会社 IHI が愛知県碧南市の碧南火力発電所においてアンモニア燃料の導入を進めている[17]。このアンモニアは CCS，CCUS，EOR を用いて二酸化炭素を無駄に排出しないで製造したアンモニアを輸入することが前提となっている。

アンモニア製造にかかるエネルギーは，最新のプロセスでは 28〜29 GJ/ton-NH$_3$ である[18]。アンモニア自体は 22.5 GJ/ton-NH$_3$ の燃焼熱をもつエネルギー物質であることから，約 80％の高いエネルギー効率で製造されている。また，1 ton のアンモニアを製造するために必要な水素は，25.1 GJ のエネルギーを持っていることから，アンモニア製造にかかるエネルギーは殆どが水素自身のエネルギーであり，化石燃料から水素を製造するのであれば，さらに余分なエネルギーが必要である。Haber-Bosch 法は高温高圧であるためエネルギー多消費プロセスと揶揄されがちであるが，高温高圧であることとエネルギー多消費なことは別問題である。アンモニア合成は発熱反応であるため，より高温，すなわちエクセルギーの高い排熱を回収したほうが化学プラントのどこかでその熱を利用することができる。触媒反応速度が不足しているために反応を高温にするのではなく，高温の排熱を有効利用することで高効率化している。また，高圧も平衡を生成物側に偏らせるためだけに必要なのではない。反応器の後段ではアンモニアを冷却液化して未反応ガスと分離する必要があり，この液化のために高圧が必須である。高温排熱回収やアンモニア液化分離のための高温高圧であり，単純に低温低圧化しても Haber-Bosch 法の効率は上がるものではない。ただし，今後エネルギー源の多様化によって，アンモニア合成プラントは現在の天然ガス田に併設するような大型のものだけではなく，太陽光や風力などの変動電源による水電解と組み合わせるものや，バイオマスのような小規模な水素源と組み合わせるものなど，多様なものが必要になる。これら違う規模のプロセスでは最適圧力や最適温度は異なるであろう。

我が国では，水素と窒素からの Haber-Bosch 法によるアンモニア合成法は，用いる触媒の研究開発が非常に精力的に行われている[16]。極めて高い電子供与性をもつ，エレクトライド，窒化物，水素化物などを担体，促進剤として用いる研究例が多くみられる。一般的にアンモニア合成は触媒表面の窒素の活性化が鍵であり，電子供与性の担体や促進剤が重要であると言われている。金属種としてはルテニウムの活性が顕著ではあるが，ルテニウムの資源量は貴金属並みに少ないことから，コバルトや鉄触媒を用いた研究も進んでいる。非常に高い生成速度をもつ触媒が見出されている一方で，特殊な前処理条件を必要とする触媒や，水，酸素，二酸化炭素などの不

43

純物などに対する耐性が低い触媒も多く，工業的な条件で用いることが可能か十分に精査する必要がある。

水素と窒素からの触媒的なアンモニア合成法においては，電場やプラズマを利用する方法も考案されている。また電気化学的な促進効果を利用して窒素と水素からアンモニアを合成する研究も見られる。再エネ電力による水分解と組み合わせるような小型の装置では，これらの独自性のある手法も非常に興味深い。

アンモニアを再生可能エネルギーから製造するためには，再エネ電力を用いた水電解による水素製造と Haber-Bosch 法アンモニア合成を組み合わせればよい。この組み合わせはアンモニア合成の初期の頃から行われていて，現在でも例えばエジプトではアスワンハイダムの水力による豊富な電力を基とした水電解とアンモニア合成を組み合わせ，アンモニアを生産している[18]。このアンモニアから得られる人工肥料がナイル川流域の農業を支えているといわれる。水力による発電が豊富な地域は世界的には一部の国に限られている。現在，世界で注目されている再エネ電力は，太陽電池，太陽熱発電，風力発電などで比較的普遍な電力源である。これらの電力は水力に比較すると時間，日，週，月，季節など広い時間範囲での変動が顕著である。水電解による水素製造と Haber-Bosch 法アンモニア合成との組み合わせでは，水電解と Haber-Bosch 法を同期させて運転することが難しい。

3.2 窒素と水からの電気化学的アンモニア合成

これからの再生可能エネルギーの最も主たる入口は太陽電池，太陽熱発電，風力発電などとなる。この電力からアンモニアを電気化学的に窒素と水から得る手法が近年非常に興味を持たれている[19]。上述したように水素はアンモニアより高いエネルギー物質であることから，水素からアンモニアを作るより，水から最小限のエネルギーでアンモニアを作ったほうが，効率が高くなる可能性がある。何よりも，水電解と Haber-Bosch 法アンモニア合成の 2 段階のプロセスを運転するより，水と窒素から直接的にアンモニアが得られたほうがシンプルなプロセスになる。2017年頃より米国等で電気化学的アンモニア合成の研究プロジェクトが立ち上がり，発表論文数が飛躍的に増加している。Haber-Bosch 法に替わる人工窒素固定法として期待が高まっているが，真偽の定かでない研究発表が非常に多い。以下に電気化学的アンモニア合成を幾つかに分類して，その動向を述べる。

3.2.1 水溶液電解質や高分子膜電解質を用いた電気化学的アンモニア合成

これらの電解質で常温〜100℃程度で窒素からアンモニアを合成できたという報告例は非常に多いが，生成したアンモニア濃度が ppm レベルだったり電流密度が $\mu A/cm^{-2}$ レベルだったり，疑わしい報告が多い[20]。環境中にアンモニアは無視できない量が存在するため，実験者の呼気のアンモニアを検出したり，電極材料に含まれる窒素源からのアンモニアを測ったりしたような研究が散見される[21]。種々のブランクテストを行うこと，同位体窒素を用いた実験をすること，グローブボックス中で実験をすることなど注意深く行った研究以外の研究結果は信用に値しないと

第2章　水素・アンモニアの製造技術動向

されている[21]。窒素を電気化学的に還元してアンモニアを得ることは可能であることは間違いないようであるが，極めて微量であり工業的に応用できるレベルとは程遠い[20]。2017年頃から数年間は多くの研究者らが挑戦していたが[21]，近年では研究が下火になっている。

3.2.2　リチウム媒介電気化学的アンモニア合成

我が国で非常に初期の段階で見出された方法である[22]。リチウム塩を含む溶融塩電解質や有機物電解質を電気分解すると陰極にリチウム金属が析出しようとするが，窒素が存在すると窒化リチウムが生成する。窒化リチウムは水を供給すると反応してアンモニアと水酸化リチウムに加水分解する。現時点で電気化学的にアンモニアを合成できる最も確実な方法である[23]。バッチ操作としてリチウム析出，窒化，加水分解を段階的に進めることもできるし，全てのステップを定常的に同時に進めようとする取り組みもある。リチウムイオン電池の技術に通じるところがあることと，水溶液電解質や高分子膜電解質を用いた電気化学的アンモニア合成が困難であることが知られてきたことから，リチウム媒介電気化学的アンモニア合成への注目は集まってきている。リチウム金属の析出，窒素による窒化という極めて高いエネルギーを必要とする過程がプロセスに含まれていることから，電解に必要な電圧が水電解より非常に高くなる傾向がある。

3.2.3　中高温電解質による電気化学的アンモニア合成

200〜300℃のリン酸塩電解質や水酸化物溶融塩電解質[24]，400〜600℃のプロトン伝導型固体酸化物電解質，800〜1000℃の酸化物イオン伝導型固体酸化物電解質などを用いた電気化学的アンモニア合成の研究が進んでいる[25]。中高温では電極触媒の気固界面で触媒反応も進むため，電気化学的に窒素が活性化しているか，水電解で得られた水素で触媒的に窒素が水素化されたのか判別は困難である。また，気固界面で触媒反応が存在するということは，生成したアンモニアの窒素と水素への分解反応も起こることから，反応の化学平衡によってアンモニアと副生する水素の生成速度の割合が制限される。

3.2.4　その他のアンモニア合成

（1）有機金属錯体触媒によるアンモニア合成

自然界のニトロゲナーゼはモリブデン，鉄などの錯体が活性中心を形成している。人工合成した有機モリブデン錯体を触媒として用い，水と窒素からアンモニアを合成する手法が報告されていて，錯体の改良によってターンオーバー数などの性能が改良されている[26]。この反応には水素よりエネルギーの高い二ヨウ化サマリウム（SmI_2）が還元剤として使われていて，これを小さなエネルギーでどのように再生するかが鍵となる。

（2）硝酸イオンの還元によるアンモニア合成

自然界の含窒素有機物は排水中で生物学的にアンモニウムイオンに分解され，最終的には硝酸イオンとして安定化している。農業排水，生活排水，畜産排水などの最終的な主たる窒素源は硝酸態窒素である。嫌気下で脱窒菌により硝酸イオン（硝酸態窒素）は窒素分子として無害化し大気に放出することができ，これは有害なアンモニウムイオンを無害化して大気に戻す自然界のシステムである。このような硝酸態窒素を多く含む廃液を電気化学的に還元してアンモニアを得よ

うとする研究が近年多く見られる[27]。硝酸イオンのアンモニウムイオンへの還元反応は，窒素分子の窒素間の強固な三重結合の解離と全く無関係であり，硝酸イオンが窒素分子より水溶液中への溶解度が高く，イオンであることから電極界面に吸着しやすいことなどから，比較的簡単に電気化学的に行うことができる。常温の電解質水溶液を用いる窒素の電気化学的還元によるアンモニア合成が困難なことから，硝酸イオンの還元によるアンモニア合成に多くの研究者が注目するようになったと考えられる。人類がエネルギーとして利用するに十分な量の硝酸イオンを含む高い濃度の廃液が存在するか，水中のアンモニウムイオンから水への親和性が非常に高いアンモニア分子をどのように単離するかなど課題も多い。

(3) 酵素を用いる電気化学的アンモニア合成

自然界では土中の窒素固定細菌の持つニトロゲナーゼが空気中の窒素を固定化しアンモニアとして植物に窒素の養分を供給している。ニトロゲナーゼを電極に吸着・固定化させた電極で窒素を還元する研究が進んでいる[28]。酵素や有機金属錯体は無機固体触媒と異なり，反応できるターンオーバー数に限界があるものが多い。工業的に求められる量のアンモニアを製造できるかの疑問も残る。

(4) 光触媒による光エネルギーからのアンモニア合成

水を水素と酸素に分解する光触媒の研究に加え，光触媒を利用して水を水素源として窒素からアンモニアを合成する研究もここ数年で進展している[29]。光触媒とニトロゲナーゼを組み合わせて用いる手法も発表されている[30]。また，モリブデン錯体触媒を用い，犠牲試薬存在下で光触媒作用によってアンモニアを合成する方法も報告されている[31]。光触媒によって水から水素と酸素を得る方法は未だ実用レベルに達していないが，それと比較して光触媒を用いた水からの窒素還元によるアンモニア合成は，はるかに複雑な過程である。そのため，光触媒によるアンモニア合成はエネルギー変換効率などにおいて実用レベルには未だ程遠い状況にある。

4　まとめ

カーボンニュートラル社会を確立することが重要な社会課題となってきたことから，水素・アンモニアの製造技術への注目は高まり，国内でも多くの取り組みがなされるようになった。我が国はエネルギー資源に乏しく，水素・アンモニアは外国から輸入しなければならないことは間違いなく，その製造技術への関心は低くなりがちであるが，製造，貯蔵・輸送，利用の技術を一貫して研究開発し，世界のエネルギー技術を先導することを望みたい。

第 2 章　水素・アンモニアの製造技術動向

文　　献

1) 「2050 年カーボンニュートラルに伴うグリーン成長戦略」内閣官房，関係各省庁，令和 3 年 6 月 18 日，https://www.meti.go.jp/policy/energy_environment/global_warming/ggs/index.html

2) 「水素基本戦略」再生可能エネルギー・水素等関係閣僚会議，令和 5 年 6 月 6 日，https://www.cas.go.jp/jp/seisaku/saisei_energy/pdf/hydrogen_basic_strategy_kaitei.pdf

3) United States Geological Survey, News, Featured Story, 13 April (2023), https://www.usgs.gov/news/featured-story/potential-geologic-hydrogen-next-generation-energy

4) American Gas Association, "The Hydrogen Gold Rush is On", News, 29 Feb. (2024), https://www.aga.org/the-hydrogen-gold-rush-is-on/

5) A. Prinzhofer, C. S. T. Ciss, A. B. Diallo, *Int. J. Hydrogen Energy*, **43**, 19315-19326 (2018)

6) 山地憲治監修，二酸化炭素回収・貯留（CCS）技術の最新動向，シーエムシー出版（2022）

7) M. Hermesmann, T. E. Müller, *Prog. Energy Combust. Sci.*, **90** (2022)

8) H. Alhamed, O. Behar, S. Saxena, F. Angikath, S. Nagaraja, A. Yousry, R. Das, T. Altmann, B. Dally, S.M. Sarathy, *Int. J. Hydrogen Energy*, **68**, 635-662 (2024)

9) 三菱重工業株式会社，ニュースリリース，2020/11/30，https://www.mhi.com/jp/news/201130.html

10) 住友化学株式会社，ニュースリリース，2022/2/21，https://www.sumitomo-chem.co.jp/news/detail/20220221.html

11) 株式会社 IHI，ニュースリリース，2023/12/25，https://www.ihi.co.jp/all_news/2023/technology/1200517_3546.html

12) M. Mehrpooya, R. Habibi, *J. Cleaner Production*, **275**, 123836 (2020)

13) M. Sakurai, E. Bilgen, A. Tsutsumi, K. Yoshida, *Solar Energy*, **57**, 51-58 (1996)

14) 森田敬愛監修，水電解による水素製造技術～各種水電解法の基本・最新技術と世界の水素政策動向，シーエムシー・リサーチ（2023）

15) H. Nishiyama, T. Yamada, M. Nakabayashi, Y. Maehara, M. Yamaguchi, Y. Kuromiya, Y. Nagatsuma, H. Tokudome, Seiji Akiyama, T. Watanabe, R. Narushima, S. Okunaka, N. Shibata, T. Takata, T. Hisatomi, K. Domen, *Nature*, **598**, 304-307 (2021)

16) K. Aika, H. Kobayashi, eds, "CO_2 Free Ammonia as an Energy Carrier: Japan's Insights", Springer (2022)

17) 資源エネルギー庁，令和 4 年度エネルギーに関する年次報告（エネルギー白書 2023），https://www.enecho.meti.go.jp/about/whitepaper/2023/html/3-8-2.html

18) A. Valera-Medina, F. Amer-Hatem, A. K. Azad, I. C. Delouse, M. de Joannon, R. X. Fernandes, P. Glarborg, H. Hashemi, X. He, S. Mashruk, J. McGowan, C. Mounaim-Rouselle, A. Ortiz-Prado, A. Ortiz-Valera, I. Rossetti, B. Shu B, M. Yehia, H. Xiao and M. Costa, *Energy Fuels*, **35**, 6964-7029 (2021)

19) G. Qing, R. Ghazfar, S. T. Jackowski, F. Habibzadeh, M. M. Ashtiani, C.-P. Chen, M. R. Smith III, T. W. Hamann, *Chem. Rev.*, **120**, 5437-5516 (2020)

20) S. Z. Andersen, V. Čolić, S. Yang, J. A. Schwalbe, A. C. Nielander, J. M. McEnaney, K.

クリーン水素・アンモニア利活用最前線

Enemark–Rasmussen, J. G. Baker, A. R. Singh, B. A. Rohr, M. J. Statt, S. J. Blair, S. Mezzavilla, J. Kibsgaard, P. C. K. Vesborg, M. Cargnello, S. F. Bent, T. F. Jaramillo, I. E. L. Stephens, J. K. Nørskov, Ib Chorkendorff, *Nature*, **570**, 504-508 (2019)

21) L. F. Greenlee, J. N. Renner and S. L. Foster, *ACS Catal.*, **8**, 7820-7827 (2018)

22) A. Tsuneto, A. Kudo and T. Sakata, *J. Electroanal. Chem.*, **367**, 183-188 (1994)

23) A. Mangini, L. Fagiolari, A. Sacchetti, A. Garbujo, P. Biasi, F. Bella, *Adv. Energy Mater.*, **14**, 2400076 (2024)

24) S. Nagaishi, R. Hayashi, A. Hirata, R. Sagara, J. Kubota, *Sustainable Energy Fuels*, **8**, 914-926 (2024)

25) I. A. Amar, R. Lan, C. T. G. Petit, S. Tao, *J. Solid State Electrochem.*, **15**, 1845-1860 (2011)

26) Y. Ashida, T. Mizushima, K. Arashiba, A. Egi, H. Tanaka, K. Yoshizawa, Y. Nishibayashi, *Nature Synthesis*, **2**, 635-644 (2023)

27) D. Hao, Z. Chen, M. Figiela, I. Stepniak, W. Wei, B.–J. Ni, *J. Mater. Sci. Tech.*, **77**, 163-168 (2021)

28) R. D. Milton, S. D. Minteer, *Acc. Chem. Res.*, **52**, 3351-3360 (2019)

29) S. Lin, X. Zhang, L. Chen, Q. Zhang, L. Mab, J. Liu, *Green Chem.*, **24**, 9003 (2022)

30) N. Kosem, X. Shen, Y. Ohsaki, M. Watanabe, J. T. Song, T. Ishihara, *Appl. Catal. B Environ.*, **342**, 123431 (2024)

31) Y. Ashida, Y. Onozuka, K. Arashiba, A. Konomi, H. Tanaka, S. Kuriyama, Y. Yamazaki, K. Yoshizawa, Y. Nishibayashi, *Nature Comun.*, **13**, 2022 (2023)

第3章　中国の水素・アンモニア技術動向

郭　方芹[*1]，市川貴之[*2]

1　はじめに

　現在，中国は世界最大の水素生産国で，2022年の生産能力は3,781万トン，世界総需要の3分の1を占める。図1に示した通り，中国水素エネルギー連盟の予測によると，2030年までに中国の年間水素需要は3,715万トンに達し，最終用途エネルギー消費の約5％を占めると予想されている。さらに，2060年までに，年間需要は1億3,000万トンに増加する，最終エネルギー消費の約5％を占めると予想される[1,2]。

　中国の水素エネルギー開発に関する政策の方向性については，2006年に「国家中長期科学技術発展計画（2006年～2020年）」が発表され，水素の製造，貯蔵，送配電技術，燃料電池技術を開発する旨が述べられている。これに続き，2014年には中国国務院総弁公室は「エネルギー発展戦略行動計画（2014～2020年）」を発表し，エネルギー技術革新の戦略的方向として「水素エネルギーと燃料電池」を正式に掲げた。また2019年には，中国国務院の「政府活動報告」にお

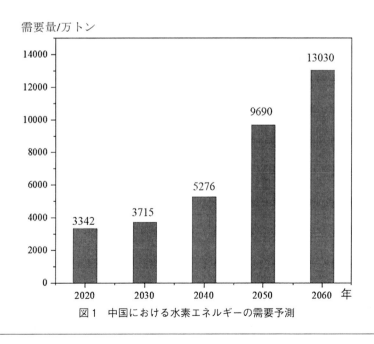

図1　中国における水素エネルギーの需要予測

＊1　Fangqin GUO　広島大学　大学院先進理工系科学研究科　助教
＊2　Takayuki ICHIKAWA　広島大学　大学院先進理工系科学研究科　教授

いて，「充電，水素充填などの施設の建設を推進する」と初めて明記した。2021年には，中国国務院が「グリーンで低炭素の循環型発展経済システムの確立と改善の加速に関する指導意見」を発表した。また2022年3月に，中国国家発展改革委員会は「水素エネルギー産業発展の中長期計画（2021～2035年)」を発表し，中国の将来のエネルギー構造における水素エネルギーの戦略的位置付けをさらに明確にし，さらに中国の水素エネルギー産業の発展目標の段階的計画と中国における水素エネルギーの応用シナリオを提案した。加えて，2023年8月には中国国家標準局，国家発展改革委員会，工業情報化部，生態環境部，応急管理部，国家能源局は共同で「ガイドライン」を発行した。「水素エネルギー産業標準体系の構築に向けて（2023年版)」では，水素エネルギー産業の発展に関する国の意思決定と展開を実施し，水素開発における標準の規範的かつ主導的な役割を十分に発揮することを目的としている。

　これを受けて，現在，中国政府の強力な支援と指導を受けて，中国のすべての省が水素エネルギーへの投資を増やしている。中国北部の河北省は，雄安新区の建設と北京冬季オリンピックの開催という大きなチャンスを活かし，豊富な再生可能エネルギーと種々の産業における副生水素を利用して，運輸，電力，熱，鉄鋼，化学産業，通信，天然ガスパイプライン混合送電およびその他の分野における水素エネルギー開発を推進している。また，中国東部地域では，山東省が豊富な副生水素を利用して，「中国水素バレー」と「東方水素島」の2大ブランドを構築し，「山東水素経済ベルト」を育成・拡大している。同省は当初，水素の調製から貯蔵，輸送までをカバーするネットワークを形成しており，応用，車両製造，水素化ステーションの運営，製品試験と認証を含む比較的完全な水素エネルギー産業チェーンが中国の重要な水素エネルギー産業集積地域となっている。中国中部の四川省では，現地の水力資源の利点を最大限に活用し，ピークシェービングの放棄された水力を利用して水を電気分解して水素を生成し，四川省を国際的に有名な水素エネルギー産業基地，実証応用地域，そしてグリーンな地域と水素出力基地に構築することに取り組んでいる[1]。

2　中国の水素・アンモニア政策

　『2020年中国水素エネルギー・燃料電池産業白書』によると，中国の年間水素需要は2030年に3,715万トンに達し（図1参照)，2050年には最終エネルギー消費量の約5％を占め，年間水素需要は9,000万トンに達すると予想されている。その後，2060年には中国の総エネルギー消費における水素エネルギーの割合は20％となり，生産額は1兆元に達し，約1億3,000万トンに増加する見込みである。

　中国の再生可能エネルギー導入量は世界第一位であり，水電解水素生産能力は年間9億立方メートルに達し，水素生産コストは1kg当たり25元まで低下した。再生可能エネルギーの大規模な推進により，水素製造コストは今後も低下すると予想される。再生可能エネルギーによる水素製造コストは2025年までに現在の水準から35～50％削減され，2050年には削減率が60％に

達すると予想されている。

最近，中国国家レベルから地方レベルまで，「グリーン水素」支援政策が集中的に導入されており，3つの省庁と委員会は，南沙，広州，海南，成都などで水素エネルギーなどのクリーンエネルギーの利用を促進する文書を発行した。水素エネルギーの開発と補助金計画を発表しており，これにより産業分野での水素利用の加速が期待されている。2023年，中国で署名，承認，発表されたグリーン水素プロジェクトの数は74件に達し，計画投資総額は4,700億元を超え，すべてが生産開始された後の新しいグリーン水素生産能力は280万トン/日に達する予定である。

3　中国国内の水素製造における主な技術的アプローチ

現在，中国における水素製造には主に3つの技術的アプローチがある。一つ目は，石炭や天然ガスを中心とした化石燃料からの水素製造，二つ目は，コークス炉ガスやソーダ電解に代表される工業副生ガスからの水素製造，三つ目は，電解による水素製造である。一方，光触媒による水分解などの新エネルギー源を利用した水素製造や，バイオマスからの直接水素製技術は，まだ開発段階にあり，工業規模の水素製造の要件にはまだ達していない[3]。

石炭ガス化水素製造と天然ガス水蒸気改質による水素製造は，中国における化石燃料からの水素製造の主流な技術ルートである[4]。中国の国産エネルギー資源としては，石炭が豊富だが天然ガスが少ないという特徴があり，石炭を主成分とする化石燃料からの水素製造は硫黄分が多く，前処理工程が煩雑であるため，価格が不安定であることが知られている。計算によると，石炭価格が450〜950元/tの場合，石炭から製造れる水素の価格は9.73〜13.70元/kg，天然ガスの価格が1.67〜2.74元/m^3の場合，天然ガスから生成される水素は9.81〜13.65元/kgとなる[4]。中国の石炭生産は十分である一方，天然ガスへの依存度が高いことから，中国のほとんどの地域では石炭から水素への生産が主たるものである。このように，化石燃料からの水素製造技術は成熟しているため低コストではあるが，二酸化炭素排出量が高くなるという問題もはらんでいる。

副生水素とは化学製品を製造する際に副次的に得られる水素を指し，その水素製造コストは9.3〜22.4元/kgである[4]。コークス炉ガス，ソーダ電解，軽質炭化水素の利用（プロパン脱水素，エタン分解），アンモニア合成，メタノール合成および，その他の化学工業では，副産物として水素が生成されることが知られている。現在，中国で生産される工業副生水素の一部は化学原料やボイラー燃料として利用されているものの，一部は直接大気中に排出されている。しかし，水素製造の規模は主力製品の規模によって決まり，拡張できるスペースは限られている。

現在，中国の水電気分解による水素製造は，主にアルカリ電気分解とプロトン交換膜を利用したいわゆるPEM形電気分解を通じて応用段階に入っている。固体酸化物セルによる水電解はまだ実験段階にある。再生可能エネルギーを利用した水電解による水素製造は「グリーン水素」と呼ばれ，二酸化炭素排出量ゼロで持続可能である「究極の道」であるが，その推進には依然としてコスト高がネックとなっている[5]。中国北部の内モンゴル自治区と中国北西部の新疆ウイグル

クリーン水素・アンモニア利活用最前線

自治区では，1平方メートル当たりの年間換算日照量は1,500〜1,800 kW 時に達しており，地域の再生可能電力のコストを効果的に削減できるため，再生可能電力を利用した水の電気分解による水素製造の開発が促進されている[5]。吉林省などの中国東北部は，年間換算日照量が約1,800 kW 時，風力エネルギーの定格1 kW あたりの年間有効発電量が約3,300 kW 時あり，中国における新エネルギーの拠点となることが期待されている。

4　水素貯蔵と水素輸送

水素エネルギー貯蔵技術には，主に高圧水素貯蔵，液体水素貯蔵，有機ハイドライドによる液体水素貯蔵，水素貯蔵材料を用いた固体水素貯蔵が含まれる。現在，高圧水素貯蔵技術の開発は比較的成熟している。また，水素放出プロセスは簡単であり，自動車用水素エネルギーの分野で広く使用されている。国際的には，70 MPa のタイプⅣ水素貯蔵タンク，90 MPa のステーション水素貯蔵コンテナ，および50 MPa 以上の繊維巻き複合水素貯蔵容器が，大規模に適用されている。中国国内において，タイプⅢの高圧水素ガス貯蔵技術は成熟しており，タイプⅣ型は導入が開始したばかりの段階にある[6]。

中国における液体水素貯蔵の応用は航空分野に限定されており，民間分野ではまだ推進されていない。液体アンモニアあるいはメタノールによる水素貯蔵あるいはエネルギー貯蔵は，すでに中国で大規模な実験プロジェクトとして進められている。有機ハイドライドによる液体水素貯蔵およびその他の技術もすでに中国で実験室レベルでは確立された状況にあるが，工業化はほとんどなく，基本的に小規模な試験段階にある。固体水素貯蔵技術はまだ技術研究開発の実証段階にあり，技術コストの高さが問題視されている。結果として大規模な商業実証プロジェクトはまだない。

水素エネルギーの輸送ルートには，主に長尺トレーラー輸送，パイプライン輸送，液体水素の車両および船舶による輸送，固体水素輸送が含まれる。20 MPa のロングチューブトレーラーは，中国で最も広く使用されており，技術的に成熟したガス状水素の輸送方法として認識されている。水素はコンプレッサーで20 MPa まで圧縮され，高圧ガスボンベに充填され，長尺トレーラーで消費地まで輸送される。このロングチューブトレーラーによる水素輸送は，200 km 以内で消費水素量が比較的少ない場合にのみ適している。一方，パイプライン輸送は，大規模で長距離の水素輸送の需要に応えることができる。現在，中国の水素パイプラインの総延長は約400 km 程度であるが，中国はまだ統一的な水素パイプラインネットワークの計画を確立していない状況である。また，液体水素と固体水素の輸送には高度な技術要件があり，現時点では経済性が乏しく，中国ではまだ開発途上にある[1]。

第3章　中国の水素・アンモニア技術動向

5　水素エネルギーの応用

　中国における産業関連補助金や政策の支援を受けて，水素燃料電池バス，物流，その他の商用車は急速な発展を遂げた。水素燃料電池のコストは，市場の発展を制限する重要な要因ではあるが，2022年には宜華通の燃料電池システムのコストが約2,500元/kWに低下し，純粋な大型の電動トラックと比較して，水素燃料電池大型トラックは，給燃時間が短く，軽量で航続距離が長いことで市場競争力を有していると評価されている。固体高分子形燃料電池技術の成熟と装置の大規模化により，水素を燃料とする大型トラックや乗用車などの市場シェアは大幅に増加すると予想されている。水素ステーションは，水素エネルギー産業のサプライチェーンにおいて不可欠なインフラである。これまでのところ，中国では180以上の水素ステーションが建設中または完成している。広東省の水素ステーションの数は全国第1位であり，これに続いて山東省，江蘇省，上海も大きく発展している[7]。現在，中国の水素ステーションの水素貯蔵タンクやダイヤフラムコンプレッサーなどの主要機器や主要技術は国産化されている。水素エネルギー用途の需要が変化するにつれて，水素給燃ステーションの充填圧力は35 MPaから70 MPaに増加し，様々な技術が発展しているものの，中国の70 MPa水素給燃ステーションの関連機器や規格および規制は，十分に成熟しているという状況にはない[8]。

　水素は重量あたりのエネルギー密度が高く，原理的には貯蔵が容易である上に，月単位や四半期単位での長期エネルギー貯蔵が実現できるエネルギー媒体であると認識されている[9]。今後3年間で，中国において200 MW以上の水素エネルギー貯蔵プロジェクトが次々と実施される予定である[10]。現時点において，中国国内の水素エネルギー貯蔵システムの建設コストは1 kW当たり13,000元にも上る。建設コストが約7,000元/kWである揚水エネルギー貯蔵システムや建設コストが約2,000元/kWであるリチウム二次電池システムと比較すると，水素エネルギー貯蔵システムは経済性に欠けている[10]。しかし，技術の進歩とそれによる水素製造コストの削減により，製鉄，水素化学産業，天然ガスへの水素混焼等がグリーン水素の主な応用シナリオとなると考えられている。現在，中国の湖北省では1400℃程度の燃焼熱を利用するFクラスガスタービンの水素混入燃焼実証プロジェクトを実施し，また，広東省では恵州市大亜湾石油化学区の総合エネルギーステーションにおいて，体積率10%で水素を混合して大型ガスタービン2基によるコンバインドサイクルユニット実証プロジェクトを実施している。また，国家エネルギーグループは，2022年に体積混合比率35%の4万kW石炭焚きボイラーに，アンモニア混焼の産業応用を実施した。また，安徽省のエネルギーグループは2023年に，複数の運転条件を達成したと発表した。また，30万kWのアクティブな石炭発電ユニットを用いて，負荷時に10%～35%のアンモニアを追加することで，スムーズな動作が保証されている[1]。

　続いて，水素エネルギーと建物の統合について，すなわち近年登場した新しいグリーンビルディングのコンセプトについて触れてみたい。カーボンニュートラルの観点から，各国政府は水素エネルギーの利用シナリオとして天然ガス水素化プロジェクトを精力的に推進しており，例え

53

ば，英国は 2025 年から新築住宅で化石燃料を燃やすガスボイラーや石油ボイラーの使用を禁止する予定である。したがって，徐々に低炭素暖房技術にシフトしていく必要がある。まず，主要な送電網がカバーする地域では，電気を用いたヒートポンプ技術が最適なソリューションになる可能性があるが，水素製造施設に近く，かつ，人口の少ない地域では，水素エネルギーが重要な役割を果たす可能性がある。さらに，建設分野では，分散型エネルギー供給も可能となるため，集合住宅への水素輸送ができれば，水素を家庭ユーザーに輸送することが可能である。

　現在，中国における水素は主に化学・冶金分野で利用されており，そのうち最も多いのは合成アンモニア製造の中間原料で約 30%，次いでメタノール製造の中間原料で約 28% である。次いでコークス副生水素利用と石油精製水素利用がそれぞれ 15%，12% となっている。さらに，石炭化学産業で使用される水素の割合は約 10% である。また，その他の分野で使用される水素の割合は約 5 % である[11]。アンモニア合成用の水素製造に石炭の代わりに「グリーン水素」を使用できれば，アンモニア合成産業における原石炭の消費量が大幅に削減され，同時にグリーン水素の大規模利用のシナリオが作成可能となる。

　一方，新しいグリーン冶金技術として，水素冶金は現在の冶金分野における低炭素開発の重要な方向性である。二つのエネルギー関連グループと清華大学は「原子力・水素製造・冶金結合技術に関する戦略的協力枠組協定」を締結し，三者は高温ガス炉原子力水素製造技術の研究開発で協力することを発表した[1]。鉄鋼製錬および石炭化学プロセスと組み合わせて，鉄鋼業界における超低二酸化炭素排出量とグリーン製造を実現する予定である。また，鉄鋼グループとイタリアのグループは，水素製造と水素を利用した水素冶金技術で緊密な協力を行うことに合意した。120 万トン規模の水素冶金実証プロジェクトを開発・構築するための還元技術中国 2 つの鉄鋼グループが協力協定を締結し，中国の独立した知的財産権を利用して，年間生産量 50 万トンの水素冶金と高級鉄鋼製造の生産ラインの構築に協力することが提案されている[1]。

6　おわりに

　長い間，中国国内の水素製造プロジェクトは危険化学品（「危険化学品」と呼ばれる）の生産分野に属しており，化学工業団地内に位置しなければならず，危険化学品の製造許可が必要なプロジェクトが増加していた。これは，水素エネルギー製造プロジェクトの産業コストがある程度増加することを意味する。こうした中，国内の一部の省や市は，水素製造プロジェクトに関連する緩やかな政策を導入している。政策緩和により，中国では水素エネルギーの開発が促進されたが，現在，中国の水素エネルギーは依然として，不確実な需要と供給，複数の技術経路，一貫性のない開発の成熟度，難しい投資決定などの問題に直面している。市場の需要を満たすために，企業または関連部門は水素プラントを建設，拡張，または改善する必要がある。加えて，投資収益率が不明または低いと，水素エネルギー産業の発展が制限される。また，水素を液化したりアンモニアなどの他のエネルギーキャリアに変換すると，エネルギー損失が発生し，それ以上に水

第 3 章　中国の水素・アンモニア技術動向

素の輸送には追加のエネルギー投入が必要である。これらも，産業の発展を制限している重要な要因と捉えられている。中国は当初，「生産，貯蔵，輸送，利用」をカバーする水素エネルギーのフル産業チェーンレイアウトを形成したが，水素エネルギー関連技術と市場はまだ工業化の初期段階にある。新エネルギー発電の設備容量が徐々に増加し，グリーン水素の製造コストが徐々に低下し，さまざまな産業における炭素削減の需要が高まり続けるにつれて，グリーン水素産業の発展プロセスは加速すると考えられる。カーボンニュートラルの目標の下では，化学，鉄鋼，重輸送業界ではグリーン水素がグレー水素にとって代わる余地があるが，運輸，エネルギー，建設などの分野ではまだ大規模開発の段階に達していないということも事実である。いずれにしても，未来の水素は中国のエネルギー消費構造の変革を大きく促進し，中国のエネルギーシステム，経済，社会に大きな影響を与えるだろう。

文　　　献

1) 胡暁宇，趙偉偉，余昊，任英英，丁桂平，潘磊，中国における水素エネルギー産業チェーン発展の現状，電力調査設計，1671-9913（2024.03.03）
2) シュ・ヤオ，タン・ユエ，シア・リー，水電解による水素製造技術の現状と展望［J］，応用化学工学，**51**(1)，185-189（2022）
3) 邹才能，李建明，張茜ほか，水素エネルギー産業の現状と技術進歩，課題と展望，天然ガス工業，**42**(4)，1-20（2022）
4) 川財証券，水素エネルギー産業に関する詳細な調査レポート：さまざまな水素製造プロセスのコスト比較［DB/OL］（2022.10.23）
5) 劉強，ユー航，李ヤンツンほか，特許分析に基づく世界の水素製造技術の開発動向に関する研究［J］，世界科学技術研究開発，**43**(3)，263-273（2021）
6) ディンリー，タンタオ，王ヤオシュアンほか，水素貯蔵・輸送技術の研究進展と開発動向［J］，天然ガス化学-C1 化学と化学工業，**47**(2)，35-40（2022）
7) 熊亜林，許壮，王雪穎ほか，中国における水素充填インフラのキーテクノロジーと発展動向の分析［J］，エネルギー貯蔵科学技術，**11**(10)，3391-3400（2022）
8) 鄭津洋，馬カイ，イェルシェンほか，中国における水素エネルギー高圧貯蔵・輸送設備の開発状況と課題［J］，圧力容器，**39**(3)，1-8（2022）
9) シューチュアンボ，劉建国，中国の新電力システムにおける水素エネルギー貯蔵の価値，課題，展望［J］，China Engineering Science，**24**(3)，89-99（2022）
10) 欧陽明高，ボストン・コンサルティング・グループ，中国水素エネルギー産業展望［R/OL］（2023-08）（2023.11.18）
11) 凌文，李全生，張カイ，中国における水素エネルギー産業の発展戦略に関する研究［J］，中国工程科学，**24**(3)，80-88（2022）

【第Ⅲ編　製造】

第1章　低温排熱を利用した熱化学水素製造

宮岡裕樹*

　本章では，排熱等から得られる500℃以下の低温熱エネルギーを用いて水を熱化学的に分解する技術として期待される，ナトリウムの酸化還元反応を利用した熱化学サイクルについて，研究背景や特徴について概説を行うと共に，これまでの研究成果について紹介する。

1　はじめに

　水素（H_2）は，太陽，水力，風力等の変動的な再生可能エネルギーを貯蔵，輸送するための媒体として注目されており，様々な要素技術の研究開発が進められている。水素を利用したエネルギーシステムにおける水素製造とは，水分解により再生可能エネルギーを二次エネルギーである水素に変換する技術であり，現状，電気，光，熱を利用した方法の検討が進められている。電気化学的な水素製造法としては，再生可能エネルギー発電と電気分解を組み合わせた手法が良く知られており，それぞれの技術はすでに実用段階にある。また，光触媒を用いて水を直接分解することで水素を得る技術については，課題である変換効率の向上や実際の利用方法に関する研究開発が進められている。これら電気や光エネルギーを水素に変換する技術に対し，熱エネルギーを利用する熱化学水素製造技術は，スケールメリットが得やすく，低コストな水素製造技術としての発展が期待されている。

2　熱化学水素製造

　水を熱分解するためには熱力学的に4000℃という非常に高い温度の熱エネルギーが必要となるが，このような高温熱源を用意することは簡単ではない。そこで，幾つかの化学反応を組み合わせ，より低温で水を分解する熱化学サイクルが提案され，1970〜1980年代を中心にこれまで多くの研究が行われてきた[1〜3]。それらの中で，現在でも研究開発が進められている熱化学サイクルとして，表1に示す2-stepサイクルとI-Sサイクルが挙げられる。前者では酸化物MO_xが反応体として用いられ，遷移元素や希土類元素の価数変化を利用し2段階の反応で水を分解する手法である。1000〜1500℃という比較的高い制御温度が必要であり，タワー型（点集光型）をはじめとした集光度の高い太陽熱プラントの利用が想定されている。I-Sサイクルは，3つの化学

***

＊　Hiroki MIYAOKA　広島大学　自然科学研究支援開発センター　特定教授

表1 熱化学サイクルの反応式，制御温度，想定される熱源

熱化学サイクル	反応式		制御温度 (°C)	熱源
2-stepサイクル	$MO_x + H_2O$ MO_{x+1}	$\rightarrow MO_{x+1} + H_2$ $\rightarrow 3MO_x + 1/2O_2$	1000-1500	太陽熱
I-Sサイクル	$I_2 + SO_2 + 2H_2O$ $2HI$ H_2SO_4	$\rightarrow 2HI + H_2SO_4$ $\rightarrow I_2 + H_2$ $\rightarrow SO_2 + H_2O + 1/2O_2$	900	高温ガス炉 （太陽熱）
Na-redoxサイクル	$2NaOH + 2Na$ $2Na_2O$ $Na_2O_2 + H_2O$	$\rightarrow 2Na_2O + H_2$ $\rightarrow Na_2O_2 + 2Na$ $\rightarrow 2NaOH + 1/2O_2$	< 500	太陽熱 排熱

反応で構成されており，最も高温を要する硫酸の分解反応は900℃程度で進行するため，2-stepサイクルに比べ低温での水素製造が可能である。液相－気相反応系であり，物質移動が比較的容易である一方で，各反応の平衡を考慮しつつ連続的な制御が求められる。このような特徴から，安定した高温熱エネルギーが供給可能な高温ガス炉を熱源として利用することが想定されている。以上のように，現在検討が進められている熱化学サイクルは，いずれも900℃以上の制御温度が必要であるが，熱化学水分解温度を500℃以下まで低温化できれば，トラフ型（線集光型）で得られる太陽熱，工場や発電所等からの排熱等を熱源とした水素製造が可能となる。

3　ナトリウムレドックス（Na-Redox）サイクル

前述したように熱化学サイクルの研究は歴史が長く，500℃以下という低温領域での水素製造技術を実現するためには，これまでにない挑戦的な研究開発が必要となる。そこで，著者らはアルカリ金属とその機能性を利用した熱化学サイクルを提案し研究を進めている。以下に，アルカリ金属（M = Li，Na，K）の酸化還元反応を用いた水分解サイクル（M-Redoxサイクル）の反応式を示す[4,5]（表1：Na-redoxサイクルの反応式）。

$$2MOH(s) + 2M(l) \rightarrow 2M_2O(s) + H_2(g) \quad （水素生成） \tag{1}$$

$$2M_2O(s) \rightarrow M_2O_2(s) + 2M(g) \quad （金属分離） \tag{2}$$

$$M_2O_2(s) + H_2O(l) \rightarrow 2MOH(s) + 1/2O_2(g) \quad （加水分解） \tag{3}$$

$$H_2O(l) \rightarrow H_2(g) + 1/2O_2(g) \tag{4}$$

M-Redoxサイクルサイクルの特徴は，式(2)の反応において，アルカリ金属酸化物の還元を熱のみで制御する点である。酸化物の熱還元には高温が必要となるのが一般的であるが，後述するアルカリ金属の特性を利用した平衡制御により低温で反応を進行させる。また，一般的な加水分解反応では，水素が生成されるのに対し，本系では酸素が生成される点も特徴の一つである。

化学反応の熱力学特性を理解する上で重要な以下のギブス自由エネルギー変化ΔGを用いて平衡制御について説明する。

第1章　低温排熱を利用した熱化学水素製造

$$\Delta G = \Delta H - T\Delta S \tag{5}$$
$$\Delta S = \Delta S^0 + \mathrm{R}\ln(p_0/p) \tag{6}$$

ΔH 及び ΔS^0 は化学反応におけるエンタルピー及びエントロピー変化であり，対象となる化学反応の両辺の物質によって概ね決定される。式(6)の第二項に含まれる p は気体生成物の分圧，p_0 は標準圧力（定数）である。反応温度を低温化する，すなわち，より低い温度 T において ΔG の値を負にするためには ΔS を増大させればよい。アルカリ金属は融点が低く，想定する500℃以下の温度領域でも比較的高い蒸気圧を示すため，分圧を下げることによりエントロピー項を増大させることで，原理的には反応温度の低温化が実現可能である。気体が生成する反応の熱化学平衡を考える場合，0.1 MPa程度の気体が生成する条件（p = 0.1 MPa）を想定し反応温度を選定することが一般的である。これは，低分圧で気体を発生させた場合，実際に利用する圧力（例えば0.1 MPa程度）まで圧縮するプロセスが必要となり，化学工学的にメリットが得にくいためである。一方，M-redoxサイクルでは，アルカリ金属蒸気を低温部に移動させ，固体で凝集させることにより回収することで分圧制御を行うため，分離回収時に生成物は濃縮されることになり，上記のような付加的なプロセスは必要とならない。また，このような非平衡反応を用いるもう一つの利点は，十分な反応速度を有する系であれば反応を完全に進行させられることである。

図1(a)にNa-redoxサイクルの金属分離反応における反応装置の概略図を示す。試料容器には比較的高い耐腐食性を示すことが期待されるNi合金を用い，試料部を400〜500℃に加熱した。この際，反応容器上部に冷却部を設けることで，生成するNa蒸気を固体として凝集させ分

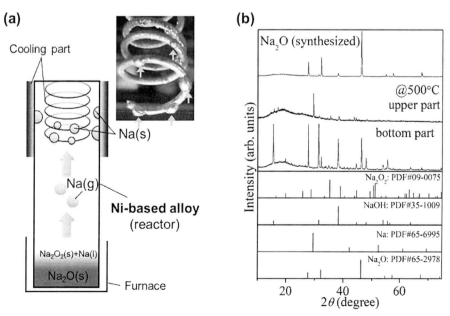

図1　(a)金属分離反応の反応装置概略図，(b)生成物のXRD測定分析結果

59

クリーン水素・アンモニア利活用最前線

表2　M-redox サイクルの反応温度，反応率，腐食性

	水素生成		金属分離		酸素生成		腐食性
	温度 (°C)	反応率 (%)	温度 (°C)	反応率 (%)	温度 (°C)	反応率 (%)	
Li	300 500	10 100	800	微量	200 300	- 100	-
Na	300 350	10 80	400 500	35 80	RT 100	- 100	強い
K	500	20	400 500	- -	200	100	とても強い

離回収する。このような物質移動により，Na 分圧を低減すると共に非平衡状態を実現する。写真に示すように，冷却部には金属光沢を示す生成物が蒸着した。図1(b)に500℃で金属分離反応を実施した際に得られた生成物の粉末X線回折（XRD）測定結果を出発物質である Na_2O の結果と共に示す。冷却部で得られた生成物は金属 Na であることがわかる。一方，加熱部の生成物の XRD 測定結果には反応式から予想される生成物である Na_2O_2 に帰属される回折パターンは観測されず，出発物質である Na_2O が残存し，未同定相が生成することが明らかになった。この未同定相は腐食相であると考えられる。以上の結果から，このような反応装置を利用することで，Na_2O から金属 Na の生成が可能であることがわかった。詳細な実験結果については省略するが，水素生成反応，酸素生成反応（加水分解反応）についても個別に実験を実施し，反応温度と反応率の見積もりを行った[4]。Na-redox サイクルに加え，その他のアルカリ金属を用いたサイクルについても同様な実験を行った結果を表2にまとめる[6]。いずれのサイクルにおいても，熱力学的に困難なのは金属生成反応である。特に，Li-redox サイクルでは ΔH が大きく，且つ融点が比較的高いため，金属分離反応には高温が必要となる。K-redox サイクルでは，Na と同様に金属 K の生成は見られたが，腐食性が非常に強く，生成物の XRD パターンは概ね腐食相（Ni を含む三元酸化物）で帰属された。Li 及び Na-redox サイクルの水素生成反応は熱力学的にも比較的制御が容易で，500℃以下で80％以上の反応率が得られた。酸素生成反応は全て発熱反応であり，この反応も比較的低温で制御が可能であった。以上のような結果から，反応温度及び反応率の観点で Na-redox サイクルが最も有望は熱化学サイクルであると考えられる。一方で，K 系に比べ弱いものの Na_2O の高い腐食性を抑制することが課題である。

4　耐腐食性材料の探索，及び腐食回避環境下での反応特性評価

前述したように，Na-redox サイクルを用いることで500℃以下の熱エネルギーで水素製造が可能なことが示唆されたが，本質的な反応の理解や実用化に向けた展開を進めるためには，腐食の抑制や回避が必要不可欠である。そこで，筆者らは NEDO 事業「多様な水素化物等からの二

第1章　低温排熱を利用した熱化学水素製造

酸化炭素を排出しない水素製造技術調査」にて，耐腐食性材料の探索，及び腐食を回避するための反応装置作製とそれを用いた特性評価を実施した。

　先行研究において，耐腐食性が見込まれる純金属材料（W，Ni，Mo等），Auメッキ材料等の腐食性評価を行ったが，いずれにおいても腐食が進行することが明らかになっている。そこで，上記プロジェクトではセラミックス材料を中心に研究を行った[7,8]。表3に評価を行った材料の腐食性評価結果を示す。尚，実験に使用した試料，実験方法や結果の詳細については文献を参考にしていただくこととし，ここでは記載を省略する。ほとんどの材量はNa_2Oにより強い腐食を受け，色や形状に激しい変化が見られた。これらの中で比較的高い耐腐食性を示したのは，グラファイト，六方晶窒化ホウ素（hBN），酸化物であり，特に，強固な六員環を基礎とした層状構造を有する材料では，腐食による大きな変化は見られなかった。また，バルク体のTi系合金でもグラファイト等と同様な耐腐食性を示すことが分かった。しかしながら，全ての材料において，表面層には腐食相が生成していることが明らかになっており，完全耐食性を有する材料を見出すには至っていない。

　図1に示したように，金属Naの生成については実験的に証明されたものの，実際に式(2)の反応によってNa生成が起こったかどうかについては明らかにできていない。耐腐食材料の探索結果等を考慮すると，腐食反応由来でNa金属が生成している可能性が考えられる。そこで，試料容器の腐食を回避する実験環境を作製し実験を行った。図2に作製した反応装置の概略図を示す。ハロゲンポイントヒーターによる加熱方式を採用することで試料中央のみを高温にすることができ，容器壁面温度の上昇を抑制することが可能となる。実際に，試料中央を600℃まで昇温した場合，図中に示した写真のように試料中央のみが加熱され，容器壁面の温度は150℃以下に

表3　セラミックス材料等のNa_2Oに対する耐腐食性

	物質	耐腐食性（主な腐食相）
Carbides (炭化物)	SiC	×（未同定相）
	WC	×（Na_2WO_4）
	TiC	×（未同定相）
	Graphite	◎（Na_2CO_3）
Nitrides (窒化物)	Si_3N_4	×（Na_4SiO_4）
	AlN	○（$NaAlO_2$）
	TiN	×（Na_4TiO_4）
	hBN	◎（$NaBO_2$）
Oxides (酸化物)	Al_2O_3	○（$NaAlO_2$）
	ZrO_2	○（Na_2ZrO_3）
	TiO_2	△（Na_2TiO_3）
Alloys (合金)	**Ti alloy (bulk)**	◎（未同定相）

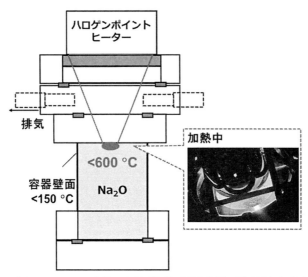

図2 ハロゲンポイントヒーターを用いた局所加熱式反応装置の概略図と加熱中の試料部写真

維持された。図3(a)に実験後の試料容器の写真，(b)に容器上部の低温部に得られた蒸着物のXRD測定結果を示す。まず，図1に示した以前の実験系では金属光沢を示す金属Naの生成がみられたが，本実験では白色の蒸着物が得られた。この蒸着物は容易に回収することが可能であり，容器壁面は腐食に起因する色の変化等は見られなかった。この結果は，Na_2O と接する容器壁面温度を150℃以下に維持すれば，腐食を回避することが可能であることを示している。白色生成物のXRD測定結果を図3(b)に示す。最も回折強度の高い主相は Na_2O であり，その他データベースでは相同定できない回折ピークが観測された。一方で，金属Naに由来する回折ピークは見られず，以前の実験とは異なる結果となった。この生成物について，元素分析等を行ったところ，Na，O以外の不純物元素は見られなかったため，未同定相もNa酸化物であると推測される。Na_2O の融点は実験温度の600℃以上であるため，加熱された Na_2O が融解し，気相部分が容器壁面に蒸着したとは考えづらい。そこで，熱力学データベースを用いた反応プロセス解析を行った。その結果，十分にNa分圧が低減できる環境であれば600℃付近で Na_2O がNaと O_2 に分解することがわかった[7]。つまり，ポイントヒーターにより600℃まで加熱された部分で Na_2O の分解反応が進行し，生成されたNaと O_2 が低温部（容器壁面）で再度 Na_2O になったと推測される。また，熱力学解析により，式(2)で生成すると予想された Na_2O_2 は500℃程度で Na_2O と O_2 に分解することもわかっており，仮に式(2)に従って Na_2O_2 が生成したとしても速やかに Na_2O に戻ってしまう。このような挙動は実験的にも確認されている[7]。従って，金属分離反応は式(2)とは異なる反応であり，腐食を回避した環境では，高温領域で Na_2O の分解に伴ってNaが生成されると考えられる。この Na_2O の分解反応を想定した場合，Na-redoxサイクルは以下のように修正されることになる。このサイクルでも水分解による水素製造が可能ではあるものの，Na_2O 分解過程で生成するNa蒸気と O_2 の分離プロセスが必要となるだけでなく，分離回収

第 1 章　低温排熱を利用した熱化学水素製造

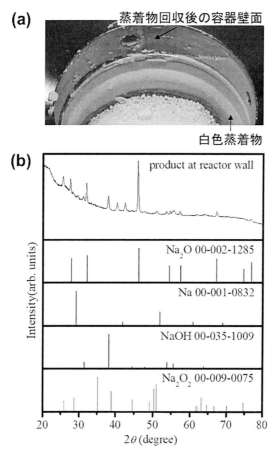

図3　(a)反応後の試料容器写真，(b)容器壁面蒸着物の XRD 測定結果

した Na を式(7, 9)で表される 2 種類の水素生成反応にわける必要があるため，化学工学的に制御が困難になる。また，酸化物の熱還元プロセスが高温であるため，容器腐食の問題は残ってしまう。

$2Na + 2NaOH \rightarrow 2Na_2O + H_2$　　　　　　　　　　　　　　　　　　　　(7)

$2Na_2O \rightarrow 4Na + O_2$　　　　　　　　　　　　　　　　　　　　　　　　(8)

$2Na + 2H_2O \rightarrow 2NaOH + H_2$　　　　　　　　　　　　　　　　　　　(9)

以上の結果を考慮した場合，図 1 に示した実験装置で観測された Na は腐食反応によって生成した可能性が高い。そこで，反応容器に用いた Ni 合金との反応が Na 生成に重要であると推測し，Ni との反応を想定した Ni 添加 Na-redox サイクルを提案した。

$2NaOH + 2Na\,(+\,Ni) \rightarrow 2Na_2O + H_2\,(+\,Ni)$　　　　　　　　　　　　(10)

$2Na_2O + Ni \rightarrow Na_2NiO_2 + 2Na$　　　　　　　　　　　　　　　　　(11)

$Na_2NiO_2 + H_2O \rightarrow 2NaOH + 1/2\,O_2 + Ni$　　　　　　　　　　　　(12)

クリーン水素・アンモニア利活用最前線

Ni添加により，Na生成反応と酸素生成反応は式(11, 12)のようになる。式(10)の水素生成反応については，Niが存在するものの反応には寄与しないのでこれまでのサイクルと同様である。本サイクルで最も重要なNa金属生成反応について，等モルで混合したNa₂OとNi粉末を純Ni容器にいれ，反応過程を観察しやすい石英管容器内に設置し，試料部のみを400℃まで加熱した。その結果，加熱過程で，石英管反応容器の室温部に金属光沢を示す生成物が蒸着する様子が見られた。図4 (a)に室温部の蒸着物，(b)に加熱部の生成物のXRD測定結果を示す。金属光沢を示し

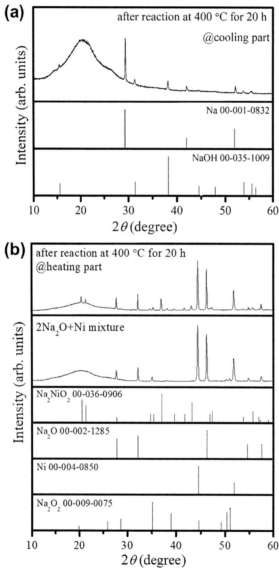

図4　Ni添加Na-redoxサイクルの金属分離反応における(a)室温部，及び(b)加熱部生成物のXRD測定結果

第1章　低温排熱を利用した熱化学水素製造

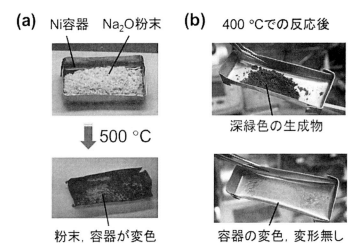

図5　(a)Na-redoxサイクル，(b)Ni添加Na-redoxサイクルの金属分離反応後のNi製試料容器写真

た蒸着物は金属Naであり，図1の実験で得られた結果と同様であった。また，加熱部試料で観測された回折ピークは，出発物質であるNa₂O，Niに加え，Na₂NiO₂に帰属されることが分かった。以上の結果は，式(11)で示した反応が進行したことを示唆している。図5(a)に純Ni容器内にNa₂O粉末を入れ500℃で熱処理した前後の写真，(b)に上述したNa₂O + Ni混合粉末を400℃で加熱した後のNi容器写真を示す。Na₂Oのみの場合，Ni容器が激しく腐食され，全体が黒色に変化し，粉末試料も固着していた。一方で，Na₂O + Ni混合粉末の場合は，深緑色の粉末が生成物として得られ，Ni容器に顕著な腐食は見られなかった。この結果は，粉末として混合したNiが容器よりも優先的に反応し，且つ400℃で反応が進行するため，容器腐食が劇的に抑制されたことを示唆している。

　以上のように，Ni添加により，Na-redoxサイクルの課題であった容器腐食の抑制，反応温度の更なる低温化が実現された。従って，Na-redoxサイクルは，400℃程度の熱エネルギーを利用した熱化学水素製造技術としての展開が期待される。

5　おわりに

　本稿では，既存技術では困難である500℃以下の熱エネルギーを利用した水素製造技術として期待されるNa-redoxサイクルについて，その研究開発経緯を紹介した。冒頭でも述べたように，このような低温熱化学水素製造技術は非常に挑戦的な研究であるが，課題を一つずつ解決しながら原理確立を進めている状況にある。現在は，「広島県カーボンリサイクル関連技術研究開発支援補助金」の助成の下，Ni添加Na-redoxサイクルの水素生成，Na生成，酸素生成反応特性について詳細な調査を進めると共に，Naの輸送を含めたサイクル全体の制御システムについて検討を行っている。

クリーン水素・アンモニア利活用最前線

　最後に，本研究の遂行にあたり多くのご助言をいただいた，広島大学先進機能物質研究セン
ター小島由継特命教授，広島大学大学院先進理工系科学研究科市川貴之教授に感謝の意を表す
る。

文　　献

1)　S. Yalçn, *Int. J. Hydrogen Energy*, **14**, 551 (1989)
2)　S. Abanades, P. Charvin, G. Flamant and P. Neveu, *Energy*, **31**, 2805 (2006)
3)　T. Kodama and N. Gokon, *Chem. Rev.*, **107**, 4048 (2007)
4)　H. Miyaoka, T. Ichikawa, N. Nakamura and Y. Kojima, *Int. J. Hydrogen Energy*, **37**, 17709 (2012)
5)　H. Miyaoka, T. Ichikawa and Y. Kojima, *Energy Procedia*, **49**, 927 (2014)
6)　H. Miyaoka, T. Ichikawa and Y. Kojima, *J. Japan Inst. Energy*, **100**, 29 (2021)
7)　R. Kumar, H. Miyaoka, K. Shinzato and T. Ichikawa, *RSC Adv.*, **11**, 21017 (2021)
8)　F. Guo, H. Oyama, H. Gi, K. Yamamoto, S. Isobe, T. Ichikawa, H. Miyaoka and T. Ichikawa, *J. Alloys Compd.*, **918**, 165732 (2022)

第2章　グリーン水素製造の為の水電解評価技術開発

長澤兼作[*]

1　はじめに

　グリーン水素社会構築の為には，水素製造にかかるコスト面，再エネ設備設置による環境負荷や景観悪化（特に日本での山地メガソーラー等），LCA（Life Cycle Assessment）を考慮したCO_2削減効果検証などの課題を克服する事が必要であるが，石炭から化石燃料へのエネルギー変革における生活の質の向上や工業の高度化と同様，化石燃料から水素へのエネルギー変革は資源面，環境面，地政面で持続可能な社会を構築する為に必要不可欠である。再生可能エネルギーを用いた水電解技術の開発はグリーン水素製造の為の水素エネルギー供給システム全般の中で基盤技術となる為，更なる加速度的開発が求められる。

　水電解槽を構成する要素部材の中で，最も研究が活発な分野は触媒開発に関する領域である。しかし，一方で水電解触媒開発における性能評価で報告される実験条件は，独自のパラメータを設定しており，燃料電池分野と異なり[1]，広く共通化された統一的な指標や手法の構築は過渡期である。その為，各報告間の結果の比較が困難であり，各研究機関で開発した材料と比較したい場合，それぞれの報告方法に合わせて個別に試験する必要がある。その為，水電解の要素開発分野では小型標準セルおよび評価法の開発が2010年代後半から世界的に進められている。本章ではこれらの水電解用標準セルおよび測定法の開発状況に関して述べる。

2　要素評価用標準小型セルの開発動向

2.1　欧米

　欧州では固体高分子形水電解（PEMWE）を対象とし，ドイツの Forschungszentrum Jülich（FZJ）や Fraunhofer-Institut für Solare Energiesysteme（FH-ISE）が要素評価用セルを開発している（図1）[2]。これらのセルを用いたラウンドロビンテスト[2,3]により試験法を標準化する動きを進めている。ラウンドロビンテストには米国 National Renewable Energy Laboratory（NREL）等も参加しており欧米協力体制を構築している。FZJ セルはセパレータ，集電板，エンドプレートをボルト/ナットで締結する標準的なセル構成であり，日本で広範に採用されている固体高分子形燃料電池（PEMFC）用 JARI 標準セル[4]に近い構造である。一方 FH-ISE セル

---

　[*]　Kensaku NAGASAWA　（国研）産業技術総合研究所　再生可能エネルギー研究センター
　　　　水素エネルギーチーム　主任研究員

図1　FZJセル(左)およびFH-ISEセル(右)の外観[2]

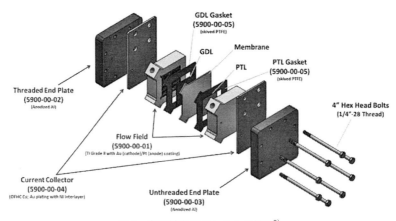

図2　高圧対応NRELセルの構造[5]

はアノードおよびカソードブロックを外部から手動でクランプし，その応力をモニターするセンサーを備える事で高精度にクランプ力を調整する構造である。本セルは世界中の複数の研究機関に提供済みであり，標準ハードウェアとして機能する事を目指している。FZJセルやFH-ISEセルにてラウンドロビンテストに協力していた米国NRELは3 MPa高圧対応のPEMWE用小型セルを開発し，2023年にセル図面，使用材料，使用説明書をHP上で無償公開した(図2)[5]。本セルは基本構成や流路構造においてPEMFCの影響を受けているが，高圧対応用として種々の工夫が施されている。

2.2　日本

日本においても現状，水電解に関する標準的な評価用セルおよび試験法は確立していない。この様な状況を背景に，2018〜2022年度にNEDO水素利用等先導研究開発事業で実施された「水電解水素製造技術高度化の為の基盤技術開発」内で水電解標準評価セルおよび測定法が開発され

第2章　グリーン水素製造の為の水電解評価技術開発

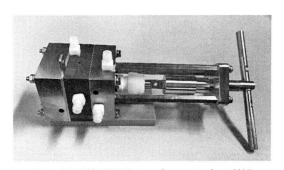

図3　要素評価用標準セル（YNUセル）の外観

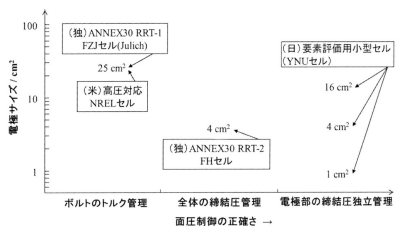

図4　各国の研究機関が開発した要素評価用水電解セルとその特徴

た[6]。最も大きな特徴は電極面に対する精密かつ直接的な面圧管理と正確な分極評価を行う為の二本の参照極の装備である（図3）。両特徴共に欧米で開発された各種セルにはないユニークな機構であるが詳細は後述する。

　図4にこれまで記載した各国の研究機関が開発した要素評価用水電解セルとその特徴を示す。標準セルとしての機能を有する為の必要条件の一つは不特定多数の研究者，実験者が使用しても同様の結果を出す事であり，取扱いの簡易さとセル組みの正確さが求められる。セル組みにおける重要な要素である面圧制御の正確さを横軸に記載している。また，図4は研究機関開発の要素評価用水電解セルを記載しているが，同じスケールレベルの評価用水電解セルは欧米を中心に多くの企業（Schaeffler社，Scribner社，Greenlight Innovation社，INEEL社等）からも販売している。

3　小型電解槽の評価の基礎

　水電解槽高性能化の指標として重要な点は①消費電力を下げる為，与えている電流に対してセル電圧を低減させる，言い換えれば触媒反応抵抗，内部抵抗，物質移動抵抗による過電圧を低減させる（エネルギー原単位を下げる）事と②耐久性の向上，つまり水電解反応に伴う経時的な要素部材の劣化に起因する過電圧の上昇を防ぐ事である。実験室レベルでは主に小型電解槽を用いて触媒を始めとした構成部材の活性，耐久性評価を行う。その際，開発した要素に対して前記①や②の効果を検討する事になる。その結果を信頼性の高いものとする為には，開発部材の特性向上を検証する為には，電解槽自体が本来兼ね備えている特性を十分に発揮している事が重要である。実際に電解槽は性能に影響する多くの要素が存在し，かつそれぞれが相関関係にある。その為，電解槽自体の性能が不完全，不安定な状態で，対象としている要素の評価を行い，性能を相対評価する事は開発効果を見誤る事になる。

　部材に応じた電解槽本来の性能が十分に発揮されていない場合，可能性となる要因は数多くあるが，実際はその要因の殆どがセル組み過程にあり，原因の大多数は膜への締結圧（膜－電極面にかかる応力）の不足である。締結圧の不足は内部抵抗，特に接触抵抗の増大をもたらし，セル電圧を大きく増加させる。例えば PEMWE において電解槽内部に多孔質移動層（Porous transport layer，PTL）としてチタン繊維金属等の低ヤング率の部材を用いている場合，締結圧はその形状を変化させる為，結果的に物質移動特性にまで影響を及ぼすのみならず，触媒の有効利用率にまで影響する可能性がある。触媒開発効果に関して比較評価を行う場合，必ずそれぞれの試料電極に対してセル組みを行う事になるが，締結圧の管理が正確になされていないとインピーダンス測定により内部抵抗を差し引いて評価を行った場合でも，触媒活性の比較評価においてその効果を見誤る可能性がある。セル電圧 U は一般的に以下

$$U = U^0 + iR_s + \eta_a(i) + \eta_c(i) + \eta_m(i) \tag{1}$$

　　　（但し，U^0：理論分解電圧，iR_s：内部抵抗過電圧，$\eta_a(i)$：アノード過電圧，

　　　　$\eta_c(i)$：カソード過電圧，$\eta_m(i)$：物質移動過電圧）

の式で与えられる。締結圧の不足は内部抵抗の増大に繋がると直接的に捉えられがちであるが，実際には理論分解電圧以外の全ての過電圧に二次的に影響を及ぼす可能性がある。

　以上の理由から，電解槽における締結圧の管理は極めて重要である。PEMWE では隔膜の中心部両面に触媒層や PTL，その外周部両面にガスケットが配置され，それら全体を隔膜と同サイズのセパレータとエンドプレートで挟み，ボルトで締結する構造となる。故に前述の電極面への締結圧不足は（PTL 等を含む）電極部の厚さに対してガスケットの厚さが適正値より厚い為に引き起こされる。逆にガスケット厚が適正値より薄い場合は液漏れが発生する。ガスケット厚さの設計は簡易的には触媒層と PTL の厚みの和を考慮する事で決定するが，実際には触媒層とPTL に応力をかけないと接触抵抗は下がらない為，材料の弾性率まで考慮しなければいけない。

しかし，セパレータは締結によって電極面域とガスケット面域を同時に圧縮する為，単純ではない（セパレータに流路があれば接触面積が変わる点も考慮しなければいけない）。更にガスケットのシール性を保持する適切な締結圧の決定は，実験時のガス発生や流量，背圧をかける場合に対応した内圧増加を考慮しなければいけない。これらの全ての条件を計算に考慮してガスケット厚を決定するのは困難である。その為，現物のは少しずつガスケット厚さを変えて実際に電解槽を稼働させ検討することで，適正値を探っていくのが現実的な方法となる。

これまで研究機関で行われてきたように，実際のセル評価に慣れている実験者にとって，液漏れを発生させず接触抵抗を低く抑えるガスケット厚の適正値を決定する事は，それほど難しい事ではない。しかし，そのような実験者であっても接触抵抗が最低値まで低減し，かつ材料を必要以上に潰さない様なガスケット厚の適正値を決定し，セル組みを行うには少なからず労力を要する。一方，セルの取り扱いが慣れていない実験者にとって上記操作は難しく，以下の様な過程が必要である。①最初に感圧紙を入れてセルを組み，分解して面圧を確認，②ガスケット厚を調整し，再度感圧紙を入れてセル組み，分解確認，③ある程度調整した後，感圧紙を入れないで再度セルを組み，液を流して電解槽を稼働させ確認，④性能の不具合もしくは液漏れがあれば，分解してガスケット厚を調整し再度組んで試験実施，場合によっては再度感圧紙チェックを行う。このように非常に煩雑な作業を繰り返す事になる。

4 要素評価用小型セル（YNUセル）の特徴

以上の様な水電解要素開発における研究現場の課題と標準評価セルの必要性から，2018〜2022年度の NEDO 水素利用等先導研究開発事業内で水電解標準評価（YNU セル）が設計，開発された[6]。YNU セルの主要な特徴は，電極部への精密な締結圧制御と設置された二本の参照極を用いた高精度な分極測定である。電極面積は 1，4 および 16 cm^2 のラインナップを備えており少量触媒の評価にも対応する。本電解槽は PEM 型，アルカリ型，アニオン交換型の各種水電解に対応するのみならず，トルエン直接水素化等[7,8]の固体高分子電解質（SPE）電解や PEMFC まで適用可能である。構造上，加圧用バスバー側のアノードブロックは，種々の流路テストを可能とする為，交換可能としている。また，周囲のブロックとは樹脂で絶縁されている為，流路素材の腐食テスト等を行う事も可能である。図 5 に YNU セルの内部構造を示す。膜–電極接合体（MEA）に対して電極部とガスケット部はそれぞれアノードセンターブロックとアノードベースブロックで分割されており，両者の膜に対する接触面，つまりガスケット面と電極面をそれぞれ独立して締結する事が出来る。アノードベースブロックを含めたセル本体の締結はガスケットからの液漏れが起こらない程度に適度にボルト締めするだけで良い（一応規定の締付トルクは設定している）。アノードセンターブロックはバスバーを介した先のバネを縮ませることで締結圧を制御する事が出来る。最大圧力は同サイズのバネを交換することで変更可能である（1，2，5，10 MPa 用）。アノードベースブロックに接続されたスペーサと固定板でやぐらを形成し，固定

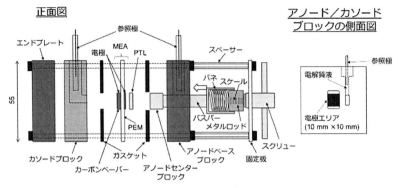

図5 YNUセルの内部構造

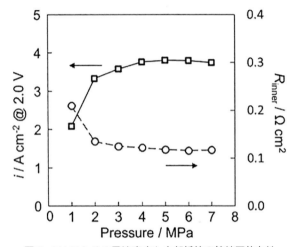

図6 2Vにおける電流密度と内部抵抗の締結圧依存性

板に設置されたネジを締める事バネを縮める。バネの縮み量はバネとスクリューの間に設置されたメタルロッドのスケールを用いて読み取る。参照極はカソードブロック，アノードベースブロックに設置される。参照極ルギン管はMEAの電極エリア横の隔膜に対して電解質液により電気的に接触する構造となっている（図5右）。図6に締結圧に対する2Vでの電流密度と内部抵抗の関係を示す。締結圧制御機構を用いて実施した増圧に連動して，電流密度の向上と内部抵抗の低下が相関して起こっている。この挙動の要因は加圧に伴う要素部材間の接触抵抗の低下である。得られたデータを用いて，加圧に対する両挙動の変化が止まる圧力値を締結圧の最適値（本データでは5 MPa）として決定する。

　図7に図1で示したFH-ISE標準セル（FHセル）とYNUセルのPEMWE性能比較を示す。両セルはMEA，PTLは共通の部材が使用されており，両データは測定者が異なる条件で行われている。結果，両データの特性はほぼ一致しており，かつPEMWE関係論文で報告されている種々の電解データ[9,10]と比較してもトップレベルの性能である。このデータはYNUセルが基本

第2章　グリーン水素製造の為の水電解評価技術開発

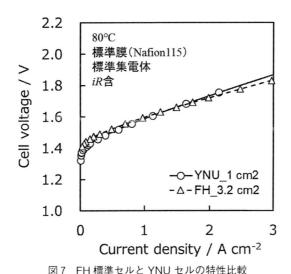

図7　FH標準セルとYNUセルの特性比較
(FHセルデータは(国研)産業技術総合研究所　五百蔵勉博士による提供)

的な電解性能を十分測定できる設計である事を示している。

5　水電解要素評価法の開発

　水電解槽要素評価において，過電圧要素分離する事は極めて重要である。簡易的にはセルの特性に対して対象とする部材を変えて相対的性能評価を行い，その変分を効果とみなすが，厳密には対象部材の交換は対象としない部材の特性に対して大なり小なり影響を及ぼす。その為，セル要素開発における効果の正確な評価を行うためには，分極測定を行うことが本来必要不可欠である。分極測定を行う為には参照極を効果的に設置する事が求められる。YNUセルでは一つのセルに二本の参照極を設置する事で，分極測定を行う方法が開発された。新規開発された分極測定法においてキーとなる点はMEAにおける電極の位置である。図8にPEMWEにおける通常および本測定法独自のMEAにおける電極配置関係を示す。通常作製されるMEAは隔膜に対してアノード，カソード両電極共，相対的に同じ位置（図8(a)，ストレート配置）になる。この時，電極の外側の膜電位と同じ電位となる電極間膜内の位置は理想的には中心位置になる（実際には精度の問題で両電極の位置が相対的に完全に同じとはならず，ほとんどの場合，等電位位置は中心からずれる）。一方，アノード，カソード両電極の位置関係電解槽設置時の上方から見て相対的にずらす（図8(b)，シフト配置）と，それぞれの電極でずらした方向側にある膜の電位は，図8(b)の様に膜内で電極間中心よりずらした電極側にシフトする[11,12]。本測定法は，この性質を利用して，膜内の参照極電位の位置と電極界面の間の距離（図8(c)のa）の膜抵抗を求め，各分極を高精度に求める事が基本的な考え方である。

　図9にインピーダンス測定から得られたセルの交流抵抗（内部抵抗）と二本の参照極間の直流

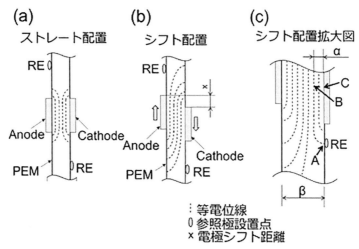

図8　MEAにおける電極の配置関係（上面図）

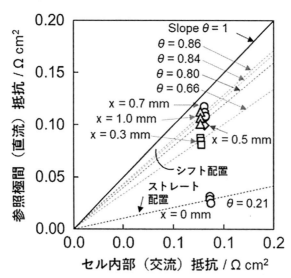

図9　セルの交流抵抗（内部抵抗）と参照極間の直流抵抗の関係の電極シフト量依存性

抵抗の関係の電極シフト量依存性を示す。接触抵抗が十分小さいとするとセルの内部抵抗はPEMの膜厚，つまり図8(c)のβに対応する膜抵抗に相当する。一方，図8(c)で示した様に膜内の参照極等電位線（A－B）とその近傍の電極界面との間の距離をαとすると，二本の参照極間の抵抗は$\beta-2\alpha$に対応する膜厚のイオン抵抗である。図9において，それぞれのシフト量xにおけるプロットの原点に対する傾きθは，膜厚βに対する膜内の両参照極の等電位の間の距離$\beta-2\alpha$の割合を示す。本結果ではθが，電極シフト量xを0より大きくすると増加するが，0.5～1.0 mmの範囲は一定となることを示している。よって，電極シフト量xは0.5～1.0 mmで設定可能であるが，MEA製作時のハンドリングを考慮すると，xは1 mmが適切であると考

第2章　グリーン水素製造の為の水電解評価技術開発

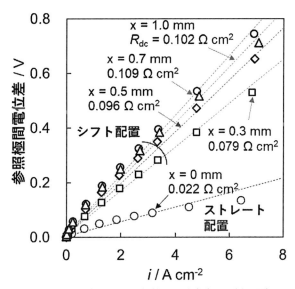

図10　電極シフト量に対する参照極間電位差と電流密度の関係の電極シフト量依存性

えられる。

　図10に電極シフト量に対する参照極間電位差と電流密度の関係の電極シフト量依存性を示す。各シフト量のプロットにおける傾きから膜厚 $\beta-2\alpha$ に相当する膜抵抗率を算出することが出来る。図9によって各シフト量に対する θ が算出されているので，図10と対応させることで α の膜厚に対応する膜抵抗値を計算で求める事が可能となる。実際の測定では既に適切値として求められたシフト量 $x=1$ mm の MEA に対して測定，解析を行い， α の膜厚に対する膜抵抗を求める。アノードおよびカソード側に設置された参照極を用いて測定された分極のターフェルプロットを図11に示す。分極においてアノードはアノード側参照極，カソードはカソード参照極を用いて測定し，それぞれの分極に対して図9および図10より求められた α 分の厚さの膜抵抗を用いた iR 除去を行う事で高精度なアノード及びカソードの分極を求める事が可能となる。各実測値に対して膜抵抗補正した分極のプロットを $E_{corrected}$ として示す。アノードは約1 A cm^{-2} 以上でターフェル直線から外れる挙動が観測されている。この曲線とターフェル勾配直線との差分はアノードPTLに起因する物質移動過電圧であると考えられる。一方，カソード分極の $E_{corrected}$ はほとんどターフェル勾配直線から外れていない。カソードはPEM内を移動して供給されるプロトンとセパレータから供給される電子によって水素発生するのみであり，この過程でカソードPTLの物質移動過電圧はほとんど発生していないと考えられる。このカソード $E_{corrected}$ の特徴は，アノード $E_{corrected}$ のターフェル直線からのずれが水供給とガス発生に起因するアノードPTLの物質移動過電圧に相当する事を合理的に補強する結果である。この特徴を用いた電解槽要素開発として，例えば形状が異なる各種アノードPTLに対し，アノードの物質移動過電圧を測定し，相対比較を行うことで，PTLの形状パラメータを最適化する事が可能である。

75

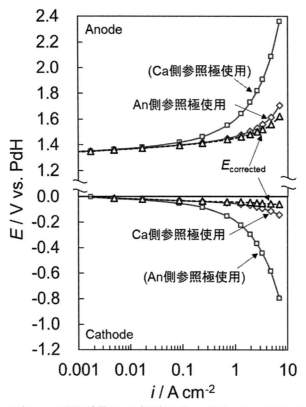

図11　アノードおよびカソード側に設置された参照極を用いて測定された分極のターフェルプロット

以上により，本評価法はPEMWEにおいてアノード，カソード，PTL，隔膜の精度の高い分極評価が可能であり，各要素の高性能開発に対して効果的に活用することが可能である。

6　まとめ

本章では水電解評価技術開発の現状を述べたが，本分野の裾野は極めて幅広く，本稿は一面的な記載であることを断っておきたい。特に電解槽技術は世界的潮流として実験室レベルで3MPa程度の高圧電解可能な小型セルを用いた性能評価が主流となってきている。日本でこの領域の取り組みはこれからといった現状である。更に欧米では国立研究機関による数百kWから数MWクラスの再エネ利用の為の水電解システム実験設備が稼働しており，日本では，NEDOグリーンイノベーション基金事業内の「再生可能エネルギーシステム環境下での水電解評価技術基盤構築」において(国研)産業技術総合研究所福島再生可能エネルギー研究所で2021年より研究開発を行っている。

第 2 章　グリーン水素製造の為の水電解評価技術開発

文　　　献

1) http://www.fccj.jp/pdf/23_01_kt.pdf
2) https://publica-rest.fraunhofer.de/server/api/core/bitstreams/6ad42f23-b2b4-469a-a6cc-949ed57ffdf6/content
3) T. Lickert *et al.*, *Applied Energy*, **352**, 121898（2023）
4) http://www.fcdevelopment.co.jp/c11.html
5) https://data.nrel.gov/submissions/223
6) K. Nagasawa *et al.*, *Int. J. Hydrogen Energy*, **46**, 36619（2021）
7) S. Mitsushima *et al.*, *Electrocatalysis*, **7**, 127（2016）
8) K. Nagasawa *et al.*, *Electrochim. Acta*, **246**（2017）
9) M. Carmo *et al.*, *Int. J. Hyd. Energy*, **38**, 4901（2013）
10) S. S. Kumar *et al.*, *Mater. Sci. Energy Tech.*, **2**, 442（2019）
11) Z. Liu *et al.*, *Electrochim Acta*, **49**, 923（2004）
12) D. Gerteisen, *J. Appl. Electrochem.*, **37**, 1447（2007）

第3章　メタン直接分解によるターコイズ水素製造技術の開発

濱口裕昭[*1]，鈴木正史[*2]，伊原良碩[*3]

1　はじめに

　水素は使用時に CO_2 を排出しないエネルギー源として活用が進められている。現在，炭化水素の水蒸気改質およびシフト化反応による水素製造が一般的に行われているが，この方法による水素の製造は炭化水素を燃焼してエネルギー源とした場合と同様に CO_2 が排出される。CO_2 を分離・回収することで CO_2 フリーな水素となるが，分離・回収するための設備が必要であり，また回収した CO_2 の貯蔵または利用先が必要となる。将来的には太陽光・風力などの再生可能エネルギー由来の余剰電力を用いて製造した CO_2 フリー水素が普及することが望ましいが，現状において再生可能エネルギーの広がりは十分でなく，温室効果ガス削減目標の達成のためには別の方法で水素を製造する必要がある。

　図1に示すようにメタンの直接分解による水素の製造は水素と固体状の炭素が生成し，メタンの水蒸気改質およびシフト化反応のように CO_2 を生成しない。このように炭化水素の分解により二酸化炭素を生成せずに製造された水素を「ターコイズ水素」[1)] と称し，CO_2 フリー水素製造方法のひとつとして関心を集めている。水素コストを下げるためには反応の効率化，設備の初期投資コストの低下が必要であり，ターコイズ水素の製造は既に都市ガスの供給網等のインフラがある程度準備されている点でも利点がある。また，副生物である炭素も廃棄物とするのではなく

・メタン直接分解による水素の生成
$$CH_4 = 2H_2 + C(固体) - 75kJ \qquad 37.5kJ/mol\text{-}H_2$$
4 kgのメタンから1 kgの水素と3 kgの固体炭素

・水蒸気改質・シフト化反応による水素の生成
$$CH_4 + 2H_2O = 4H2 + CO_2 - 164.9kJ \qquad 41.2kJ/mol\text{-}H_2$$
4 kgのメタンから2 kgの水素と11 kgの二酸化炭素

図1　メタンからの水素の製造
（メタン直接分解，水蒸気改質・シフト化反応）

　＊1　Hiroaki HAMAGUCHI　あいち産業科学技術総合センター　技術支援部　計測分析室
　　　　主任研究員

　＊2　Masashi SUZUKI　あいち産業科学技術総合センター　産業技術センター　化学材料室
　　　　主任研究員

　＊3　Ryoseki IHARA　㈱伊原工業　代表取締役

炭素材料として有価値化することで水素のコストを下げることが可能である。

　本章ではターコイズ水素製造技術の開発動向および筆者らが取り組んできたターコイズ水素製造装置について紹介する。またメタンを分解して得られた固体炭素（以下，生成炭素）の特性評価についても紹介する。

2　ターコイズ水素製造技術の開発動向

　ターコイズ水素の製造手法として複数の方法が考案されている。熱のみで分解する方法，プラズマ熱分解による方法，溶融金属や溶融塩を触媒とした方法，鉄やニッケル等金属を触媒とする方法が挙げられる。

　熱のみで分解する方法としてはアメリカの Modern Hydrogen 社やカナダの Ekona Power 社が取り組みを行っており，三浦工業や三井物産がそれぞれに出資を発表している[2,3]。プラズマ熱分解による方法ではアメリカの Monolith 社やイギリスの HiiROC 社が行っており，2020 年 11 月に Monolith 社に三菱重工業が出資を発表している[4,5]。これらの方法でのメタン分解は生成炭素中に触媒に由来する不純物が混じらないという利点があるものの，触媒分解と比較して反応温度が高い点やプラズマ生成に多くのエネルギーを要するなどの課題がある。溶融塩を用いた方法ではアメリカの C-zero 社が行っており，2021 年 2 月に三菱重工業が出資を発表している[6]。溶融金属/塩を用いた方法では生成した水素ガス，固体の炭素を触媒と容易に分離できる利点があるが，溶融物の取り扱い技術が必要であり，また生成炭素には溶融物が混入する。鉄やニッケル等の金属を触媒として用いた方法としてはオーストラリアの Hazer 社が鉄鉱石を触媒とした手法の開発を行っており，千代田化工建設と中部電力が 2020 年代後半に実証実験を行う予定となっている[7]。また国内でも金属触媒を用いた技術開発が NEDO の事業で複数行われる等，研究開発が進んでいる。金属触媒を使用した手法は反応温度を低くできる点で優れているが，炭素析出により触媒性能が劣化することや，触媒と生成炭素の分離が困難であるという問題がある。

　それぞれの方法に利点・欠点があり，生産規模や生産場所，生成炭素の利活用方法などに合わせて最適な方法を選択する必要がある。

3　担持鉄触媒を用いたターコイズ水素製造

　酸化アルミニウムに担持した鉄（Fe/Al = 1（重量））を触媒としてメタン分解反応によりターコイズ水素の生成を行った[8]。触媒約 50 mg を 600℃ で水素還元した後，メタン流量 25 ml/min，反応温度を 650〜850℃ の範囲で変化させメタン分解反応を行った際のメタンの転化率を図 2 に示す。反応開始後，メタン転化率は極大値を取ったのち減少した。反応の初期はメタンの分解により生成した炭素が鉄中に固溶，拡散していると考えられる。その後，固溶限界を超え，鉄粒子表面に炭素の析出が起こる。それにより鉄表面へのメタン供給量が減り，メタンの転化率が減少

クリーン水素・アンモニア利活用最前線

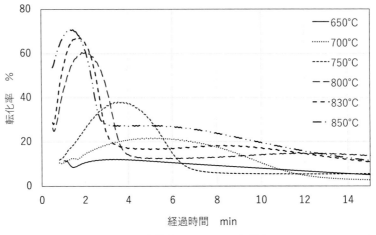

図2 反応温度によるメタン転化率

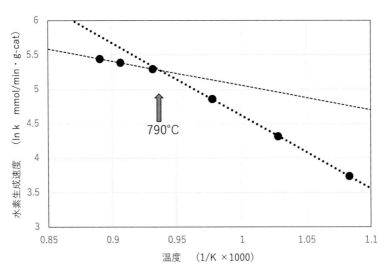

図3 最大水素生成速度の対数と温度の逆数の関係

する。反応温度が高いほどより早い段階で多くの炭素が生成するため，短い経過時間で極大値を迎え水素生成量が減少に転じたと考えられる。メタン転化率が極大値を示したときの水素生成速度の対数と温度逆数の関係を図3に示す。プロットの傾きが790℃を境に変化していることが確認でき，触媒の状態がこの温度を境に変化していると示唆された。鉄触媒の状態を明らかにするために700℃および850℃でFe K吸収端近傍の in-situ XAFS 測定をあいちシンクロトロン光センター BL5S1 で行った。図4に示すとおり反応温度700℃では反応中の鉄の状態は α-Fe からほぼ変化しないのに対して，850℃ではメタンを流した直後から α-Fe から γ-Fe への変態がみられ，その後も構造が変わり続けている様子が確認できた。鉄は炭素と炭化物を形成しやすいため，鉄系の触媒を用いる場合は鉄の変態や炭化物形成にも目を向ける必要がある。

第3章 メタン直接分解によるターコイズ水素製造技術の開発

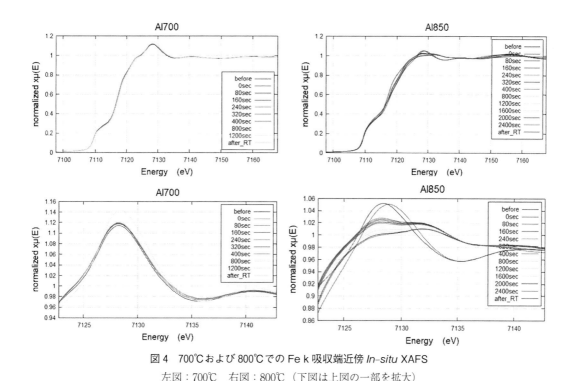

図4 700℃および800℃でのFe k吸収端近傍 In-situ XAFS
左図：700℃　右図：800℃（下図は上図の一部を拡大）

　担持鉄触媒を用いたメタン直接分解によるターコイズ水素の製造は触媒の活性が短時間で失われるため，触媒を炭素と共に排出し，随時新たな触媒を投入する必要がある。

4　金属触媒板を用いたターコイズ水素製造

　ターコイズ水素の製造を行う上で炭素析出による触媒の失活，生成炭素による流路の閉塞といった問題が起こる。これらの問題を解決するために金属板を触媒としたターコイズ水素製造装置の開発を行ってきた。2015～2018年度に知の拠点あいち重点研究プロジェクトⅡ期にて「メタン直接分解水素製造システムの開発」を豊橋技術科学大学，岐阜大学らと共同で実施した[9]。本事業により，図5に示すような構造の円筒型反応器を開発した[10]。反応管上部から流入したメタンは中心のヒーターで加熱された金属触媒板と接触し分解され，生成した水素および未反応のメタンは反応管外周を通り上部から排出される。触媒板上に生成した炭素は自重および触媒板に振動を加えることで反応管底部に堆積する。反応管の下部には真空バルブが設置されており，バルブを開閉することで堆積した炭素を系外に排出することができる。

　その後，NEDO事業において岐阜大学，東京理科大学と共同で「メタン直接分解による水素製造に関する技術調査（2019～2020年度）」[11]，東京理科大学，名古屋大学，静岡大学と共同で「メタン直接分解による水素製造技術開発（2021～2022年度）」[12]を実施した。本事業にて触媒とし

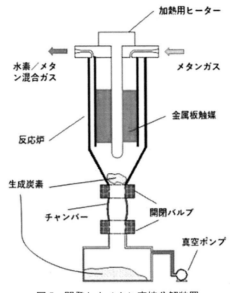

図5 開発したメタン直接分解装置

て用いる金属板の改良や金属板の設置方法について検討を行った。

市販の各種ニッケル基合金を触媒としてメタン分解反応を行った結果及び，各種金属にニッケルめっきを施したものを触媒としてメタン分解反応を行った結果を図6に示す。1日の反応時間は8時間とし，800℃まで加熱し炉冷するというサイクルを繰り返し行った。ニッケル基合金単体で使用したときと比べてニッケルめっきを施した合金での水素生成量が増加していることが確

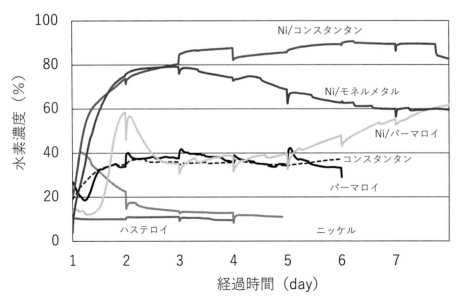

図6 ニッケル基合金板およびニッケルめっきニッケル基合金板による水素濃度

第3章　メタン直接分解によるターコイズ水素製造技術の開発

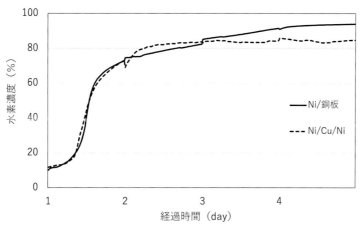

図7　銅または銅めっき上に Ni めっきを行った触媒による水素濃度

認された。特に銅を含むニッケル基合金（モネルメタル，コンスタンタン）でニッケルめっきの効果が顕著であった。また水素生成効率の良い触媒は初期の段階では水素濃度が 10～20％と低いが，時間の経過とともに水素濃度が上昇する傾向を示した。図7に銅板にニッケルめっきを施した触媒およびニッケル板に銅めっきを行い，更にニッケルめっきを行った触媒（Ni/Cu/Ni）でのメタン分解結果を示す。どちらも時間経過と共に水素の生成量が増加し，実験開始2日目には水素濃度 80％以上を示した。初期に水素生成量が低く時間と共に増加する原因として銅とニッケルが相互に拡散し，触媒の表面状態が時間と共に変化するためだと考えられる。反応後の Ni/Cu/Ni から炭素を除去し表面を観察したところ，触媒表面に微細な凹凸が形成され，反応前と比べ明らかに触媒の表面が増加していることが観察された。また Ni/Cu/Ni を真空または不活性雰囲気で熱処理を行った後に触媒としてメタン分解反応を行うことで反応初期から高い水素濃度を示すことを確認した。

　図5で示した反応管に触媒板を設置する際の設置方法による反応効率の違いについて検討を行った。図8に示す3種類の設置方法で Ni/Cu/Ni 触媒を設置した。左側から順にフィン型，菊型，ヤリ型であり，金属板の面積はそれぞれ $2.13\,m^2$，$2.37\,m^2$，$2.13\,m^2$ でほぼ同条件とした。

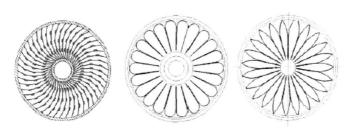

図8　金属触媒板の設置方法（反応管内の断面図）
左：フィン型，中央：菊型，右：ヤリ型

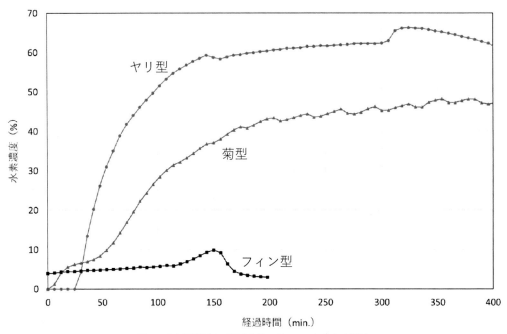

図9 金属触媒板の設置方法の違いによる水素濃度

反応炉内の温度660~680℃,メタン流量1.0 L/min,炉内圧力0.3 MPaでメタン分解反応を行った際の水素濃度の経時変化を図9に示す。

フィン型の形状の場合で水素濃度約10%が最大であったのに対し,菊型では約48%,ヤリ型では約66%に達した。フィン型の場合,中心部分にあるヒーターからの輻射熱が金属触媒板に十分伝わる前に反応炉内壁部に伝わってしまうのに対し,菊型やヤリ型のような形状の場合,効率的に輻射熱を金属触媒板に伝えることができたためだと考えられる。

Ni/Cu/Niを触媒として菊型形状で反応管に配置し,金属板面積1.54 m^2,炉内温度700℃メタン流量2.0 L/min,炉内圧力0.3 MPaの条件でメタン分解反応を行った。1日8時間の稼働で連続運転したところ,水素濃度60%を少なくとも30日以上維持できる性能を確認した。

板状の触媒を用い,炭素の排出機構を備えたことで,長期間,安定的に水素製造を行える反応装置を開発することができた。

5 生成炭素の物性評価

Ni/Cu/Niを触媒としてメタン流量0.5 L/minとして反応温度を700℃,800℃,850℃でメタンの直接分解反応を行った。各温度で得られた生成炭素をC(70),C(80),C(85)とし,炭素の物性評価を行った。熱重量分析の結果反応温度が高いほど,燃焼残渣が多くなった(図10)。この残渣の蛍光X線分析を行ったところ,Ni及びCuが検出されたことから,残渣は混入した触

第3章 メタン直接分解によるターコイズ水素製造技術の開発

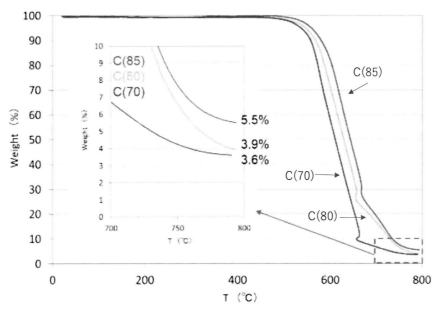

図10 各反応温度で生成した炭素の熱重量分析

媒金属である。反応温度が高いほど触媒板の損耗が激しくなることが伺えた。また生成炭素の燃焼開始温度は反応温度が高いものほど高くなることが分かった。図11にラマン分光分析のスペクトルを，図12にX線回折の測定チャートを示す。いずれの温度でもほぼ同じ結果となってお

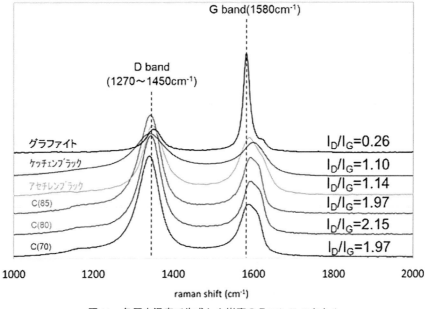

図11 各反応温度で生成した炭素のラマンスペクトル

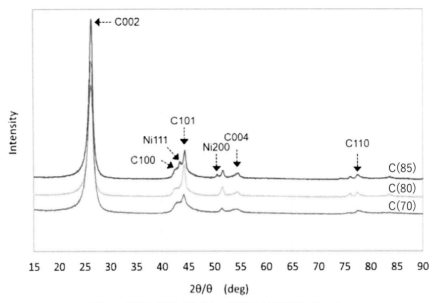

図12 各反応温度で生成した炭素のX線回折パターン

り大きな違いは見られなかった。図13にSEM観察の結果を示す。いずれの温度でもフィラメント状の炭素が生成している。反射電子像より数十nm程度の細かな輝点が観察され，EDS分析によりニッケル，銅の合金粒子であることが確認された。この合金ナノ粒子はバルクの触媒板から供給されており，この粒子を起点としてフィラメント状の炭素が成長していると考えられる[13]。生成炭素の体積抵抗率を測定荷重64 MPaにて測定したところ，10^{-2} Ω·cm程度であり，市販のカーボンブラックと同程度であった。700℃～850℃の範囲で生成された炭素は燃焼残差の量，燃焼開始温度等に違いがあるものの，形状，結晶性等には大きな違いが見られなかった。温度条件の異なる炭素が混合した場合でも生成炭素の品質は大きくは変わらないと考えられ，この点はカーボンの利活用を考える上で有利といえる。

6 まとめ

ターコイズ水素を生成する際に触媒を板状として配置を工夫することで高い反応効率と炭素の分離を実現した。バルクの金属板を用いることで担持触媒のように反応とともに急激に失活する現象が見られず，触媒の補充なしに長期間の運転が可能である。また本技術により得られる生成炭素はフィラメント状であり，体積抵抗率は市販カーボンブラックと同程度であった。しかし，炭素中には触媒由来の金属成分が混入しており用途によっては問題となる。また繊維同士は互いに凝集しており，容易に解すことが困難であり，生成炭素の利用において障害となっている。現在，触媒の更なる改良，生成炭素中への触媒由来成分の混入量低下，炭素の解砕方法の確立など

第3章 メタン直接分解によるターコイズ水素製造技術の開発

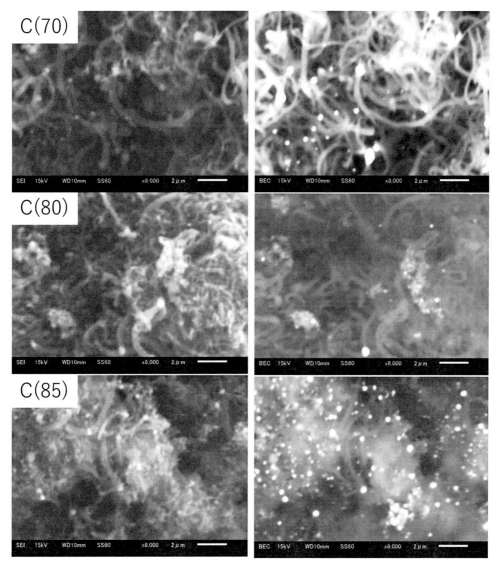

図13 生成炭素のSEM像
左:二次電子像 右:反射電子像

について研究を続けており,生成炭素の有効な利用用途の探索を行っている。

文　　　献

1) The National Hydrogen Strategy, p28（2020）
2) 三浦工業株式会社ニュースリリース，https://www.miuraz.co.jp/news/newsrelease/2023/1414.php
3) 三井物産株式会社ニュースリリース，https://www.mitsui.com/jp/ja/topics/2022/1242778_13393.html
4) 三菱重工業株式会社 ニュースリリース，https://www.mhi.com/jp/news/201130.html
5) HiiROC 社 HP，https://hiiroc.com/
6) 三菱重工業株式会社 ニュースリリース，https://www.mhi.com/jp/news/21021001.html
7) 中部電力株式会社 ニュースリリース，https://www.chuden.co.jp/publicity/press/1210585_3273.html
8) 濱口ほか，あいち産業科学技術総合センター研究報告，**9**，28（2020）
9) 知の拠点あいち重点研究プロジェクト（Ⅱ期）研究成果，https://www.chinokyoten.pref.aichi.jp/project02-03/E3-1.pdf
10) 伊原良碩ほか，炭素循環利用システム，特開 2017-197399；
    伊原良碩ほか，水素生成装置，固体生成物の分離方法，固体生成物の排出回収システムおよびニッケル系金属構造体の製造方法，特開 2019-182733
11) NEDO 成果報告書，2019 年度〜2020 年度成果報告書 水素利用等先導研究開発事業／炭化水素等を活用した二酸化炭素を排出しない水素製造技術調査／メタン直接分解による水素製造に関する技術調査
12) NEDO 成果報告書，2021 年度〜2022 年度成果報告書 水素利用等先導研究開発事業／炭化水素等を活用した二酸化炭素を排出しない水素製造技術開発／メタン直接分解による水素製造技術開発
13) Sirui Tong *et al.*, *Energies*, **15**, 2573（2022）

第4章　低温でアンモニアを合成する触媒の開発

佐藤勝俊[*1]，永岡勝俊[*2]

　昨今におけるアンモニアの重要性やその社会的背景については別章に譲り，本章ではアンモニアを低温で合成することの意義と必要性，それを実現するための触媒について述べたい．

　式1が示す通り，水素と窒素を原料とするアンモニア合成反応は発熱，モル減少型の反応である．図1はアンモニアの平衡収率に対する反応温度および圧力の影響を表したものであり，熱力学上低温，高圧ほど高いアンモニア収率が得られることがわかる．400℃以下の温度域で十分な活性を示す触媒は現在でも開発途上であるため，現実的には鉄系の触媒を用いて500℃で反応を行わざるを得ず，これによる収率の減少を補うために10 MPaを超える高圧でプロセスが運転されている．これが現行の工業的アンモニア合成プロセス（所謂ハーバー・ボッシュプロセス）である．

$$N_2(g) + 3H_2(g) \rightleftarrows \quad \Delta H = -92 \, kJ \, mol^{-1} \tag{1}$$

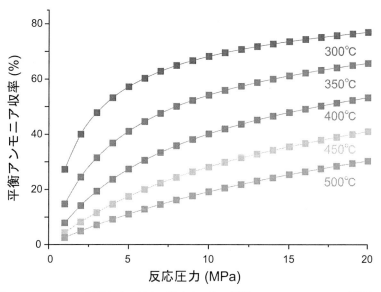

図1　アンモニアの平衡収率に対する温度と圧力の影響．$H_2/N_2 = 3/1$ での計算結果

＊1　Katsutoshi SATO　名古屋大学　大学院工学研究科　化学システム工学専攻　特任准教授
＊2　Katsutoshi NAGAOKA　名古屋大学　大学院工学研究科　化学システム工学専攻　教授

クリーン水素・アンモニア利活用最前線

　一方，カーボンニュートラルな燃料，エネルギーキャリとしてアンモニアを利用する観点からは再生可能エネルギーを利用して水電解によって水素を製造し，これと窒素の触媒反応によってアンモニアを製造するルートが理想的である。一般的に水電解からは数気圧程度の圧力で水素が供給されるため，昇圧等のコストを考えるとアンモニア合成の過程自体もある程度低い圧力で運転することが望ましい。圧力低下による収率の減少を補うためには反応温度を下げる必要があり，したがって，再生可能エネルギーの利用を想定したアンモニア合成触媒には，特に低温，低圧の温和な条件で高い合成活性を示すことが求められる。

　アンモニア合成に低温域で高活性を示す触媒（活性金属）の代表例はルテニウム（Ru）である。1970年代に Aika，Ozaki らは担持型の Ru 触媒を開発し，これが温和な条件下において鉄系触媒よりも高いアンモニア合成活性を示すことを報告した[1,2]。以来，世界中で Ru 触媒の開発が精力的に行われてきた。一方で Ru は貴金属の一種であり，コストの面で課題を有する。特に燃料としてアンモニアの利用を想定した場合，その需要は莫大な量になるため大型のプラントを複数建設する必要があり，資源量の点でも不安がある。そのため，最近では脱 Ru を目指した非貴金属系触媒の開発も盛んに取り組まれている。以降では筆者らの研究成果を中心にその例について述べる。

　コバルト（Co）は以前から非貴金属系アンモニア合成触媒の候補ではあったが，Ru や Fe と比べるとその活性は著しく低いと考えられてきた。これは，N_2 分子と Co の相互作用が Ru や Fe と比べて弱く，アンモニア合成反応の律速過程である N_2 分子の三重結合の解離を十分促進することができないためであると考えられてきた[3]。一方で，筆者らは Ru 系触媒の研究を通して窒素三重結合の解離を促進する優れた活性点構造の設計指針をいくつか得ることに成功している。詳細は既報等をご参考頂きたい[4~6]。これらの知見を活用することで高活性な Co 系触媒を開発できるのではないかと考え，研究に取り組んだ[7,8]。

　まず，MgO を担体に用いた高活性な Co 系触媒について紹介する。筆者らは Ru 系触媒の開発において，Ba をプロモーター（活性促進剤）としてドープし，これを高温で還元処理することで触媒活性が大幅に向上することを見出した。そこで，この手法を Co/MgO 触媒に対して適用することにより，従来型の酸化物担持 Co 触媒を大きく上回るのみならず，Ru 系触媒に匹敵する性能を示す新規触媒を開発することに成功した[7]。図2は Ba のドープ，および還元処理の影響を検討した結果である。本試験条件の場合，700℃で還元処理した Co/MgO はアンモニア合成反応に対しほとんど活性を示さなかった。また，Ba をドープしたとしても，還元温度を500℃と比較的低く抑えた場合ではアンモニア生成速度は若干上向したものの，その上昇度合はわずかであった。しかし，還元温度を700℃まで上昇させて処理したところ（Co@BaO/MgO-700red），500℃還元時と比較して触媒重量あたりで約11倍，Ba のドープ前と比較すると実に約82倍というアンモニア生成活性の劇的な向上に成功した。また興味深いことに，本触媒はわずかではあるものの150℃という低温でもアンモニア合成活性を示す。酸化物担持型の非貴金属触媒が温和な条件下でこの様な高活性を示した例は我々が知る限りこれが初めてである。

第4章　低温でアンモニアを合成する触媒の開発

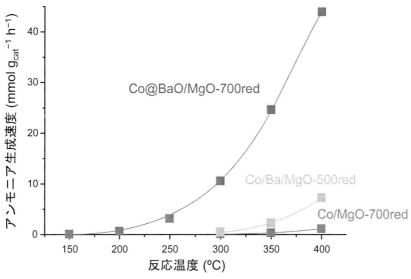

図2　Co@BaO/MgO のアンモニア合成活性に対する Ba のドープと還元処理の影響
　　　反応条件：1.0 MPa，GHSV 72,000 mL g_{cat}^{-1} h^{-1}，$N_2/H_2 = 1/3$
　　　文献7) より引用して再構成

　図3は開発した Co@BaO/MgO-700red と既報の Ru 系ベンチマーク触媒の活性を 350℃ で比較し，圧力がおよぼす影響と共に示した結果である。Co@BaO/MgO_700red は，常圧（0.1 MPa）付近では流石に Ru 系触媒に劣るものの，1.0 MPa の条件下では，Aika らが報告した Cs^+/Ru/MgO や，内閣府の SIP プログラムにおいて産総研などのグループが開発した Ru/CeO_2 を凌ぐアンモニア合成活性を示すことが分かった。更に，圧力を 3.0 MPa まで上昇させたところ，Co@BaO/MgO-700red は一連の Ru 系ベンチマーク触媒と比較して活性が大きく向上し，筆者らが報告した高活性担持 Ru 触媒（$Ru/La_{0.5}Ce_{0.5}O_x$）をも上回る性能を示すことが明らかとなった。これは Ru 系触媒の課題である水素被毒の影響を Co 系触媒は本質的に受けにくいことを示唆しており，Co 系触媒の大きなアドバンテージであると言える。
　続いて，Co@BaO/MgO-700red が高活性を示した理由について説明したい。図4は 700℃ で水素還元処理した後の Co@BaO/MgO-700red を大気の遮断が可能な特殊試料ホルダを用いて収差補正器付き走査透過型電子顕微鏡（Cs-STEM）に導入し，表面構造の観察とともに蛍光X線分析による元素マッピングを行った結果である。図4b-e の元素マップより，Co@BaO/MgO-700red は MgO 担体の上に Co ナノ粒子が分散した担持型と呼ばれる構造であることがわかる。さらに，Co ナノ粒子の周囲に Ba が高濃度に存在していることが明らかになった。同装置により原子分解能の高角環状暗視野像（HAADF 像）を観察したところ，Co ナノ粒子の表面に微細な Co よりも明るい輝点が多数観測された。HAADF 法では原子量に比例してコントラストが増加することから輝点は Ba に由来しており，その他の分析結果等も考慮すると，この像は結晶性の低い BaO の構造体が Co のナノ粒子表面に堆積した状態を表していると判断される。

91

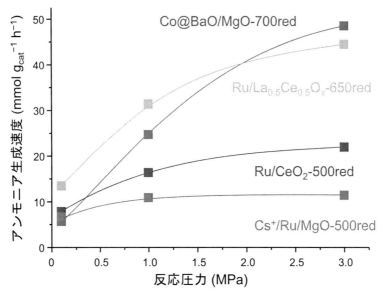

図3　Co@BaO/Mg と既報触媒のアンモニア合成活性の比較および反応圧力の影響
　　反応条件：350℃，GHSV 72,000 mL g_{cat}^{-1} h^{-1}，N_2/H_2 = 1/3
　　文献7）より引用して再構成

アンモニア合成反応の律速段階は N_2 分子の切断であり，これを促進するためには吸着した N_2 分子に対し金属表面を介して電子を供与することが有効であると知られている。これは，反結合性軌道に電子が注入されると窒素三重結合の結合強度が弱まるためで，電子的促進効果として知られている。BaO の様な強塩基性元素の酸化物が金属ナノ粒子上に堆積することで，金属ナノ粒子の表面の電子密度が増加し，吸着 N_2 分子へと電子を注入する効果が期待できる。実際，第一原理計算を用いた理論的解析や赤外吸収分光による実験的解析からも，Co を介して BaO から吸着 N_2 分子へと電子の注入が起きることが証明されている。つまり，高温での還元処理によって Co と BaO の配置が最適化されたことが Co@BaO/MgO-700red が優れたアンモニア合成活性を示した主要な理由である。なお，500℃で水素還元した Co/Ba/MgO で活性向上の効果が大きく発現しないのは，大気中では炭酸塩として存在する Ba の酸化物への分解と Co 表面への移動が十分ではないためと考えられる。詳しくは既報等をご参照頂きたい[7,8]。

　ここまでに，Ba をドープした触媒を高温で還元処理することで Co 系触媒の活性を大幅に向上させることが可能であることを述べた。そこで，以降ではこの調製コンセプトを他の非貴金属触媒に適用した結果についても紹介したい。

　Fe は最もよく知られたアンモニア合成触媒であり，Mittasch らによる発見以来ハーバー・ボッシュプロセス用の触媒として用いられてきた。一方，従来型の Fe 触媒は溶融鉄触媒と呼ばれるバルク型の構造であり，金属量あたりの露出表面積が極めて小さいため活性点数が少ないという特徴がある。我々は Fe をナノ粒子化して担持することで Fe の表面積を増やして活性点数

第4章　低温でアンモニアを合成する触媒の開発

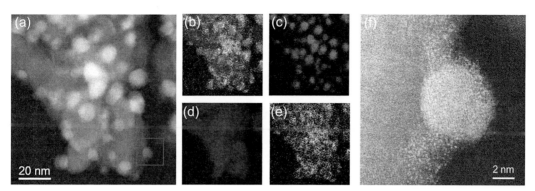

図4　700℃で還元したCo@BaO/MgOのCs-STEMによる分析結果
(a) HAADF像，(b-e) 元素マップ，(b) オーバーレイ，(c) Co K，(d) Mg K，(e) Ba L，
(f) 活性点付近の高分解能HAADF像
文献7）より引用して再構成

を増加させ，ここにCo@BaO/MgOで得た調製コンセプトを適用して塩基性プロモーターを効果的に配置することで，溶融鉄触媒以上の活性を実現し，温和な条件下での利用に適したFe系触媒が開発できるのではないかと考えた。

図5は開発した担持Fe触媒のアンモニア合成活性を評価した結果である。Fe/MgO触媒にBaをドープして高温で水素還元処理して得たFe/Ba/MgO-700redは，期待通りBaドープなし

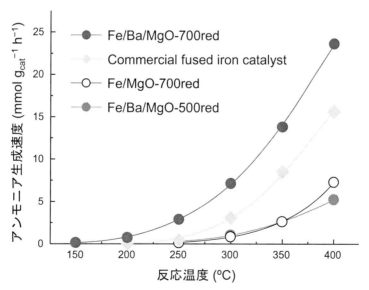

図5　Fe/MgO触媒に対するBaのドープと還元処理温度の影響および市販鉄触媒とのアンモニア合成活性の比較
反応条件：1.0 MPa，GHSV 72,000 mL g_{cat}^{-1} h^{-1}，$N_2/H_2 = 1/3$
文献9）より引用して再構成

クリーン水素・アンモニア利活用最前線

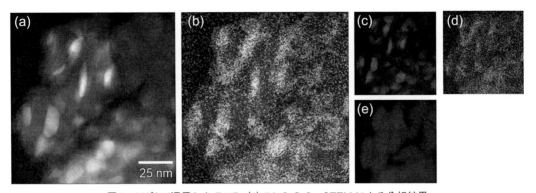

図6　700℃で還元した Fe/Ba(1)/MgO の Cs-STEM による分析結果
(a) HAADF 像，(b-e) 元素マップ，(b) オーバーレイ，(c) Fe K，(d) Ba L，(e) Mg
文献9) より引用して再構成

の触媒や，還元処理温度の低い触媒よりも圧倒的に高い触媒活性を示すことが明らかになった。なお市販鉄触媒との比較も行ったところ，開発触媒が市販 Fe 触媒よりも高い活性を示すことが確認できた[9]。

図6にアンモニア合成活性評価後の触媒の HAADF-STEM 像と元素マップを示す。700℃還元後の触媒を観察した結果，Co@BaO/MgO と同様 MgO 担体上に Fe のナノ粒子が担持されており，Fe ナノ粒子の周囲に Ba が高濃度に存在していることが確認できた。

同様の取り組みを Fe/MgO とカリウム（K）の組み合わせについても検討した結果についても簡単に述べる[10]。K は溶融鉄触媒における代表的なプロモーターとして知られており，化学的プロモーターとしての K_2O と構造的プロモーターとしての酸化アルミニウム（Al_2O_3）を同時に含んだ触媒は特に二重促進触媒 Fe 触媒として有名である。我々はここまでの調製コンセプトを適用し，K を Fe の周囲に高濃度に配置することで触媒活性の一層の向上をねらった。図7にアンモニア合成速度の比較を示す。開発した Fe/K/MgO 触媒は温和な反応条件下（350℃，1.0 MPa）で触媒重量あたり市販溶融鉄触媒の約2.0倍の活性を示すことを見出した。先に示した Ba の系よりも大きな促進効果が得られていることがわかる。なお詳細は割愛するが，K をプロモーターとした場合，その促進効果を最大限に発揮させる最適条件（金属との組成比，還元処理温度等）は Ba の場合と大きく異なっており，プロモーター元素の種類によって活性点構造の形成過程は大きく異なるものと推察される。これらの特徴を詳細に理解することによって，より高活性な触媒の創製につながることが期待される。

本章では筆者らの研究成果を中心に，低温，低圧の温和な条件で高い活性を示す酸化物担持非貴金属触媒について述べた。最近非貴金属を活性金属とした高活性な触媒の報告例が相次いでいるが，筆者らが開発した一連の触媒は酸化物をベースとするため大気中での取り扱いおよび調製が容易であり，カーボンニュートラルなアンモニア製造プロセスの実現に向けた意義は極めて大きいと考えている。

第 4 章　低温でアンモニアを合成する触媒の開発

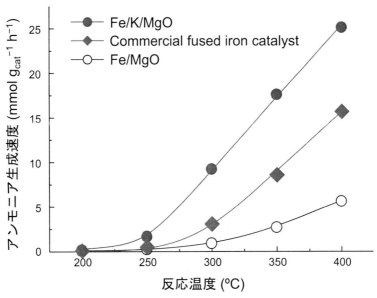

図7　Fe/MgO 触媒に対する K のドープの影響および市販鉄触媒とのアンモニア合成活性の比較
反応条件：1.0 MPa，GHSV 72,000 mL g_{cat}^{-1} h^{-1}，N_2/H_2 = 1/3
文献 10）より引用して再構成

文　　　献

1) A. Ozaki et al., *Bull. Chem. Soc. Jpn.*, **44**, 3216（1971）
2) A. Aika et al., *J. Catal.*, **127**, 424（1972）
3) C. J. Jacobsen et al., *J. Am. Chem. Soc.*, **23**, 8404（2001）
4) K. Sato et al., *Chem. Sci.*, **8**, 674（2017）
5) Y. Ogura et al., *Chem. Sci.*, **9**, 2230（2018）
6) K. Sato et al., *ACS Sustainable Chem. Eng.*, **8**, 2726（2020）
7) K. Sato et al., *ACS Catal.*, **11**, 13050（2021）
8) S. Miyahara et al., *ACS Omega*, **7**, 24452（2022）
9) K. Era et al., *Sustainable Energy Fuels.*, **8**, 2593（2024）
10) K. Era et al., *ChemSusChem*, **16**, e202300942（2023）

第5章 電場印加触媒反応を利用した低温域での
アンモニア合成技術とそのメカニズム

中山怜香[*1]，駒野谷　将[*2]，関根　泰[*3]

1 アンモニア合成と電場触媒反応

アンモニア（NH_3）は，年間 1.9 億トン程度の生産量を有し，肥料，繊維，プラスチックといった工業用途で重要な物質である[1]。近年では，カーボンフリーかつハンドリング性・水素含有率（17.8 wt%）の高さ[2]から水素キャリアとしての注目も集めており，NH_3 の需要は今後さらに高まると予想される[3,4]。現行の工業的な NH_3 合成は，大規模なプラントを用いて高温高圧条件下（> 673 K，> 20 MPa）で反応を行うハーバー・ボッシュ法に依存している。しかし，NH_3 を水素キャリアとして利用する場合，再生可能エネルギーの地域偏在性と時間的変動性[5]に対応した小規模分散型のプロセスが必要である。このため，低温かつオンサイト・オンデマンド駆動可能な NH_3 合成プロセス及びそれに適した触媒の研究が求められる[6]。

NH_3 合成の低温化に向けて，我々は様々な検討を行ってきたが，その中でも反応場に直流電流を印加する電場触媒反応を用いることで，温和な条件下で様々な触媒反応が促進されることを見出し，これを NH_3 合成に応用してきた[7〜12]。既往研究より，触媒層に電場を印加することで，表面水酸基を介したプロトン伝導が発現し，分子中の強固な結合（$N \equiv N$ 結合，$C － H$ 結合）を解離できることが報告されている[4,6]。我々はこれまでに，密度汎関数理論（Density functional theory；DFT）を始めとする量子化学計算と実験を組み合わせることにより，電場触媒反応を用いた NH_3 合成に特有の反応メカニズムやその活性支配因子を解明し，それらの知見を活用して高活性な触媒開発を行ってきた。本章では，電場触媒反応を用いた小規模分散型の NH_3 合成に向けた最新の触媒開発について紹介する。以後，微弱な直流電流印加による NH_3 合成反応を電場 NH_3 合成と称する。

2 電場 NH_3 合成反応のメカニズム

9.9 wt% Cs/5.0 wt% Ru/$SrZrO_3$ を触媒として電場 NH_3 合成を行ったところ，従来の反応が進行しないとされる低温域（463-563 K）でも反応が進行することを見出した[7]（図 1）。

この低温域での特異的な活性挙動を示す電場 NH_3 合成反応のメカニズムを解明するため，分

＊1　Reika NAKAYAMA　早稲田大学　理工学術院　先進理工学研究科

＊2　Tasuku KOMANOYA　三井金属鉱業㈱

＊3　Yasushi SEKINE　早稲田大学　理工学術院　先進理工学研究科　教授

第5章 電場印加触媒反応を利用した低温域でのアンモニア合成技術とそのメカニズム

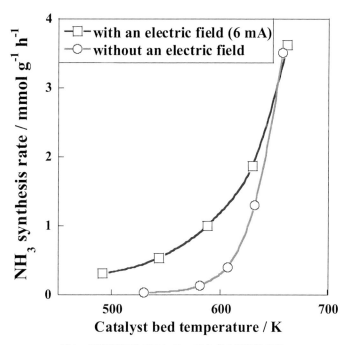

図1 電場印加時のアンモニア合成の温度依存性
触媒：9.9 wt% Cs/5.0 wt% Ru/SrZrO₃, N₂：H₂ = 1：3, 240 mL min⁻¹, 6 mA, 100 mg, 0.1 MPa

光学測定，速度論解析，DFT 計算などを行った[8]。その結果，電場 NH₃ 合成反応は従来の加熱による触媒反応とは異なるメカニズムで進行することが明らかになった。従来の加熱による触媒反応では"dissociative mechanism"に従い反応が進行する[9]。一方で電場 NH₃ 合成反応では"associative mechanism"で反応が進行すると考えられる。"Associative mechanism"では，はじめに水素が活性金属上で解離して担体上にスピルオーバーする。電場が印加されると，担体上でプロトン伝導が促進されて活性金属上に吸着した N₂ と反応し，気相−担体−活性金属の三相界面で N₂H 中間体が形成される。この N₂H 中間体を介することにより，従来の律速段階であった N₂ 解離が促進され，低温域で反応が進行すると考えられる。このメカニズムでは N₂H 中間体形成段階が全体の反応速度を支配することが，実験と理論計算の結果から分かっている[10]。またこれらの検討より，電場 NH₃ 合成反応では触媒表面のプロトン（H⁺）種が反応系で重要な役割を担っていることが明らかになった[8,9]。

3 担体性質による電場 NH₃ 合成活性の違いとその支配因子

電場 NH₃ 合成反応では，従来の触媒反応で重要視されていた活性金属の分散性に加え，担体表面の水酸基量，プロトン供与能，電子供与能といった担体性質も反応活性に大きく影響を与えることがこれまでに明らかになっている[11〜15]。したがって，更なる活性向上を目指すためには，

担体の物理化学的性質の精密な設計が求められる。

　我々は，担体構造が電場 NH_3 合成反応に与える影響を多角的に検討してきた。その一環として，CeO_2 に異種カチオン（Al）をドープした場合の NH_3 合成速度の変化を観察した結果，Al ドーピング量と NH_3 合成速度との間に火山型の関係が見られた[11]。この現象について，構造解析や DFT 計算により，Al をドープすることで Al 原子が Fe 粒子を束縛し，Fe 粒子の凝集が抑制されることが明らかとなった。この触媒は従来凝集の原因であった高温での還元処理を行っても Fe 粒子が凝集せず，高い NH_3 合成活性を示した。次に担体 $SrZrO_3$（SZ）に異種カチオン（Ba，Ca，Y，Al）をドープすると，担体構造のひずみが生まれ，酸化物の電子状態が変化することで N_2H 形成エネルギーが小さくなり，電場 NH_3 合成活性が向上することが分かった[12]。これはドープにより生じる構造のひずみが担体上への H 吸着エネルギーを変化させ，担体から活性金属上へ H^+ 供与が起こりやすくなることに起因している。またこの時最高活性を示した Ba がドープされた SZ について表面酸素の Bader 電荷解析を行ったところ，ドープによる SZ 格子の局所的な歪みにより水素をあまり吸着しなかったことから，担体への異種カチオンドープにより水素吸着強度の制御が可能になることが明らかになった[13]。これらの検討により，担体の H^+ 供与能と電子供与能が電場 NH_3 合成反応において重要な因子であることが明らかになった。さらに，DFT 計算で各ドーパント（Al，Ga，Hf，Zr，Sc，Y，Ca，La，Sr，Ba）を CeO_2 にドープした際の水素吸着エネルギーを算出したところ，ドーパントのイオン半径が小さいほど水素吸着エネルギーが小さくプロトン供与能が低くなることが明らかになった[14]。これはイオン半径が小さいほど H_2 解離吸着が起きる際のドープによる CeO_2 格子の歪みが小さくなることに起因する。また電場 NH_3 合成反応より，水素吸着エネルギーと活性に火山型の関係が見られた。この結果は表面プロトン伝導により電場 NH_3 合成反応が促進されるという既往の研究と一致する。以上より，ドーパントのイオン半径により担体表面上の水素吸着量を制御でき，電場 NH_3 合成において触媒表面の水素吸着量が重要であることが分かった。

4　担体性質の制御による電場 NH_3 合成活性の向上に向けた触媒の開発

　上述した既往研究より，担体は触媒反応場においてプロトン供与剤，電子供与剤，プロトン伝導場としての重要な役割を持ち，これらの性質が反応活性に大きく影響を及ぼすことが明らかとなった[11~15]。特に，電場 NH_3 合成反応では，電流の印加によって電子が強制的に移動し，水素スピルオーバーが駆動されると考えられる[16]。従って，担体性質として重要なのは，プロトン及び伝導電子の量と伝導度である。これらの担体性質を組み合わせることで，高活性な触媒の開発が可能であると期待される。これまでに酸化物の結晶状態やドープによる担体性質の変化により電場 NH_3 合成反応の性能を向上する検討が行われてきたが，同一の酸化物のプロトン伝導性を向上させる報告はない。そこで，結晶集合度合の異なる 2 種類の CeO_2（CeO_2-p と CeO_2-s）を用いて，担体の結晶集合が表面伝導とアンモニア合成活性へ与える影響を検討した。担体 CeO_2

第 5 章　電場印加触媒反応を利用した低温域でのアンモニア合成技術とそのメカニズム

はその格子酸素欠陥構造[17]から，自動車の排ガス浄化[17,18]，水性ガスシフト反応[19,20]，アンモニア合成反応[21]といった様々な反応で触媒として利用されている。これまでに，CeO_2 は形状などの変化によって露出面といった物理的な性質を制御できることが分かっている[22,23~26]。そのため CeO_2 の結晶化度を制御することで，表面エネルギーの高い面を有効利用できるようになると想定された。まず CeO_2-p 及び CeO_2-s の構造の比較を行うために XRD 測定，TEM 測定を行った。TEM 像より，いずれのサンプルにおいても Ce(111)，(200)面が観測された。これらの露出面の割合をサンプル間で比較すると，CeO_2-p 表面では Ce(200)面が 17.2%と CeO_2-s 表面よりも多く露出していることが分かった。また CeO_2-p は CeO_2-s と比較して結晶の配向性が高いことが確認された。続いて XRD 回折スペクトルより，各サンプル間での大きなピークシフトは確認されず，結晶性の違いに起因する結晶の伸縮がないことが確認できた。一方で半値幅に注目すると，CeO_2-p は CeO_2-s と比較し結晶性が高く，1 次結晶子径が大きいことが分かった。以上の結果から，CeO_2-p は CeO_2-s と比較して結晶配向性が高く，CeO_2(100)面が多く露出していることが明らかになった。

　上述したように電場 NH_3 合成反応では，電場の印加により電子が強制的に移動する水素スピルオーバーが起きており，伝導電子の量と伝導度も重要である。そこで，これらのパラメータを CeO_2-p と CeO_2-s で比較した。まず，CeO_2-p，CeO_2-s 表面における H^+ キャリア量の評価を行うために，電場 NH_3 合成雰囲気で処理したのちの Ce 3d 及び O 1s の XPS スペクトルを測定し，担体の結晶化度が反応雰囲気下における CeO_2 の電子状態や表面水酸基量に与える影響について検討した。結果より，Ce 3d のピークシフト及び表面における Ce^{3+} 比率は変化しないことが明らかになった。また，O 1s スペクトルから両触媒間での表面水酸基量は同程度であり，H^+ キャリア量が変化しないことが確認された。以上より，スピルオーバーでカップリングして伝導する種である電子とプロトンの量は CeO_2-p と CeO_2-s でそろっていることが分かった。続いて，電場 NH_3 合成雰囲気（473 K，H_2：N_2 = 3：1，Total 40 mL min^{-1}）におけるプロトン伝導性を交流インピーダンス測定によって調べた。本測定温度は 473 K であるため水素のバルク伝導は起きておらず[15,27]，水素雰囲気下でプロトンが支配的なキャリアとしてホッピング機構で表面伝導していると言える。結果より，473 K 水素雰囲気下において CeO_2-s よりも CeO_2-p のほうが抵抗は小さく伝導度が高いことが分かった。以上より，CeO_2-p と CeO_2-s は表面を伝導するキャリア量は等しいにもかかわらず，CeO_2-p の方がキャリア伝導度は高いことが明らかになった。

　触媒反応において担体は金属を束縛し，反応中の活性金属の凝集を抑制する役割も持つ。そこで，各担体の結晶化度が担体－金属間の相互作用に与える影響を評価するために CO パルス測定を行い，Ru の分散度と平均粒子径を観測した。結果より，CeO_2-s では前処理温度を 473 K から 873 K に上昇させた際に Ru 粒子径が約 5 倍に肥大化しているのに対し，CeO_2-p では 2 倍程度の増加でとどまっていることが分かった。この結果は，CeO_2-s と CeO_2-p で Ru 粒子の束縛の強さが異なることを示していた。固体表面の表面エネルギーは粒子の束縛と強く関係することが知られていることから，次に TEM 測定により観測された(111)面及び(100)面と，準安定面として

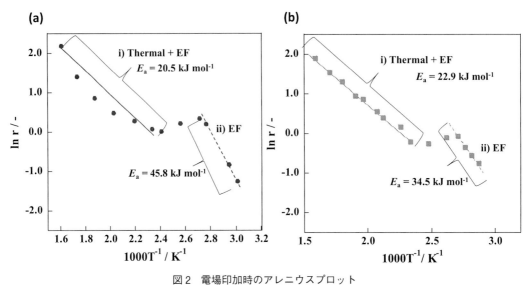

図2　電場印加時のアレニウスプロット
(a) 3 wt% Ru/CeO$_2$-s, (b) 3 wt% Ru/CeO$_2$-p

知られる(110)面について，第一原理計算により表面エネルギーとRuクラスターの束縛エネルギーを求めた。結果より，(100)面は(111)面よりもRuの束縛が強く，CeO$_2$-pはRu粒子を強く束縛するCeO$_2$(100)面を多く有することから強いRu粒子とCeO$_2$の相互作用を持ち，Ru粒子をより高い分散状態で保持できることが分かった。これらの結果より，CeO$_2$の結晶集合度合を制御することにより，CeO$_2$-Ru相互作用が強固になり，Ru粒子の凝集が抑制できることが確認された。

上述したキャラクタリゼーション及び理論計算の結果から，担体の結晶化度を制御することにより，高いプロトン伝導性と強固なCeO$_2$-Ru相互作用の両立が可能であることが明らかになった。そこでこれらの担体を用いて電場NH$_3$合成反応を行い，触媒性能の評価を行った。結果より，CeO$_2$-pを触媒担体に用いた場合に電場NH$_3$合成活性が向上することが明らかになった。また，担持金属界面の1活性点における触媒性能を示すTurn over frequency（TOF-p）を算出したところ，TOF-pにおいてもCeO$_2$-pはCeO$_2$-sを上回っており，Ruの影響を排除してもプロトン伝導性の高さからCeO$_2$-pが電場NH$_3$合成において優れていることが分かった。また電場反応時のアレニウスプロットを比較するとCeO$_2$-pは電場NH$_3$合成の反応温度領域において，CeO$_2$-sよりも低いみかけ活性化エネルギーで反応が進行していた（図2）。以上の結果より，CeO$_2$-pを触媒担体として用いるとその高いキャリア伝導性と強固なCeO$_2$-Ru相互作用の協奏的な効果により高いNH$_3$合成活性を示すことが分かった。

第5章　電場印加触媒反応を利用した低温域でのアンモニア合成技術とそのメカニズム

5　電場触媒による NH_3 オンデマンド合成への期待

　ここまで電場印加による NH_3 合成の技術的特徴について記載したが，以降は本電場触媒技術が活きると期待される，グリーン NH_3 のオンデマンド（必要量を必要なタイミングで）合成について整理する。水素キャリアとしての観点から，他の高圧・液体 H_2 や有機ハイドライドと比較して，NH_3 は比較的低圧かつ常温近くで液化し，直接的に各種化成品合成や CO_2 非排出燃料として利用できるという利点を有する[28]。また，地産地消型の再生可能エネルギーの普及や，新しい点在型水素の活用[29,30]などを考えると，比較的小規模でのオンデマンド NH_3 合成による輸送システムの発展が今後望まれると想定される。その一方，NH_3 は現在に至るまでハーバー・ボッシュ法に代表される大型プラントでの高温高圧（＞ 673 K，＞ 20 MPa）合成が一般的であり，特に生産量と設備投資額の点から上記ニーズと乖離がある。

　この点，電場触媒型 NH_3 合成では比較的低温低圧（～200℃，～0.9 MPa）での合成が可能であり，上記のオンデマンド合成の需要を満たす技術の一つとなり得ると期待できる。また，H_2 圧 1 MPa 未満での反応あれば幅広い種類の H_2 源をそのまま利用できるため[31]，高価な昇圧器を不要化できることも本プロセスの利点として挙げられる。今後はオンデマンドの需要に向けたスケールアップや，H_2 源に含まれる微量不純物などの影響調査，NH_3 分解を含む下流向けオンサイト・オンデマンド装置開発など，実用化に向けた検討対象は多岐に亘り存在するが，電場印加という特殊な反応場のポテンシャルを実証する良い機会として引続き注力していきたい。

　特に，CeO_2 の結晶化度を制御することで，高いプロトン伝導性と強固な CeO_2–Ru 相互作用を両立させることが可能となり，従来よりも低温で高い活性を示すことが確認された。この成果は，従来の高温高圧条件に依存しない，温和な条件でのアンモニア合成技術の発展に寄与するものであり，将来的には再生可能エネルギーを利用したオンサイト・オンデマンドのアンモニア合成が実現できると期待される。

文　　　献

1)　K. Aika *et al.*, *CO₂ Free Ammonia as an Energy Carrier*, 667-679（2023）
2)　IEEI，アンモニア：エネルギーキャリアとしての可能性（その1）（2017），https://ieei.or.jp/2017/05/expl170523/
3)　M. Mofijur *et al.*, *Energies*, **14**(13), 3732（2021）
4)　K. Murakami *et al.*, *J. Chem. Phys.*, **22**, 22852-22863（2020）
5)　経済産業省，2021―日本が抱えているエネルギー問題（前編）（2022），https://www.enecho.meti.go.jp/about/special/johoteikyo/energyissue2021_1.html
6)　Y. Sekine *et al.*, *Faraday Discuss.*, **229**, 341-358（2021）

7) R. Manabe *et al., Chem. Sci.*, **8**, 5434-5439 (2018)

8) K. Murakami *et al., Catal. Today*, **303**, 271-275 (2018)

9) 関根泰, 有機ハイドライド・アンモニアの合成と利用プロセス, 257-262 (2021)

10) K. Murakami *et al., Catal. Today*, **351**, 119-124 (2020)

11) R. Sakai *et al., ACS Omega*, **9**, 6846-6851 (2020)

12) K,Murakami *et al., J. Chem. Phys.*, **151**, 064708 (2019)

13) Y. Tanaka *et al., RSC Adv.*, **11**, 7621 (2021)

14) K. Murakami *et al., Phys Chem. Chem. Phys.*, **23**, 4509-4516 (2021)

15) T. Matsuda *et al., Chem. Commun.*, **58**, 10733-10874 (2022)

16) K. Murakami *et al., Phys. Chem. Chem. Phys.*, **22**, 22852 (2020)

17) T. Montini *et al., Chem. Rev.*, **116**, 5987-6041 (2016)

18) J. G. Nunan *et al., J. Catal.*, **133**, 309-324 (1992)

19) D. Andreeva *et al., Catal. Today*, **72**, 51-57 (2002)

20) A. Goguet *et al., J. Phys. Chem. B*, **108**, 20240-20246 (2004)

21) C. Li *et al., J. Energy Chem.*, **60**, 403-409 (2021)

22) I. I. Soykal *et al., Appl. Catal. A-Gen.*, **449**, 47-58 (2012)

23) F. Wang *et al., J. Catal.*, **329**, 177-186 (2015)

24) M. Nolan *et al., J. Phys. Chem. B*, **110**, 16600-16606 (2006)

25) B. Lin *et al., Ind. Eng. Chem. Res.*, **57**, 9127-9135 (2018)

26) Z. Ma *et al., Catal. Sci. Technol.*, **7**, 191 (2017)

27) L. Hu *et al., ACS Catal.*, **8**, 9312-9319 (2018)

28) 市川貴之, アンモニアによる再生可能エネルギーの貯蔵と輸送, 廃棄物資源循環学会誌, **33**(2), 151-157 (2022)

29) J. M. M. Arcos *et al., Gases*, **3**, 25-46 (2023)

30) F. Osselin *et al., Nat. Geosci.*, **15**, 765-769 (2022)

31) M. E. Ivanova *et al., Angew. Chem. Int. Ed.*, **62**, e202218850 (2023)

第6章　鉄スクラップと二酸化炭素による水素・アンモニア製造

江場宏美*

1　はじめに

化石燃料を使用せず二酸化炭素も排出しない水素製造法として，水分解水素生成が期待されている。電気分解[1]のほか，無尽蔵の太陽光を用いる水の分解は有望な方法として注目されており，特に光触媒による水分解水素製造[2]は盛んに研究され，さまざまな種類の光触媒やシステムの開発が進められている。

一方で筆者らは，短期間での実用化をめざして，リサイクル素材（廃棄物）を用いる水分解水素製造プロセスの研究・開発を進めている。このプロセスは，金属と水の化学反応を利用し，すなわち金属のもつエネルギーを水素エネルギーに変換するもので，金属としては特に鉄の利用を想定している[3,4]。

鉄や鋼は，建造物や機械，車体など構造物を作るための社会の基盤材料である。地球上の鉄資源は豊富で加工しやすく，使い勝手もよいため，さまざまな製品が安価に大量生産され，広く普及している。これらが製品としての役目を終えると鉄スクラップとして回収され，新たな鉄鋼材料としてリサイクルされる。日本，アメリカ，カナダ，イギリスなどの先進国では大量の鉄鋼が蓄積されており，それ自身が重要な資源となっている[5,6]。鉄鋼の蓄積量は中国やインドなど急速な発展を遂げている国々でも増えており，世界的に増加し続けている。しかし老廃スクラップも増えており，銅や錫など鉄鋼の脆化を引き起こす不純物が蓄積し，リサイクルが困難な鉄スクラップも増加している[7,8]。

本研究では大量に蓄積されているこれらの鉄スクラップを水素生成に活用することを着想したものである。さらに鉄の窒化物を利用して常温常圧下でのアンモニア製造の研究へも展開しており[9]，その実際について紹介する。

2　水素キャリアとしての鉄

エネルギーとしての水素を輸送する際は気体のままでは不利なため，液体のメチルシクロヘキサンなどキャリア物質に変換する必要がある。鉄は固体として輸送も容易でエネルギー密度が高い利点がある。水素キャリアとして鉄を利用する検討は以前からなされており，鉄と水蒸気との反応で水素と酸化鉄が生成する化学反応を用いる。酸化鉄を逆に水素で還元すると元に戻るの

＊　Hiromi EBA　東京都市大学　理工学部　応用化学科　教授

で，可逆的な水素貯蔵反応となる[10,11]。本研究の反応も鉄の酸化還元反応を利用しているが，室温・常圧で進行し，鉄に炭酸水を加えるだけで水素を生成できるという利点がある。

この化学反応は(1)式で表され，スクラップの利用を想定した鉄（Fe）と，排気ガスの二酸化炭素（CO_2），および水（H_2O）の反応を利用した水素（H_2）生成プロセスである。CO_2 は反応を促進し，同時に炭酸鉄（$FeCO_3$）の沈殿として回収される。鉄に塩酸などの酸をかけると水素が発生することは高校化学の教科書にも記されているが，CO_2 から生成する炭酸はより安全である上に，温室効果ガスとして削減が望まれる CO_2 の固定方法としても利用できる。CO_2 の炭酸塩固定は，反応にエネルギーを要さないことからカーボンニュートラル対策としても期待されている[12]。廃鉄粉を用いて $FeCO_3$ を合成し，コンクリート添加剤として利用することが提案され，反応条件やコンクリート強度に関する研究も進められている[13,14]。本稿では水素およびアンモニア生成としての面について解説するが，同時に CO_2 固定ができることは重要な側面である。

$$Fe + H_2O + CO_2 \rightarrow FeCO_3 + H_2, \ \Delta H \ (298 \ \text{K}) \ = \ -69 \ \text{kJ/mol} \tag{1}$$

この反応は，天然ガスの輸送に使用されるパイプライン鋼材の CO_2 腐食として，実は以前から知られていた反応であり，CO_2 を含む水が強酸性溶液に比べて腐食速度を著しく増加させると報告されている[15~17]。水に溶解した CO_2 は，炭酸（H_2CO_3）や炭酸水素イオン（HCO_3^-）を形成し，これらに含まれる水由来の水素（H^+）が Fe によって還元され H_2 を生成するとされる。酸化した Fe は水相中でカルボナト錯体（$[Fe(CO_3)_2]^{2-}$）を形成することが確認されており[18]，しかしこれは水相中でのみ存在し，$FeCO_3$ 固体となって析出する。

筆者らが以前行った鉄鋼を原料とする実験[3]では，Cr，Ni を含むオーステナイト系ステンレス鋼を用いても H_2 生成と CO_2 吸収が観察されたが，ステンレス鋼は耐食性を高めた鋼であることから予想されるどおり反応速度が著しく低かった。一方で炭素鋼は高い反応速度を示し，反応性が鋼の元素組成に大きく依存することが確認された。次の節からは，本プロセスの基本として純鉄の化学反応について確認したうえで，鉄スクラップ利用を見据えて，工業用に製造されている鉄鋼材料の形態と反応性との関係について述べる。

3　純鉄による水素生成反応の実際

300 mL の容器に市販の純鉄粉試薬（純度：> 99%，粒径：3~5 μm）2.0 g と純水 5 mL を入れ，1 気圧の CO_2 雰囲気にして 50℃で 300 rpm の条件で撹拌した。一定時間ごとに気相をガスクロマトグラフで分析し，H_2 および CO_2 濃度を測定した。図1にこれらの濃度の時間変化を示す。(1)式のとおり，CO_2 の減少と対応して H_2 の生成が確認できる。図2は原料として用いた純鉄粉試薬とその反応後のX線回折（XRD）パターンである。純鉄粉といいつつ軽元素が含まれており，窒化鉄の回折線も確認できるが，これについては後述する。反応後には $FeCO_3$ の生成が確認できる。未反応の原料鉄粉（α-Fe）もまだ多く残存していることわかるが，それにもか

第6章 鉄スクラップと二酸化炭素による水素・アンモニア製造

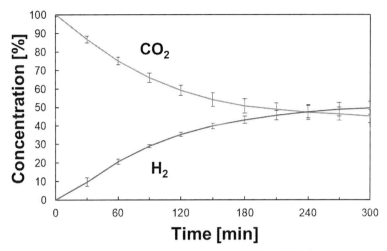

図1 純鉄粉の反応による H_2, CO_2 濃度の時間変化

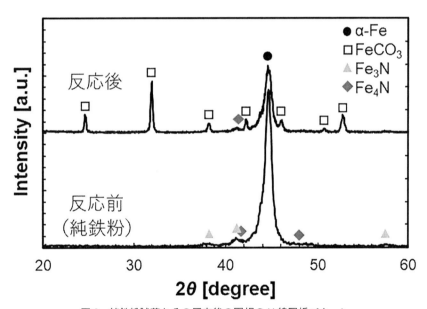

図2 純鉄粉試薬とその反応後の固相のX線回折パターン

かわらず図1において CO_2 減少のなかばで反応速度が低下しているのは, $FeCO_3$ が原料鉄粉を覆ってしまうためで,これを抑制すると原料がなくなるまで反応は進行する.

CO_2 濃度と H_2 濃度の経時変化,つまり CO_2 減少速度と H_2 生成速度は,(1)式から予想されるとおり表裏一体の関係にあるため,以下では生成した H_2 の量から反応の進行状況を確認する.

4 鉄鋼粉による水素生成反応

粉末冶金原料や磁性材料として，または化学反応の原料として市販されている工業用純鉄・合金鋼粉を反応原料として使用した。純鉄粉1はアトマイズ鉄粉であり，溶鋼スラリーを高圧水や高圧ガスを用いてアトマイズすることにより製造されたものである。純鉄粉2は還元鉄粉であり，鉄鉱石や鋼材の表面に形成された酸化皮膜部分であるミルスケールを還元して製造される。合金鋼粉はアトマイズ鉄粉に2wt%のNiと1wt%のMoを添加して部分合金化した鉄鋼紛であり，それぞれ粒径の異なる3試料ずつを，上記の純鉄粉試薬と同様の条件で反応させた。300分後のH_2生成量（気相中濃度）を図3に示した。ここで粒径は粒度分布を測定し，その中央値を示したものである。

まず上記の試薬鉄粉の反応と比較してH_2生成量が一桁程度小さい理由は，工業用鉄粉・合金鋼粉の粒径は大きく，比表面積が小さいためと判断される。Feの反応は固相の表面においてイオン化・溶解する過程であるため，表面積と反応速度には正の相関がある。この前提に従えば図3のH_2生成量は粒子径が小さくなるにつれて増加するはずであるが，その傾向が確認できるのは合金鋼粉においてのみである。他の2試料においてH_2生成量の粒子径依存性が小さい理由は，1つには粒子形状が不規則なため，測定された粒子径と比表面積の相関性が低いためである。また鉄粉・鋼粉は，保管中にも粒子表面から酸化が進行し，粒径が小さく表面積が大きいほど酸化物の割合が高くなる傾向があって，反応に寄与する金属鉄の割合が実質的に少なくなっていたことが考えられる。

3種の試料の反応性の差は，その製法の違いから理解できる。純鉄粉1（アトマイズ鉄粉）よ

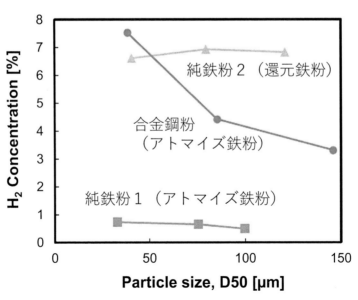

図3 工業用純鉄・合金鋼粉からのH_2生成量

第6章　鉄スクラップと二酸化炭素による水素・アンモニア製造

りも純鉄粉2（還元鉄粉）のほうが，ガス吸着法により測定した比表面積や，水銀圧入法により測定した細孔径・細孔容積は大きく，また見掛け密度は小さく，走査電子顕微鏡（SEM）画像からも多孔質であることが確認された。つまり，還元鉄粉の製造過程では表面が多孔質となるので，反応の起こる表面積が大きくなり反応が進みやすい。多孔質形状では表面積が大きくなるだけでなく，反応が促進される機構が他にも存在する。これは鉄鋼の腐食現象においてよく知られているすきま腐食[19]と呼ばれるもので，水中の鉄鋼表面にすき間構造があると溶質の拡散の遅れにより表面とすき間内部に濃度勾配が生じ，濃淡電池が形成される仕組みである。本反応の「炭酸腐食」においても，細孔の多い鉄粉では炭酸の濃淡により反応が促進された可能性がある。

　次に，図3において合金鋼粉（アトマイズ鉄粉＋Ni，Mo）を純鉄粉1と比べると反応性が向上していることがわかる。これは合金元素（Ni，Mo）の化学的効果によるものと考えられる。NiとMoはFeよりも電位的に貴であり，すなわちFeよりも電極電位が高い。異種金属が電気的に接触している場合，卑な金属（電位が低い金属）のイオン化が促進される異種金属接触腐食[20]の効果による反応性の向上と考えられる。

　以上のことから，本反応に用いる鉄スクラップの選定では，その形態（サイズ，表面積，表面形状）や組成，組織構造が水素生成効率に大きく影響することを考慮し，また有利な形態を付与する前処理などを検討する必要があるといえる。

5　アンモニア生成反応

　上述のとおり，図2の純鉄粉試薬のXRDパターンからはα-Feだけでなく窒化鉄（Fe_3NおよびFe_4N）の回折線も確認できる。図1では生成した分子としてH_2についてしか示さなかったが，この反応では同時にNH_3の生成も確認されている。NH_3の生成量の時間変化はH_2生成量の時間変化と同じ形状（相似形）になっており，H_2生成反応の際に一部がNH_3となる副反応が進行したと理解される。つまり，Feとの酸化還元反応により生成したHの一部が，窒化鉄のNと結合することでNH_3が生成したのである。

　Fe_3NとFe_4Nはともに市販試薬として入手でき，XRDパターンも図2のものと重なる。それぞれの結晶構造[21]を図4に示す。Fe_3Nは六方晶系（空間群：$P6_322$）であり，Nはε-Feの六方最密充填構造における八面体型サイトの3分の1を規則的に占めている。Fe_4Nはペロブスカイト型構造と表現されることもあり，立方晶系（空間群：$Pm\overline{3}m$）の構造で，Feのオーステナイト相（高温相）であるγ-Feの立方最密充填構造における八面体型サイトの4分の1をNが規則的に占めている。これらの窒化鉄試薬を純鉄の代わりに用いて，上記と全く同じ手順で炭酸水と反応させると，CO_2の消費とH_2，NH_3の生成が確認され，固相ではFe_3N，Fe_4Nが減少し，$FeCO_3$が増加する。すなわち(1)式と類似の酸化還元反応として，次式のとおり反応が進行すると考えられる。

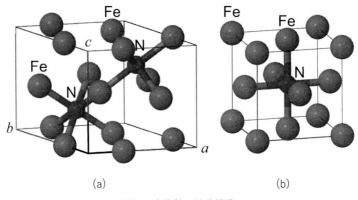

図4 窒化鉄の結晶構造
(a) Fe₃N, (b) Fe₄N

$$Fe_xN + xH_2O + xCO_2 \rightarrow NH_3 + (x - 3/2)H_2 + xFeCO_3 \tag{2}$$

$$Fe_3N + 3H_2O + 3CO_2 \rightarrow NH_3 + 3/2H_2 + 3FeCO_3 \tag{3}$$

$$Fe_4N + 4H_2O + 4CO_2 \rightarrow NH_3 + 5/2H_2 + 4FeCO_3 \tag{4}$$

Fe₄N を原料として 55℃において反応を行い,一定時間ごとにガスクロマトグラフで分析し,H₂, NH₃ および CO₂ 濃度を測定した結果を図5に示す。ここで H₂, CO₂ は気相を, NH₃ は水相を分析した。水相中の CO₂ 濃度は時間的に変化しないと仮定しており,また NH₃ については気相中に含まれる分を考慮していないため定量値には曖昧さがあるが,(4)式と比較して明らかに NH₃ 生成量が多い。そこで(4)式を NH₃ 生成と H₂ 生成に分けて考えると次式のとおりとなる。

$$Fe_4N + 3/2H_2O + 3/2CO_2 \rightarrow 3/2FeCO_3 + NH_3 + 5/2Fe \tag{4a}$$

$$5/2Fe + 5/2H_2O + 5/2CO_2 \rightarrow 5/2FeCO_3 + 5/2H_2 \tag{4b}$$

図5の結果は,(4a)式で表される反応が進行しやすいことを意味している。300 分後までの反応の進行途上で固相の XRD 分析を行うと,時間とともに FeCO₃ の増加が確認されるが,このときに未反応原料として残存している Fe₄N の格子定数を測定したところ,反応開始時の $a = 0.387$ nm から次第に減少し,0.380 nm まで格子が縮小した。これは Fe₄N の中のNが減少していることを意味すると考えられ,すなわち,実際には未反応のままの Fe₄N ではなく部分的に(4a)の反応が進行していると解釈される。

反応温度を変化させて同様の実験を行い,それぞれの温度において H₂ および NH₃ それぞれの生成速度を求めてアレニウスプロットを行った。プロットの直線の傾きから求めた活性化エネルギー ΔEa はそれぞれ 50 kJ/mol,27 kJ/mol となり,NH₃ のほうが小さかった。このため(4a)の反応が有利に進行すると理解された。

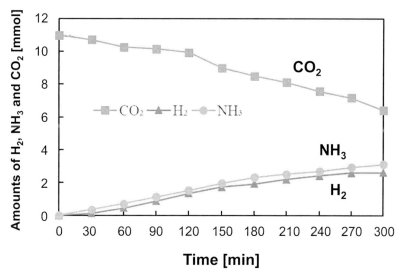

図5　Fe₄N の反応による H₂, NH₃, CO₂ 濃度の時間変化

6　窒化鉄からのアンモニア生成メカニズム

　遷移金属の窒化物の多くは侵入型化合物である。Fe_3N，Fe_4N ともに Fe の最密充填構造を骨格として，その八面体型サイトの一部を N が占めている。原子価には曖昧さがあるが，陽性元素の Fe と陰性元素の N は正負のイオンというよりも，Fe は金属的で，N も中性に近いことが理論計算[22]により報告されている。また筆者らが行った X 線光電子分光の測定結果もこれと矛盾しなかった。このことから，窒化鉄では金属 Fe と同じように Fe が炭酸水と反応し，つまり Fe が水由来の水素（H^+）を還元することで H が生成する。同時に Fe は Fe^{2+} に酸化され，カルボナト錯体 $[Fe(CO_3)_2]^{2-}$ を形成して固相から水相に溶けだし，最終的には $FeCO_3$ として沈殿する。還元生成した H は N と結合して NH_3 を生成するが，一方，窒化鉄中の N は中性に近いものの Fe との化合物であるため小さいながらも負に帯電しており，還元される前の水素（H^+）とも結合しやすいと考えられる。このため，完全に還元された H から生成する H_2 よりも容易に，小さい活性化エネルギーで NH_3 が生成するものと思われる。

　上記のとおり窒化鉄は侵入型化合物として，N は Fe のつくる八面体型サイトを占めているが，八面体型サイトは Fe の原子数と同じ数だけ存在するので，N が占めているサイトは一部に過ぎない。つまり窒化鉄の組成には非化学量論性があり，N の数は増減可能である。このため(4a)式の反応のごとく，窒化鉄から N が抜け出す形で，NH_3 の生成が先行すると考えられる。

7　まとめ

　上記のとおり金属の鉄と炭酸水を用いることで，室温付近で，反応エネルギーを投入すること

クリーン水素・アンモニア利活用最前線

なく，クリーンに水素を製造できる。化石燃料からの水素製造のように二酸化炭素等を排出しないばかりか，二酸化炭素の削減に一役買うことも期待できる。鉄と鋼は安価でありふれた材料であり，蓄積量が増加しつつある鉄スクラップの利用が想定され，中でもリサイクルの採算が合わないもの，リサイクル困難なものの活用が考えられる。筆者らは，素材メーカーから入手したスクラップを用いた反応実験も実施し，水素生成と二酸化炭素吸収の効率なども調べているが，さまざまな種類のスクラップが存在し，その形態・形状や組成によって反応性が大きく異なるため，反応に適したタイプの選定や，反応活性化のための前処理の検討が重要である。比表面積や細孔容積，合金組成やその組織の最適化によって，水素生成速度や生成量の向上を図ることができる。

　ハーバー・ボッシュ法など N_2 と H_2 からアンモニアを合成するプロセスでは，強固な N_2 の三重結合の解離にエネルギーを要するうえに，H_2 を調達して反応させる必要がある。一方，窒化物を利用すればこの解離エネルギーの投入が不要である。さらに鉄の利用による水分解水素生成反応を組み込んだのが，本研究の窒化鉄からのアンモニア生成反応である。鉄鋼に窒素を浸透させると硬化するので，機械部品の摺動部や，民生品として鉄フライパンの表面など，耐摩耗性を要する部分に窒化鉄や窒化鋼が利用されている[23,24]。窒化鉄は磁性材料としての研究も進められており，量産化技術も確立している。窒素含量の高い鉄スクラップを入手し，アンモニア合成に利用するのが理想的であるが，鉄スクラップの低エネルギー・コストでの窒化処理が可能になるとありがたい。

　以上のとおり，適切な鉄スクラップ原料を調達すれば，安価で，クリーンに水素・アンモニアを生産できる。CO_2 は炭酸として水分解水素生成をアシストすると同時に，配位子として錯生成により鉄の溶解をアシストする。利用後には炭酸塩として固定化され，カーボンニュートラルへの寄与も期待できる。実用化に向けて，より高効率の反応条件の検討を進めているところである。

文　　献

1)　A. Eftekhari, *Int. J. Hydrogen Energy*, **42**, 11053 (2017)
2)　P. Hota, A. Das and D. K. Maiti, *Int. J. Hydrogen Energy*, **48**, 523 (2023)
3)　H. Eba, M. Takahashi and K. Sakurai, *Int. J. Hydrogen Energy*, **45**, 13832 (2020)
4)　H. Eba and K. Sakurai, *Trans. Mater. Res. Soc. Jap.*, **32**, 725 (2007)
5)　S. Pauliuk, T. Wang and D. B. Müller, *Resour. Conserv. Recycl.*, **71**, 22 (2013)
6)　D. B. Müller and T. Wang, *Environ. Sci. Technol.*, **45**, 182 (2011)
7)　梶谷敏之，若生昌光，徳光直樹，荻林成章，溝口庄三，鉄と鋼，**81**(3)，185 (1995)
8)　I. Daigo, K. Murakami, K. Tajima and R. Kawakami, *ISIJ International*, **63**, 197 (2023)
9)　H. Eba, Y. Masuzoe, T. Sugihara, H. Yagi and T. Liu, *Int. J. Hydrogen Energy*, **46**, 10642

第6章　鉄スクラップと二酸化炭素による水素・アンモニア製造

(2021)

10) K. Otsuka, T. Kaburagi, C. Yamada and S. Takenaka, *J. Power Sources*, **122**, 111 (2003)

11) L. Brinkman, B. Bulfin and A. Steinfeld, *Energy & Fuels*, **35**, 18756 (2021)

12) C. Myers, J. Sasagawa and T. Nakagaki, *ISIJ International*, **62**, 2446 (2022)

13) S. Das, B. Souliman, D. Stone and N. Neithalath, *ACS Appl Mat Interfaces*, **6**, 8295 (2014)

14) S. Srivastava, R. Jacklin, R. Snellings, R. Barker, J. Spooren and P. Cool, *Const. Build. Mater.*, **345**, 128281 (2022)

15) N. Srdjan, *Corrosion. Sci.*, **49**, 4308 (2007)

16) C. De Waard and D. E. Milliams, *Corrosion*, **31**, 177 (1975)

17) H. M. Ha, I. M. Gadala and A. Alfantazi, *Electrochim. Acta.*, **204**, 18 (2016)

18) B. R. Linter and G. T. Burstein, *Corrosion Sci.*, **41**, 117 (1999)

19) W. D. France, Jr., American Society for Testing and Materials, Special Technical Publication, p. 164 (1972)

20) H. Ogata and H. Habazaki, *ISIJ International*, **57**, 2207 (2017)

21) H. Jacobs, D. Rechenbach and U. Zachwieja, *J. Alloys Compd.*, **227**, 10 (1995)

22) M. Sifkovits, H. Smolinski, S. Hellwig, W. Weber, *J. Magn. Magn. Mater.*, **204**, 191 (1999)

23) 坂本政祀，ふぇらむ（日本鉄鋼協会会報），**7**(11)，845 (2002)

24) 藤井美穂，ふぇらむ（日本鉄鋼協会会報），**25**(2)，64 (2020)

第7章　電気エネルギーを用いた
常温・常圧アンモニア合成

片山　祐[*]

1　はじめに

アンモニアの次世代燃料としての期待の高まりとともに，その製造法に改めてスポットライトが当たっている。既存のアンモニア製造法としてはハーバー・ボッシュ法があまりにも有名であるが，このプロセスは全世界の二酸化炭素排出量の実に数%を占めるといわれるほどエネルギー消費量が多い。今後，アンモニアを真の意味でカーボンニュートラルに資する次世代燃料（水素エネルギーキャリア）とするためには，ハーバー・ボッシュ法からの脱却が強く望まれる。

本章では，カーボンニュートラルなアンモニア合成法の一つとして期待される，電気化学的なアンモニア合成について紹介する。電気化学的なアンモニア合成とは，すなわち窒素の電気化学的還元反応である。その最大のメリットは，昨今盛んに導入されている太陽光や風力などといった再生可能エネルギー由来の電力との親和性である。再生可能エネルギーは化石資源などの消費を伴わないカーボンニュートラルなエネルギー源といえるが，その電力生産量が時間や天候により絶えず変動してしまうという本質的な弱点がある。このような特性から，再生可能エネルギー電力はかなり余力を持たせた運用がなされており，余った電力が有効活用されているとは言い難い。このような経緯から，余剰再生可能エネルギーの有効活用先の一つとなりうる，電気化学的なアンモニア合成プロセスが注目されている。特に，室温付近で駆動する電気化学的アンモニア合成であれば，供給される電力量に合わせて反応量を柔軟に対応させることで，無駄のない運用が期待できる。

2　技術の概要

電気化学的アンモニア合成法にはいくつかの手法が提案されてきたが，運転条件が室温付近のものに限定すると，リチウム媒介型の電気化学的アンモニア合成が特に有望である。本手法は，水蒸気メタン改質法やハーバー・ボッシュ法では実現が難しい，オンサイト（小規模）アンモニア製造法としても期待される。リチウム媒介型の電気化学的アンモニア合成は Tsuneto らによって 1990 年代に初めて報告された[1]。同時期にいくつかのアンモニア電気化学合成例が報告されたが，そのほとんどが環境中のアンモニアを誤検出するなど問題があった。しかし，2019年に Tsuneto らの報告が再検証され，窒素からのアンモニア合成が確認されて以来[2]，精力的な

＊　Yu KATAYAMA　大阪大学　産業科学研究所　准教授

第7章 電気エネルギーを用いた常温・常圧アンモニア合成

研究開発が行われ,現在の研究開発の主流となっている。

Tsunetoらの報告をベースにしたリチウム媒介型の電気化学的アンモニア合成では,2つの金属電極(主にCuやMo)を,リチウム塩と有機プロトン源を溶解させた非プロトン性有機電解液中(例えば0.2 mol/L 過塩素酸リチウム($LiClO_4$)+1% v/v エタノール+テトラヒドロフラン(THF)など)に浸漬した2極式セルが用いられる(図1)。この電解液に窒素ガスをバブリングし,2つの電極間に電圧を印加することで,作用極(陰極)ではアンモニアが生成し,対極(陽極)では対応する酸化反応(ここでは電解液の酸化反応)が進行する。

このプロセスのポイントは,常温・常圧では切断が難しい窒素－窒素の三重結合を,リチウム金属の強い還元力を使って化学的に切断する(=リチウムが窒素存在下で容易に窒化リチウムを形成する)点である[1,4,5]。このアイデアが,従来不可能と思われてきた常温・常圧での電気化学的アンモニア合成の突破口となったといえる。

現時点でリチウム媒介型の電気化学的アンモニア合成の正確なメカニズムは解明されていないが,現在最も受け入れられている反応機構では,アンモニア合成は大きく4つのステップから構成されると考えられている(図2)。まず,電極表面にリチウム金属が析出することで,一連の反応プロセスが開始する。その後,析出したリチウム金属表面に窒素ガスが接触することで,窒素－窒素の三重結合切断を伴う窒化リチウム生成が進行する。そして,生成した窒化リチウムは,電解液中のアルコールをプロトン源としてプロトン化される。最後に,窒化リチウムが完全にプロトン化(NH_3)されるとアンモニアが表面から脱離し,それと同時にリチウム金属が溶解(Li^+が再生)する[6,2,7]。このように,リチウム媒介型の電気化学的アンモニア合成は,リチウム金属を電極表面に析出させるために,リチウム電析電位付近(-3 V vs SHE以下)の極めて

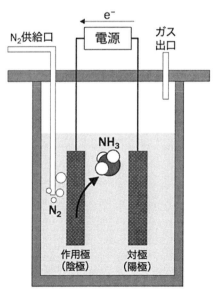

図1 リチウム媒介型の電気化学的アンモニア合成セルの概略図[3]

113

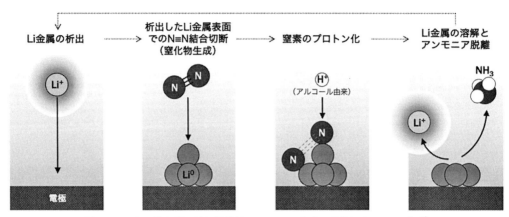

図2 リチウム媒介型の電気化学的アンモニア合成の予想反応メカニズム[3]

還元的な電位領域で進行する必要がある。

この極めて還元的な電位領域での作動により，アンモニア合成以外の様々な副反応が進行してしまうことも知られている。代表的なものとしては，電解液の還元的分解や，系中に水が存在する場合には0 V vs SHE 以下で進行する水素発生反応などがあげられる。前者については，現在研究開発が進められているリチウム二次電池にて様々な知見が蓄積されつつある。特に，電解液の還元的分解によって電極表面に形成される電極表面被膜（SEI, Solid electrolyte interphase）は，組成によっては電解液のさらなる劣化を抑制する効果もあるといわれており，同様の手法を用いることで本系でも副反応抑制が期待される[8,9]。後者の水素発生反応は極めて早い反応であり，系中に水が存在する場合には常に競合してしまう。したがって，リチウム媒介型の電気化学的アンモニア合成は，プロトン源として水ではなくアルコールを用いた無水条件下で実施することがほとんどである。

3 これまでの研究動向

前節で述べたように，リチウム媒介型の電気化学的アンモニア合成は，無水条件下でプロトン源としてアルコールを用いるのが一般的である。この作動環境は，現在研究開発が進められているリチウム金属電池に極めて近い。したがって，電池系で蓄積された知見からリチウム媒介型の電気化学的アンモニア合成プロセス改善のヒントを得ることができる。特に，電解液とその還元分解物からなる SEI の設計が重要視されている。電解液の設計としては，たとえばリチウム析出反応の最適化を狙った対アニオンの選定[10]，電解液の還元分解抑制を狙った溶媒和構造の最適化[11]などがある。一方，SEI 設計についてはトライアンドエラー的な検討にとどまっている。SEI は電気絶縁性の不動態膜であるが，リチウムイオンに加えてプロトン，窒素，アンモニアも透過（伝導）できることがわかっている[12]。先行研究では，電極表面への化学種の輸送を制御し

第7章　電気エネルギーを用いた常温・常圧アンモニア合成

て副反応を抑制することで，リチウム媒介型の電気化学的アンモニア合成で窒素還元の高効率化を達成できるとの提案もなされている[4,13]が，SEIの構造と物質輸送特性との相関は，リチウム媒介型の電気化学的アンモニア合成系はもちろん，電池系でも十分に理解されていないのが現状である[14,15]。

　リチウム媒介型の電気化学的アンモニア合成ならではの取り組みとしては，反応種である窒素ガス量増大を目的とした検討がある。これは，リチウム媒介型の電気化学的アンモニア合成のファラデー効率（通過全電流に対してアンモニア合成に使用された電流の比率）が低い理由として，前述した副反応に加えて，そもそも電解液中のN_2溶解量が少なく，未反応のLi金属が生成してしまうことがあげられる。具体的には，加圧セル[16]やガス拡散電極[17]の開発などがあり，これらの研究開発によりファラデー効率は飛躍的に向上した。高圧でのリチウム媒介型の電気化学的アンモニア合成では，テトラヒドロフラン（THF）と0.1 mol/Lエタノール中のリチウムビス（トリフルオロメチルスルホニル）イミド（$LiNTf_2$）の2 mol/L溶液を用いることで，15 barのN_2分圧下で98％を超えるファラデー効率が報告されている[18]。一方，現在報告されている常圧でのファラデー効率の最高値は61％程度である[19]。この例では，N_2分圧を上げる代わりに，ガス拡散電極（GDE）を用いてN_2を直接電極に吹き付けることで，溶解性の問題を回避している。

　このように精力的に研究開発が進められているリチウム媒介型の電気化学的アンモニア合成であるが，既報の系は共通して，安価で普遍的に存在する水分子ではなく，そのままでも燃料利用が可能なアルコールをプロトン源として利用している。これは，水存在下で必ず競合する水素発生反応によるファラデー効率の低下を避けるためである。Tsunetoらの先駆的な論文でもプロトン源としてエタノールを用いて活性評価を行っており[1]，60 mmol/Lを超える濃度領域での水の添加効果を研究したLazouskiらも，水の添加によるファラデー効率の著しい低下を報告している[20]。

　一方で，水と窒素からアンモニアを合成しなければ，真の意味でサステイナブルな反応といえない。そこで，水と窒素からのアンモニア合成の第一歩として，水添加系でリチウム媒介型の電気化学的アンモニア合成を再検討することにした。ただ，前項で述べたように，基本的には水存在下でリチウム媒介型のアンモニア合成を行うと，競合する水素発生反応により水素が主生成物となってしまう。そこで，近年リチウムイオン二次電池電解液で注目されている「超濃厚系電解液での水の電位窓拡張作用」を応用することで，これを回避することを狙った[21]。詳細な原理はここでは省略するが，超濃厚系電解液中の水では，水素結合ネットワークが分断された孤立水を作ることができる。この孤立水は極めて安定であり，水の電位窓が拡張する。すなわち，アンモニア合成用の電解液でもこのような環境を作り出すことができれば，水素発生反応を最小限にしつつ，水を利用できる可能性がある。これまでのリチウム媒介型の電気化学的アンモニア合成では，50 mmol/L以上の水濃度領域が検討されてきたが，この濃度領域だと電解液中の水分子が多く，前述の孤立水を形成するのは難しい。そこで我々は，これまで詳細に検討されてこなかっ

115

た 0〜50 mmol/L 程度の希薄領域に絞って，水の添加によるリチウム媒介型の電気化学的アンモニア合成への影響を検討した[22]。

4　水をプロトン源とする反応系の開拓

　水の添加によるリチウム媒介型の電気化学的アンモニア合成が原理的に可能か否かを明確にするため，反応中間体と考えられている金属窒化物の水によるプロトン化反応の活性を調べた（図3）。ここでは，参考のため Li 以外にも窒化物形成が可能な金属（Al，Ca，Mg）についても評価した。プロトン化反応の活性（ここではプロトン化により生じたアンモニアの量で評価。加えた窒化物全てがプロトン化され，アンモニアになった際の収率が 100％）は，Li が最も高かった。これは，理論計算により求めた金属窒化物の安定性の序列とも一致しており，リチウムが本反応には最適であることを示している。また，プロトン源の種類による違いを見ると，水の反応活性は一般的にプロトン源として使用されているエタノール（1％エタノール in THF）と同等かそれ以上であった。このことから，少なくとも水によって金属窒化物からアンモニアを生成できることが明らかになった。

　次に，水の添加によるリチウム媒介型の電気化学的アンモニア合成への影響を評価するため，各種水分濃度の電解液を用いて，種々のリチウム塩濃度で活性評価を行った（図4）。ここで，電解液には Tsuneto らが報告した最も一般的な組み合わせである，LiClO$_4$-THF-エタノール系を使用した。水分濃度は，乾燥 THF と既知の水分濃度で調製した THF の比率を変えて電解液

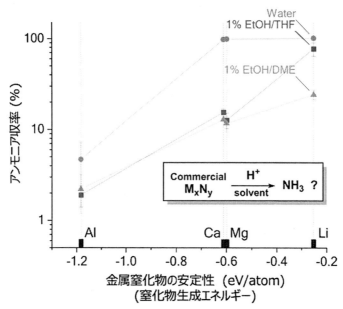

図3　各種金属窒化物とプロトン源との反応活性の比較[23]

第7章 電気エネルギーを用いた常温・常圧アンモニア合成

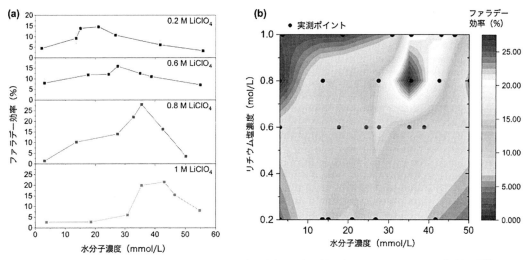

図4 水分子濃度，リチウム塩濃度，ファラデー効率の関係（左図）とそのヒートマップ（右図）[22]

を調製することで制御した。電解液の含水量は，各実験の直前と直後に採取したサンプルのカール・フィッシャー滴定により決定している。

まず最も強調すべきは，水を添加することでリチウム媒介型の電気化学的アンモニア合成のファラデー効率が向上したことであろう。さらに，いずれのリチウム塩濃度においてもファラデー効率が最大となる最適な水分子濃度が存在すること，そしてその最適値はリチウム塩濃度が上昇するほど増大することも明らかになった。すなわち，水分子濃度とリチウム塩濃度の2つのパラメータによって，アンモニア合成のファラデー効率が決定されていることがわかった。実際にこの2つのパラメータを各軸にとって活性のヒートマップを描くと，あるピンポイントな水分子濃度とリチウム塩濃度においてファラデー効率が向上することが見て取れる。

ここで，このピンポイントな水分子濃度とリチウム塩濃度で得られた活性最大値と，既報のファラデー効率値を比較してみる（図5）。

本研究で得られたファラデー効率の最大値は 27.9 ± 2.5% であり，ガス拡散電極系（図中④）を除いた常圧運転系の中で最大値である。この結果はこれまでの通説とは異なるものであり，50 mmol/L 以下という希薄な水分量であれば，水を添加することでアンモニア合成効率が向上することを示唆する。

この希薄な水存在下でのファラデー効率の向上は，O_2 濃度やエタノール濃度など，他の電解液パラメータに対するファラデー効率の依存性と類似している（図6）。

したがって，これらの要因の一部またはすべてが類似の現象に紐づいている可能性も考えられる。例えば，O_2 添加によるファラデー効率の向上は，カソードでの水の形成に関連している可能性がある。THF 中の O_2 溶解度データ（1 bar の O_2 下での飽和モル分率：8×10^{-4}）を用いると，Li らの報告にあるファラデー効率ピーク時（約 0.1 bar の O_2 分圧下）の電解液中のおよ

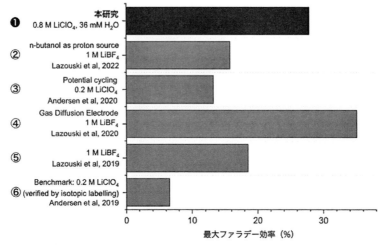

図5 常圧運転のリチウム媒介型の電気化学的アンモニア合成系でのファラデー効率の比較[22]

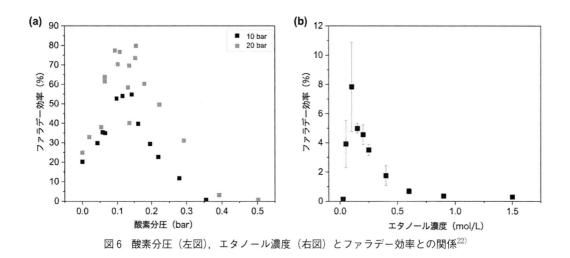

図6 酸素分圧（左図），エタノール濃度（右図）とファラデー効率との関係[22]

その O_2 濃度は約 1 mmol/L である。飽和電解液中の O_2 がすべて水に還元されると仮定すると，電解液中の水濃度 2 mmol/L に相当する。Li らの報告によると，初期水濃度は約 1.5〜2 mmol/L であり，試験後の水濃度は約 1.5〜3.5 mmol/L であった。セル作動時の圧力の違いなどの影響によって，O_2 添加実験における最適水分濃度は，我々の実験で観察された最適水分濃度とは厳密には一致しないものの，電解液中の水分濃度がアンモニア合成のファラデー効率を決定づけている可能性は十分に考えられる。その明確な向上メカニズムは現時点では不明であり，今後の分光学的な解析等による解明が望まれる。いずれにしても，水分濃度を含む複数の電解液パラメータがファラデー効率を決定づけており，電解液パラメータを厳密かつ系統的に比較検討することが性能向上には極めて重要である。

第7章 電気エネルギーを用いた常温・常圧アンモニア合成

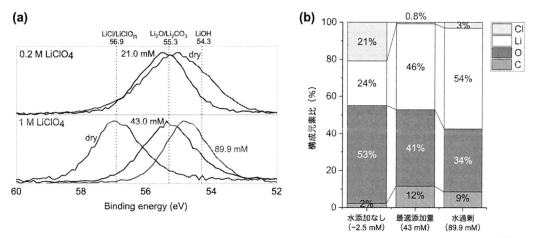

図7 電極表面被膜由来のLi 1sスペクトルとXPSより算出した構成元素比（リチウム塩濃度1 mol/L）[22]

また既報では，酸素ガス添加によるファラデー効率向上の要因として，SEI中で形成されたLi_2O種によるSEI中のLi^+拡散性の低下と，それによる副反応（過剰なリチウムの電析や電解質の還元分解）の動力学的な抑制を提案している[24]。そこで，水添加による活性向上についてもSEIを含む電極表面堆積物の組成変化によるものかを探るため，我々はリチウム媒介型の電気化学的アンモニア合成を行った後の電極表面の堆積物組成をX線光電子分光法（XPS）により解析した（図7）。

結果をまず述べると，水添加時に形成するSEI由来のXPSスペクトルは，酸素ガス添加時に観察されたものと極めてよく似ていた。具体的には，水添加量を増やすと，水添加なしの条件で観察されていたLiClやLiClO$_n$に対応するLi 1sピーク（～56.9 eV）が観察されなくなるとともに，Li_2O/Li_2CO_3（～55.3 eV）やLiOH（～54.3 eV）に対応するピークが観察された（図7）。この結果は，リチウムイオン二次電池研究の知見を転用すると，水が存在しない場合にSEI中に多く存在するLiClやLiClO$_n$といった種が，水添加環境では水の存在により生成が促進されるLi_2Oなどに置き換わったと解釈できる。また，このLi_2OがSEIに多く存在すると，Li^+の被膜内での拡散が抑制されるとの報告もある。これはリチウム二次電池系では性能低下の要因となるが，リチウム媒介型の電気化学的アンモニア合成の場合には逆に，Li_2OがSEIに多い条件（水添加量の最適値付近）ではLi^+の拡散が抑えられ，過剰なLi金属（窒素ガスと接触せず反応に利用されないLi金属）の析出が抑制された結果，ファラデー効率が向上したものと考えられる。一方で，水添加量が過剰になると，電解液中の水の電位窓拡張効果が小さくなる（プロトンの安定化効果が小さくなる），もしくは空隙率などのSEI特性そのものが変化したために，電極表面で水の還元（水素生成）が進行してしまい，ファラデー効率が低下に転じたものと考えられる。

5 まとめと展望

本稿では，リチウム媒介型の電気化学的アンモニア合成の技術概要と，我々が進めてきた水をプロトン源とする反応系の開拓についての最新の取り組みを紹介した。水未添加系（アルコールをプロトン源とする系）では，加圧運転やガス拡散電極の利用などによる劇的なファラデー効率向上がみられている。また，真の意味でサステイナブルな反応である水をプロトン源とする系では，これまでの定説を覆し，50 mmol/L 以下の希薄濃度域であれば，水存在下であってもアンモニア合成が可能であることがわかった。さらに，水添加量とリチウム塩濃度を最適化することで，アンモニア合成のファラデー効率が向上することも明らかになった。我々が見出した最適系では，ファラデー効率の値は 27.9 ± 2.5% を記録しており，これはガス拡散電極を用いない常温運転セルにおける最高性能である。この予想外の活性向上の理由は未だ明確ではないが，電極表面に形成する被膜の組成が重要であるとの示唆を得た。これについては，今後の研究開発による解明が期待される。また，今回の研究結果はリチウム媒介型の電気化学的アンモニア合成における電解液の重要性を強く示唆するものだといえる。たった数十 mmol/L の濃度の差異が，ファラデー効率に大きく影響を与える。これまで以上に精密に電解液を設計することが，本系の更なる高効率化に重要であろう。一方で，リチウム媒介型の電気化学的アンモニア合成はまだまだ萌芽的な段階であり，実用化には課題が多い。これまでの研究開発でファラデー効率は飛躍的に向上した（数%台から 99% 近くまで）ものの，総合効率（ファラデー効率と電圧効率の積）や，単位時間あたりのアンモニア合成量（電流密度）は実用化に程遠い。今後のさらなる研究開発によって，リチウム媒介型の電気化学的アンモニア合成を実用レベルの技術へと昇華させることが求められる。

謝辞

本研究の一部は，NEDO クリーンエネルギー分野における国際共同研究開発，科学研究費助成事業　若手研究の支援を受けて行ったものである。また，大阪大学産業科学研究所　山田裕貴教授・近藤靖幸助教，英国インペリアルカレッジロンドン　Ifan Stephens 教授をはじめとした共同研究者の皆様にも謝意を表す。

文　　献

1) Tsuneto, A., Kudo, A. & Sakata, *J. Electroanal. Chem.*, **367**, 183-188（1994）
2) Tsuneto, A., Kudo, A. & Sakata, *Chem. Lett.*, **22**, 851-854（1993）
3) 片山祐, クリーンエネルギー,（374）, 日本工業出版（2023）
4) Andersen, S. Z. *et al.*, *Energy Environ. Sci.*, **13**, 4291-4300（2020）
5) Schwalbe, J. A. *et al.*, *Chem. Electro. Chem.*, **7**, 1542-1549（2020）

第 7 章　電気エネルギーを用いた常温・常圧アンモニア合成

6) Suryanto, B. H. R. *et al.*, *Science*, **372**, 1187-1191 (2021)

7) Cai, X. *et al.*, *iScience*, **24**, 103105 (2021)

8) Dey, A. N., *Thin Solid Films*, **43**, 131-171 (1977)

9) Peled, E., *J. Electrochem. Soc.*, **126**, 2047 (1979)

10) Li, S. *et al.*, *Joule*, **6**, 2083-2101 (2022)

11) Westhead, O. *et al.*, *J. Mater. Chem. A*, **11**, 12746-12758 (2023)

12) Li, S. *et al.*, *Joule*, **6**, 2083-2101 (2022)

13) Singh, A. R. *et al.*, *ACS Catal.*, **9**, 8316-8324 (2019)

14) Winter, M., *Z. Für Phys. Chem.*, **223**, 1395-1406 (2009)

15) Spotte-Smith, E. W. C. *et al.*, *ACS Energy Lett.*, **7**, 1446-1453 (2022)

16) Du, H.-L. *et al.*, *Nature*, **609**, 722-727 (2022)

17) Lazouski, N., Chung, M., Williams, K., Gala, M. L. & Manthiram, K., *Nat. Catal.*, **3**, 463-469 (2020)

18) Du, H.-L. *et al.*, *Nature*, **609**, 722-727 (2022)

19) Fu, X. *et al.*, *Science*, **379**, 707-712 (2023)

20) Lazouski, N., Schiffer, Z. J., Williams, K. & Manthiram, K. *Joule*, **3**, 1127-1139 (2019)

21) Yamada, Y. *et al.*, *Nat. Energy*, **1**, 1-9 (2016)

22) Spry, M. *et al.*, *ACS Energy Lett.*, **8**, 1230-1235 (2023)

23) Tort, R. *et al.*, *ACS Catal.*, **13**, 14513-14522 (2023)

24) Sažinas, R. *et al.*, *J. Phys. Chem. Lett.*, **13**, 4605-4611 (2022)

第8章 グリーンアンモニア製造・活用技術開発・実証事業について

高桑宗也*

1 グリーンアンモニア製造の特徴

1.1 グリーンアンモニア製造の構成要素

グリーンアンモニアは，再生可能エネルギーを使って水電解槽などCO_2を発生しない装置から生成した水素，所謂グリーン水素を原料に用いたアンモニアと定義できる。グリーンアンモニア製造のブロックフローを図1に示し，その構成要素について紹介する。

再生可能エネルギー：グリーンアンモニアの原料となるのは再生可能エネルギーである。太陽光，風力，水力などのエネルギーを電気に変換し，水電解槽や補機などを動かし水素を製造する。再生可能エネルギーはその環境により出力が変動するということが，グリーンアンモニアの特徴であり課題の一つとなっている。

水電気分解槽：電気で純水を分解して水素と酸素を発生させる。アルカリ電解槽（AEL），プロトン交換膜電解槽（PEM），固体酸化物電解セル（SOEC）などがある。

窒素供給設備：アンモニア合成に必要な窒素を供給するため，窒素供給設備が必要となる。空気分離装置（圧力変動吸着式（PSA）と温度変動吸着式（TSA）がある）で製造するか液体窒素を気化して供給する。

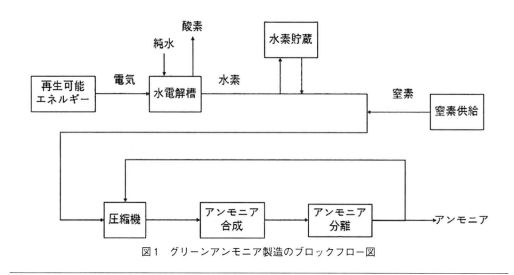

図1 グリーンアンモニア製造のブロックフロー図

---

* Shuya TAKAKUWA 日揮ホールディングス㈱ サステナビリティ協創オフィス
サステナビリティ協創ユニット アシスタントプログラムマネージャー

第8章　グリーンアンモニア製造・活用技術開発・実証事業について

アンモニア合成：グリーンアンモニアの合成方法には特段の制限はなく，従来のハーバーボッシュ法のほか低温低圧合成法，電場合成法，電解合成法など，どのような合成方法でもグリーンアンモニアとなる。もちろん，CO_2排出が伴う場合は，その量に留意が必要である。

1.2　グリーンアンモニア製造の課題

グリーンアンモニア製造の課題としては主に以下のようなものがある。

① 再生可能エネルギーの変動性
② 再生可能エネルギーの適地が限られる
③ 製造コスト

① 再生可能エネルギーの変動性

再生可能エネルギーは環境・気象条件により変動する。水電解システムは再生可能エネルギーの変動速度を概ね許容できるが，下流のアンモニア合成設備はそのような変動速度には追従することができず，緩やかな変動にしか対応できない。この変動を緩和するには，電力変動を緩和するため再生可能エネルギーの容量を大きくする，外部電力を活用する，バッテリーを設置する，または水素供給変動を緩和する水素タンクを設置する，などの対応が考えられる。一方で，再生可能エネルギーの容量を大きくすること，バッテリー，水素タンクの設置はコストアップの要因となり，外部電力の活用は炭素集約度の悪化を招き，電気料金によってはコストアップとなる。

② 再生可能エネルギーの適地が限られる

再生可能エネルギーはその偏在性から，同じ設備を設置したとしても場所によってその稼働率が変わってしまう。例えば，太陽光発電であれば日射量が大きい場所ほど多くの電気を得ることができる。また，日射量が大きかったとしても設置には広大な土地が必要な上に，環境破壊や地域住民の住環境にも気を付ける必要があり，適地は限られてしまう。

③ 製造コスト

従来のアンモニア製造コストに対し，グリーンアンモニア製造では，水電解システムをはじめとした設備が高価であること，原料としての電気代が高価であること，などから製造コストが大きくなってしまう。

2　グリーンアンモニア製造技術開発

日揮ホールディングス株式会社（以下，当社）ではこれらの課題に対応するため，様々な取り組みをしており，ここではその一部を紹介する。

2.1　Green Ammonia Plant Automated Optimizer（GAPAO™）

　課題でも挙げたとおり，再生可能エネルギーの変動性のために，変動を緩和する設備を設けたり，設備容量を大きくしたりといったことが必要となる。具体的には，再生可能エネルギー設備容量，水電解装置容量，バッテリー容量，水素タンク容量，アンモニア設備容量のバランスを取り，安定的にグリーンアンモニアを生産することを確保する一方で，設備費用を下げるために過剰な設備を持たないようにしなければならない。

　これに対応するため，無数に存在する各設備容量の組み合わせの中から，最もアンモニア生産量あたりの生産コスト（Levelized Cost of Ammonia, LCOA）が安くなるような組み合わせを自動計算するソフトウェアを開発した。以下図2にGAPAOの操作・結果画面を示す。

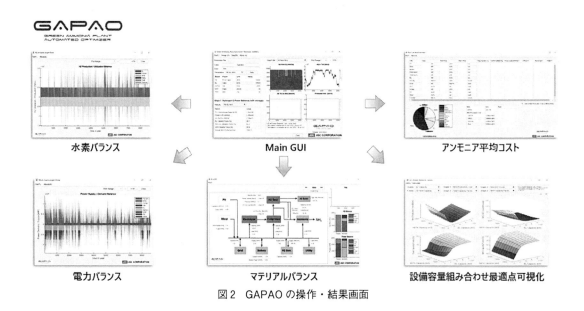

図2　GAPAOの操作・結果画面

2.2　統合制御システム

　同じく再生可能エネルギーの変動性に起因する課題として，グリーンアンモニアの安定操業が難しいという点が挙げられる。環境条件により再生可能エネルギーの稼働が落ち，水素タンクが空になってしまうとアンモニア合成設備を停止しなければならない。一方で水素タンクが空になるのを恐れてアンモニア合成設備の稼働を落としてしまうと稼働率が下がる上に，水素タンクが一杯になってしまうと水素を捨てることとなってしまう。結果として，アンモニア生産コストが高くなってしまう。

　この課題を解決するために，天候予測から再生可能エネルギーによる発電量を予測し，外部系統電力，水電気分解システム，水素タンク，アンモニア合成設備を統合的に制御し，グリーンアンモニアプラントを安定的・効率的に稼働させる統合制御システムを開発している。この開発は

第8章　グリーンアンモニア製造・活用技術開発・実証事業について

　国立研究開発法人　新エネルギー・産業技術総合開発機構（NEDO）によるグリーンイノベーション基金事業の一つ,「水電解装置の大型化技術等の開発，Power-to-X 大規模実証」のうち「大規模アルカリ水電解水素製造システムの開発およびグリーンケミカルプラントの実証」として，旭化成株式会社と共同で行っている。以下図3に統合制御システムのコンセプトを示す。

　安定的・効率的にグリーンアンモニア製造を行うだけでなく，天候・電気価格・水素価格・アンモニア価格の予測データから，より積極的にグリーンアンモニアプラントの利益を最大化するような制御モードも開発している。例えば外部系統電力価格が下がる局面では，あえて外部電力を活用し，水素・アンモニアを増産するような運転を提案する。

　また，2024年5月に公布された「脱炭素成長型経済構造への円滑な移行のための低炭素水素等の供給及び利用の促進に関する法律」いわゆる「水素社会推進法」において低炭素水素等とは「その製造に伴って排出される二酸化炭素の量が一定の値以下である」とされている。すなわち，水素・アンモニアの製造過程で排出してよいCO_2の量が定められることとなる。そうすると，低炭素水素等としてグリーンアンモニアを販売するためには，その製造量あたりのCO_2排出量（炭素集約度や炭素強度などという）をモニタリング・コントロールすることが必要となってくる。

　統合制御システムでは水素・アンモニアの炭素集約度をリアルタイムで計算するとともに，出荷時の炭素集約度を予測する機能も具備するよう開発が進められている。これにより，外部系統電力によってグリーンアンモニアプラントの稼働を安定させつつ，決められた炭素集約度を守ることができるようになることが期待される。

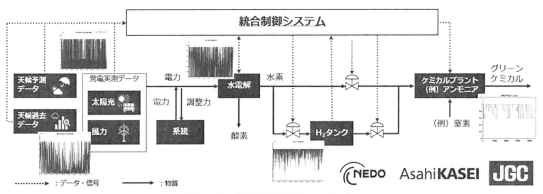

図3　統合制御システムのコンセプト

3　低炭素アンモニア活用技術開発　—大規模アンモニア分解水素製造技術

　今後，アンモニアが低炭素燃料として利用が進むと，水素サプライチェーン構築の一環として大規模かつクリーンなアンモニア分解による水素製造が必要になってくることが考えられる。そ

こで，液体アンモニアの気化・予熱・熱分解・冷却・水素精製という一連のプロセスを最適化すると共に要素技術を検証する研究開発を行っている。図4に簡易フロー図と分解炉のコンセプト図を示す。

　本研究開発はNEDOの「競争的な水素サプライチェーン構築に向けた技術開発事業」の「大規模外部加熱式アンモニア分解水素製造技術の研究開発」として，株式会社クボタ，大陽日酸株式会社と共同で進めている。

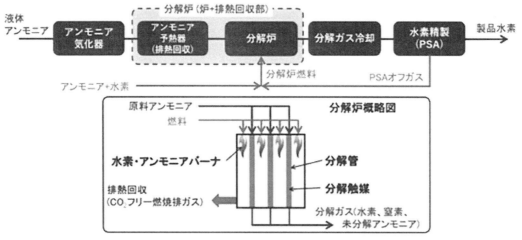

図4　簡易フロー図および分解炉のコンセプト図

【第Ⅳ編　貯蔵・輸送・インフラ構築のための要素技術】

第1章　高温水素利用による耐熱部材の材料損傷問題

小林　覚*

1　はじめに

カーボンニュートラル（以後 CN と記す）実現に向けた世界的な動きを受け，水素利用技術の実用化に向けた検討・開発が活発化している。水素利用技術分野は，エネルギー貯蔵・ガスタービン発電・航空機・舶用・車載用エンジンから化学プラント，製鉄等の製造業まで多岐に渡る。水素利用の普及には，その供給の問題の解決と共に，利用の際に生じうる様々な問題の克服が不可欠となる。

水素利用に関わる材料の問題として，水素脆化と高温水素損傷と呼ばれる損傷形態が知られている。水素脆化は，水素環境下におかれた鋼材等の構造材料が脆化する損傷形態であり，通常100℃未満の比較的低い温度域で生じるとされている。一方，高温水素損傷は，材料が比較的高温の水素環境に曝された場合に，脱炭またはメタンバブルの発生による室温延性・強度の低下や，高温クリープ強度の低下（水素誘起クリープ）を招く損傷形態である。

CN 実現に向けた動きが活発化する以前では，水素利用に関わる材料損傷問題は，ロケット用エンジン・メタンの水蒸気改質・アンモニア製造や燃料電池などの用途で注目され，鉄鋼材料・ステンレス・Ni 基合金等の各種材料に対する水素脆化感受性，その影響因子，材料使用時の留意点ならびに室温から 600℃程度までの低圧〜高圧環境での高温水素損傷の発生条件や推奨材料が示されている[1〜4]。

一方，CN 実現に向けて新たに注目される水素利用技術では，固体酸化物高温水電解装置（700〜800℃）や水素還元製鉄プラント水素供給配管（＞ 1000℃）のように，従来の使用温度を大幅に超える高温域での水素利用が求められ，そのような高温水素環境に長時間曝される耐熱材料の損傷の程度は未だ明らかになっていない。また，水素燃焼ガスタービンや水素エンジンの燃焼器では，ロケットエンジンと類似の高温高圧水素環境に曝される部位が生じるが，それよりも格段に長い数万時間までの使用による耐久性が要求され，耐熱部材の経年劣化が水素脆化・損傷の問題にどのように作用するか等，今後の調査・対策が必要になると考えられる。

本稿では，まず，CN 実現に向けて新たに注目される高温水素利用装置・機械のガス環境・候補材料および懸念される材料損傷問題について概観した。続いて，高温水素利用装置・機械の耐熱部材への利用が想定される耐熱鋼・ステンレス鋼・Ni 基合金の水素脆化および高温水素損傷に焦点を当て，現状理解と課題について整理した。

＊　Satoru KOBAYASHI　東京科学大学　物質理工学院　材料系　准教授

クリーン水素・アンモニア利活用最前線

2 高温水素利用装置・機械における高温部位と懸念される材料損傷

表1にCN実現に向けて注目される高温水素利用装置・機械における高温部位およびそれらのガス成分・温度・候補材料を示す。固体酸化物型高温水電解装置，アンモニアガス焚きガスタービンおよび水素還元製鉄プラントでは，水素主体の高温ガスを流す配管が必要となる。一方，水素燃焼ガスタービン燃焼器や水素燃焼エンジンでは，上流側では高温高圧の水素ガス，下流側では水蒸気環境となる。以下では，固体酸化物型高温水電解装置，アンモニアガス焚きガスタービンおよび水素燃焼ガスタービン燃焼器を取り上げ，それらの高温部位の環境，候補材料および懸念される材料損傷問題について概観する。

表1 CN実現に向けて注目される高温水素利用装置・機械の高温部位・ガス環境・温度・候補材料

装置・機械	部位	主なガス環境	環境温度	候補材料
固体酸化物型 高温水電解装置	高温配管	水素（5〜95％） ＋水蒸気	700-800℃	ステンレス鋼 Ni基合金
アンモニア焚きガスタービン （アンモニア分解ガス燃焼型）	高温配管	水素＋微量水蒸気 （＋アンモニア＋窒素）	600-700℃	Ni基合金 耐熱鋼
水素還元製鉄	高温配管	水素＋微量水蒸気	1000-1200℃	Ni基合金 ステンレス鋼 耐熱鋼
水素焚き ガスタービン	燃焼器	水素＋水蒸気	600-1600℃	Ni基超合金 Co基超合金
水素燃焼エンジン （航空機用）	燃焼器	水素＋水蒸気	600-1600℃	Ni基超合金 Co基超合金
水素燃焼エンジン （自動車用・舶用）	エンジンバルブ シリンダー	水素＋水蒸気	500-1000℃	耐熱鋼 Ni基超合金 Ti合金

2.1 固体酸化物型高温水電解装置[5,6]

この装置は，固体酸化物型燃料電池の逆反応を利用した装置である。現在実用化が進んでいるアルカリ型や高分子型に比べて約3割高効率であり，次世代の水素製造装置として研究・開発が進められている。図1に固体酸化物型高温水電解セルの模式図を示す。この型の水電解セルは，電解質のイオン電導性を高めるために高温で作動させる必要があり，電解質に高温の水蒸気を導入して高温の水素と酸素を取り出す仕組みとなっている。高温部は700〜800℃/数気圧であり，水素極入口側では水蒸気リッチ，出口側では水素リッチの高温ガス環境となる。高温部位にはステンレス鋼やNi基合金の適用が検討され，配管内外で環境が異なる（内側が水素または水蒸気，外側が大気）場合に表面酸化量が増加する異常酸化現象がNi濃度の低いオーステナイト系ステンレス鋼およびNi基合金において確認されている。また，高温水素ガス配管では，水素誘起クリープを含めた高温水素損傷も懸念され，材料選定・使用に際し留意が必要である。

128

第1章　高温水素利用による耐熱部材の材料損傷問題

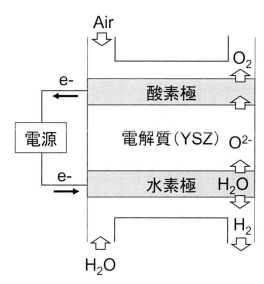

図1　固体酸化物型高温水電解セルの模式図[5,6]

2.2　アンモニア焚きガスタービン[7,8]

アンモニアは有力な水素のキャリアの他，カーボンフリー燃料としても期待され，ガスタービン発電の燃料に利用する試みが重工各社より発信されている。アンモニアの燃焼方法としては二種類の方法が検討されている（図2参照）。一つ目の方法はアンモニアを直接燃焼する方法であり，小型ガスタービンにおいての適用が考えられている。この方法では，液体のアンモニアを蒸発器で気化し，そのまま燃焼器に流し込んで燃焼させる。一方，大型ガスタービンにおいては，アンモニアを直接燃焼させるとNOx排出削減等に対する多くの技術課題があるため，アンモニアを水素と窒素に分解して燃焼させる方法が検討されている。アンモニアの分解は排熱回収ボイラ蒸気の熱を利用し，分解ガスを燃焼器に送り込むことを考慮すると，アンモニア分解装置から

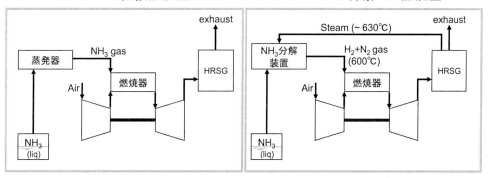

図2　アンモニア焚きガスタービンにおける2種類の燃焼方法[7]

129

燃焼器までの配管内部は600〜700℃程度で数10気圧の高温水素主体のガス環境になることが予想される。材料試験に関する報告は現状見つからないが，候補材はおそらく耐熱鋼またはNi基合金であると思われる。高温水素環境では，高温水素損傷，水素誘起クリープおよび窒化の問題が従来のクリープ・高温酸化の問題に加わることが懸念される。また，これらの部材では，高温高圧状態で材料内部に侵入した水素により稼働停止後の低温状態において水素脆化が発生する可能性がある。Ni基合金は水素脆化感受性が高く，また，一般的に水素感受性が低いとされるオーステナイト系耐熱鋼においても高温高圧状態で長時間保持すると水素脆化を示すことが報告されており[9]，詳細な調査と対策が必要になると考えられる。

2.3 水素燃焼器[10〜12]

図3に航空機エンジンのアニュラ型燃焼器の模式図[10]を示す。水素は燃料インジェクターから投入され，圧縮機から供給される圧縮空気と混ざり，燃焼・爆発して高温の水蒸気となりタービンに流れていく。従って，インジェクターおよびその付近の部位は高温高圧水素環境となる。また，燃焼器の下流側は水素燃焼により発生した高温水蒸気環境となる[11]。燃焼器の各部材には，ロケットエンジン開発で得られた知見[12]を基にオーステナイト系ステンレス鋼や超合金が選択されると思われるが，表2に示した各用途ではロケットエンジンの運転時間に比べて格段に長い時間の運転・操業となるため，数万時間まで使用した際の水素脆化・高温水素損傷・水蒸気酸化に

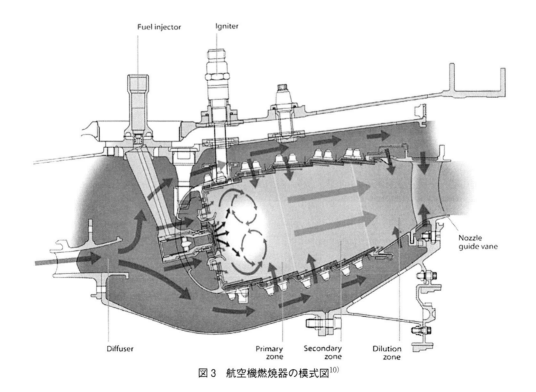

図3　航空機燃焼器の模式図[10]

第1章　高温水素利用による耐熱部材の材料損傷問題

対する耐久性及び信頼性の評価・対策が今後必要になると考えられる。

3　耐熱材料の水素脆化と高温水素損傷

上述の通り，CN に向けて注目される高温水素利用装置・機械の耐熱部材では，高温高圧で侵入する水素による水素脆化・高温水素損傷（水素誘起クリープを含む）・酸化・窒化による材料損傷の発生が懸念される。以下では，上記耐熱部材での使用が想定される耐熱鋼・ステンレス鋼・Ni 基合金の水素脆化および高温水素損傷に焦点を当て，これまでの研究で明らかになっている特徴および今後必要となる課題について示す。

3.1　水素脆化

水素脆化は，英語では Hydrogen environment embrittlement と称され，HEE と略される。この現象は，材料への水素侵入により通常 100℃ 未満の低温域で材料が脆化する現象であり，その影響因子特定・機構解明に向けた研究が長年行われている[3,11,13]。耐熱部材では，上述の通り，高温高圧水素環境に長時間曝され部材内部まで水素が侵入した場合，機器が稼働停止・冷却された際に発生することが懸念される。

水素脆化感受性の目安として HEE index と呼ばれる指標が NASA により示されている[1,9,11]。図4にステンレス鋼および Ni 基合金の HEE index の Ni 濃度依存性を示す[9]。HEE index は水素環境中および空気またはヘリウムガス環境中での材料特性の比によって与えられ，この比が 1 に近いと脆化感受性は低く，0 に近いと高いことを意味する。比較する材料特性としては，切欠試験片の引張強さ（NTS）または平滑試験片の破断絞り（RA）が採用されている。同図には，オーステナイト系ステンレス鋼（黒塗りの四角）および Ni-Fe-Cr 系超合金（中空のダイヤ）の値が示され，Ni 濃度が 12% から 32% 程度の領域において水素脆化の感受性が低く，その領域から Ni 濃度が低下または増加するといずれの場合も脆化感受性が増加する傾向が示されている。

表2は耐熱鋼，ステンレス鋼および Ni 基合金を含む各種材料を水素脆化感受性のレベルにより 3 段階に分類して示している[1,10]。"激しく脆化する"範疇には，HEE index が 0.7 未満の材料が分類されており，マルエージング鋼，析出硬化系のマルテンサイト系ステンレス鋼，析出強化型 Ni 基合金およびフェライト系のステンレス鋼が含まれる。"脆化する"範疇においては，HEE index が 0.7〜0.9 の材料が分類され，純 Ni，炭素鋼，純鉄や 304 系のオーステナイト系ステンレス鋼を含む。"ほとんど脆化しない"範疇には同 Index が 0.9 以上の材料が分類され，Ni 濃度の高いオーステナイト系ステンレス鋼や Fe-Ni 系の耐熱合金が含まれる。

上記の分類に対して材料選定時の注意事項が提示されている。"激しく脆化する"材料については，HEE index が調べられた水素圧・温度条件での使用は薦めないとされる。"脆化する"範疇に入る材料に対しては，HEE index が調べられた水素圧・温度条件で破壊試験，亀裂進展挙動を十分検討した上で慎重に使用すべきとされている。"ほとんど脆化しない"範疇の材料では，

131

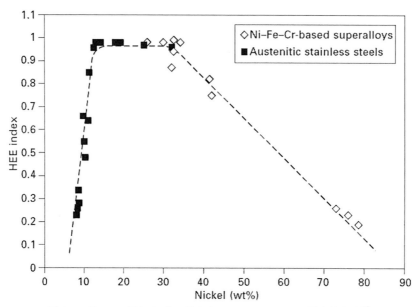

図4 ステンレス鋼およびNi基合金のHEE indexのNi濃度依存性[11]

表2 耐熱鋼,ステンレス鋼,Ni基合金を含む各種材料の水素脆化感受性
(水素圧:700気圧,室温測定の場合)[1,9,11]

脆化の程度	材料(HEE index)	材料選定時の注意事項
著しく脆化	18Ni-250マルエージ鋼(0.12) 410ステンレス鋼(0.22) 17-7 PHステンレス鋼(0.23) H-11工具鋼(0.25) Rene 41 Ni基超合金(0.27) Inconel 718 Ni基超合金(0.46) 440Cステンレス鋼(0.50) 430Fステンレス鋼(0.68)	HEE indexが調べられた水素圧・温度条件での使用は薦めない。
脆化	Nickel 270(0.70) Q-515炭素鋼(0.73) ARMCO鉄(0.86) 304 SSステンレス鋼(0.87) 305 SSステンレス鋼(0.89)	上記条件で破壊試験,亀裂進展挙動を十分検討した上で慎重に使用すべき。
ほとんど脆化しない	310 SSステンレス鋼(0.93) A-286耐熱鋼(0.97) Incoloy 903耐熱鋼(1.00) 316 SSステンレス鋼(1.00)	上記条件で破壊試験,亀裂進展挙動を検討した上で使用可能。

HEE indexが調べられた水素圧・温度条件で破壊試験,亀裂進展挙動を検討した上で使用して良いとされている。

　水素脆化感受性に及ぼす材料因子の影響についていくつか例を示す。図5には304オーステナイト系ステンレス鋼溶体化材の水素脆化に及ぼす切欠き効果を示す[9]。この図では,水素フリー

第1章　高温水素利用による耐熱部材の材料損傷問題

環境（中空シンボル）および水素環境（黒塗りシンボル）での引張破断変位が歪み速度に対して整理され，平滑材と切欠き材で比較がなされている。平滑材に対し切欠き材では，より高い歪み速度でも脆化が認められ，水素脆化感受性が高いことが分る。このような切欠き効果から示唆されることは，表面は極力平滑にして応力集中の程度を低減させると共に，材料内部に応力集中部を導入する熱処理・現象に注意を払う必要があるということである。材料内部に応力集中部を導入する熱処理・現象には，析出，マルテンサイト変態，δフェライト相の形成熱処理，結晶粒の成長・粗大化等が挙げられ，いずれも水素脆化感受性を高める。

図6には種々のオーステナイト系ステンレス鋼の水素脆化に及ぼす鋭敏化の効果を示す[9]。鋭敏化とは，ステンレス鋼を一般に600〜800℃で加熱すると結晶粒界にクロム炭化物が析出して耐食性の低下や脆化が生じる現象である[2]。この図では，水素脆化率（HEE indexとは逆で，高い程脆化しやすいことを意味する）が650℃での鋭敏化処理時間に対してプロットされている。例えば，304鋼の脆化率は溶体化状態で40%であるが，鋭敏化により80%以上の値まで増加することが分る。鋭敏化の影響は鋼種により異なるが，いずれの場合にも鋭敏化により脆化が助長される特徴が認められる。

水素脆化の程度は，材料中の水素吸収量に強く依存することが分っている。図7は2種類のオーステナイト系ステンレス鋼（316Lおよび304L）において報告された水素脆化感受性と水素吸収量との関係を示している[14]。この報告では，様々な方法で材料中に水素を吸収させて水素脆化感受性を調べた結果が示されている。316Lおよび304Lともに，程度は異なるものの水素吸収量の増加に伴い脆化感受性が増加することが分る。すなわち，水素吸収量が多い場合には脆化しにくい高価な材料を使う必要があるが，逆に少ない場合には，一般的には水素脆化を示すと

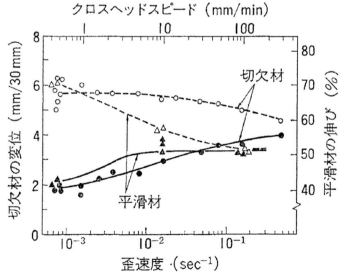

図5　304オーステナイト系ステンレス鋼溶体化材の水素脆化に及ぼす切欠き効果[9]

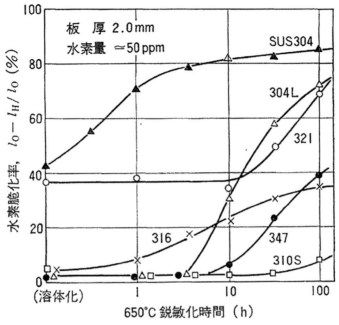

図6 種々のオーステナイト系ステンレス鋼の水素脆化に及ぼす鋭敏化の効果[9]

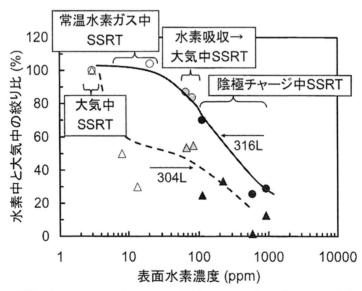

図7 2種類のオーステナイト系ステンレス鋼（316Lおよび304L）において報告された水素脆化感受性と水素吸収量との関係[14] SSRT：低歪み速度試験

言われている材料を使用できる可能性がある。従って，対象部位の候補材を選定する第一歩として，対象部位にどの程度の水素が吸収されるかを知ることが重要になる。

対象部位における水素吸収量の目安となるのが水素溶解度である。オーステナイト系ステンレ

ス鋼における水素溶解度［H］（wt.ppm）は次式で示されることが報告されている[9]。

$$[H] = 9.26\,P^{1/2}\exp\left(-1470/RT\right)$$

ここで，Pは水素圧（気圧），Rは気体定数（cal/mol），Tは絶対温度である。この式より，水素吸収量は水素圧の平方根と温度に依存することが分る。また，Ni基合金でもほぼ同等の式となると報告されている[11]。この式より対象部位の水素吸収量を予測することができる。例えば，ガスタービン燃焼器の条件（550℃/40気圧）を考えると，24 ppm という値が算出され，表2に示した HEE index が求められた条件（室温/700気圧）で見積もられる21 ppm と同等の値となる。水素の侵入深さや存在状態の違いによる効果は必ずしも明らかではないが，この部位に対しては，表2の水素脆化の程度を目安に候補材を選定し，熱処理および次項で示す高温水素損傷を含めた経年劣化の影響を調査するスキームが推奨される。なお，冷却中に水素が材料外に一部放出されることが期待されるが，オーステナイト，Ni基合金における水素の拡散係数の値[9,11]から拡散距離を見積もると，水素の放出は極表面近傍のみに制限されると予想される。一方，固体酸化物型高温水電解装置の高温配管の条件では高温であるが水素圧が低く，水素溶解度は5 ppm程度と算定され，水素脆化の観点では表2において HEE index が低い材料の選択も可能となることが期待される。

3.2 高温水素損傷

高温水素損傷は英語では High temperature hydrogen attack と称され，高温水素環境において脱炭やメタンバブルの発生により材料の強度や延性が低下する現象として知られている[3,4,15]。また，高温水素環境では，水素フリー環境に比べてクリープ強度が低下する現象（水素誘起クリープ）が報告されている。高温水素環境において生じるこれらの現象は，同環境に長時間曝される耐熱部材の強度評価において考慮すべき問題である。

高温水素損傷の発生の有無と形態は，炭素鋼および合金鋼についてはネルソン図（図8[4,15]）において確認できる。ネルソン図は，縦軸に温度，横軸に水素圧を取った図において材料損傷を与える境界条件を材料毎に示している（境界の下側が損傷を与えない条件と読む）。損傷形態は，高温低圧側では表面脱炭，低温高圧側では材料内部での脱炭とメタンバブルの形成であり，それぞれ破線及び実線で示されている。しかし，多くの高温水素利用機械・装置において使用が想定されるステンレス鋼やNi基合金についての発生条件についてはネルソン図には示されていない。

ステンレス鋼では，600℃程度の比較的高圧条件で高温水素損傷の発生が報告されている。原ら[16]は，SUS304 および SUS316 を 566℃/4.4 MPa の水素雰囲気に1年保持した結果，表面近傍で脱炭が生じ，耐力・引張強度の低下を認めた。Yacaman ら[17]は，SUS321 を 600℃/14 MPa の雰囲気において 480 時間保持し，$M_{23}C_6$ 炭化物近傍でバブルの発生を確認している。

600℃よりも高温域においてステンレス鋼・Ni基合金の高温水素損傷を調べた研究は限られているが，最近著者らのグループで得られた結果の一例を示す。図9は SUS316 鋼の基本組成とな

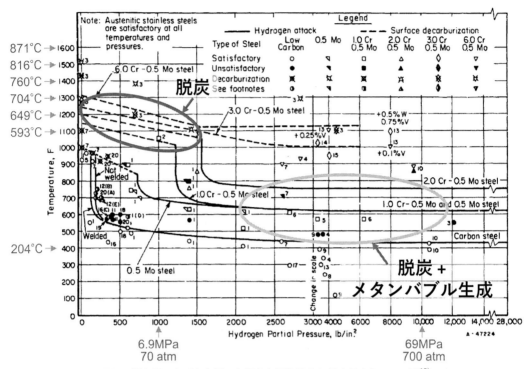

図8　炭素鋼および合金鋼の高温水素損傷発生条件を示すネルソン図[15]

る Fe-18Cr-12Ni-0.08C 鋼を 800℃/1 気圧の水素雰囲気下で 1000 h 保持した際の顕微鏡組織である[18]。右側の拡大写真に示すように，試料内部ではオーステナイト粒界において $M_{23}C_6$ 炭化物が認められるが，表面近傍ではその炭化物が消失し，脱炭が試料内部まで進行していることが分る。炭化物が消失した領域は表面から 300 μm の深さまでに至っており，その領域ではオーステナイト結晶粒が成長する様子も認められる。粒界炭化物はオーステナイト系耐熱鋼や Ni 基超合金において特に結晶粒界を強化する重要なクリープ強化因子であり[19,20]，その消失は高温クリープ特性の低下を招く可能性がある。結晶粒の粗大化は室温での靭性低下や水素脆化を助長する可能性も懸念される。従って，脱炭の影響因子（材料成分やガスの微量成分等）や抑制法に加え，機械的性質に及ぼす影響に関する系統的な調査が今後必要である。

　高温水素環境におけるクリープ挙動は，これまで純鉄，ステンレス鋼や Ni 基合金に対して調べられ，クリープ破断時間が比較環境に比べて低下する現象（水素誘起クリープ）が報告されている[15,21〜23]。その機構については脱炭の関与の他，水素が原子空孔の拡散を促進する可能性との関連が指摘されているが，その抑制法を含めて未だ明らかになっていない。高温水素環境でのクリープ挙動の把握は同環境での材料の信頼性を確保する上で重要な課題である。水素雰囲気クリープ試験は装置の価格・安全性の観点から制約もあるが，簡易試験装置の開発も含めた今後の展開が期待される。

第1章　高温水素利用による耐熱部材の材料損傷問題

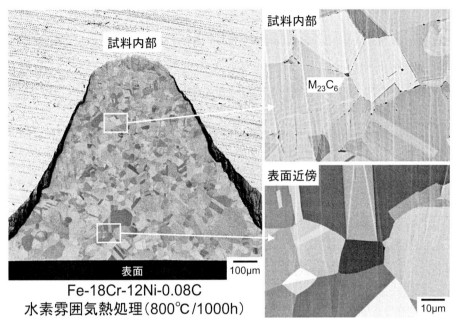

図9　Fe-18Cr-12Ni-0.08C鋼を800℃/1気圧水素雰囲気下で1000h保持した試験片の断面組織写真[18]

4　おわりに

　本稿では，CN実現に向けて新たに注目される高温水素利用装置・機械の高温部位において懸念される材料損傷について概観し，同部位への利用が想定される耐熱材料の水素脆化および高温水素損傷に焦点を当てて，現状理解と課題について示した。水素脆化に対しては，高温部位の水素溶解度と水素脆化感受性の報告値に基づいて候補材を選定し，熱処理や経年劣化による影響など，詳細な試験が今後必要となると考えられる。高温水素損傷については水素誘起クリープ挙動も含めて知見が限られており，影響因子の特定・抑制法の確立等，今後取り組むべき課題が多い。また，本稿では扱えなかった水蒸気酸化や高温アンモニア・窒素環境における窒化も高温水素利用装置・機械の高温部位において懸念すべき材料損傷形態であり，その詳細については他の文献を参照されたい。

文　　献

1) W. T. Chandler, *NASA Conference Publication*, **2437**(2), 618 (1986)
2) 福山誠司, 横河清志ほか, 鉄と鋼, **78**(6), 860 (1992)

3) ステンレス協会, ステンレス鋼便覧, 日刊工業新聞社 (1995)

4) K. Poorhaydari, *J. Mat. Eng. Perform.*, **30**, 7875 (2021)

5) 長田憲和, エネルギー・資源, **43**(3), 37 (2022)

6) 長田憲和, 日本鉄鋼協会 組織と特性部会自主フォーラム「CN 実現に向けた耐熱金属材料技術課題の理解と明確化」第 1 回研究会資料

7) 能勢正和ほか, 三菱重工技報, **58**(3), 1 (2021)

8) 伊藤慎太郎, 石原咲子, エネルギー・資源, **39**(5), 31 (2018)

9) 長谷川正義, 大沢基明, 防食技術, **29**, 463 (1980)

10) Rolls Royce, The Jet Engine, 116, Wiley (2015)

11) J. A. Lee JA, Gaseous Hydrogen Embrittlement of Materials in Energy Technologies Vol. 2, Woodhead Publishing Series in Metals and Surface Engineering, 624 (2012)

12) J. A. Halchak *et al.*, Aerospace Materials and Applications, Chapter 12 Materials for Liquid Propulsion Systems, 641, AIAA (2018)

13) 高井健一, 材料と環境, **60**, 230 (2011)

14) 大村朋彦, 中村潤, 材料と環境, **60**, 241 (2011)

15) E. E. Fletcher, A. R. Elsea, Defence Metals Information Center, Columbus, Ohio, 1964

16) 原泰弘ほか, 防食技術, **33**, 701 (1984)

17) M. J. Yacaman, T. A. Parthasarathy, *J. P. Hirth, Metall. Trans. A*, **15**, 1485 (1984)

18) 津田悠暉, 小林覚, 日本学術振興会 R054 研究委員会研究報告, **2**(1), 163 (2024)

19) M. J. Donachie, S. J. Donachie, Superalloys A Technical Guide Second edition, ASM international, Ohio, 211 (2002)

20) 小林覚, 熱処理, **64**(5) (2024), 掲載予定

21) S. Bhattacharyya, R. H. Titran, *J. Materials for energy systems*, **7**(2), 123 (1985)

22) G. B. A. Schuster *et al.*, *Metallurgical transactions A*, **11A**, 1657 (1980)

23) D. Takazaki, M. Kubota *et al.*, *Corrosion*, **77**(3), 256 (2021)

第2章　水素脆化の潜伏期からき裂発生・進展・破壊まで

高井健一[*]

1　はじめに

持続開発目標（SDGs）の目標7（エネルギー）および目標9（強靭なインフラ）に向けた材料工学からの貢献の一つとして，さらなる高強度鋼の開発・適用が挙げられる。自動車の駆動系がガソリン（内燃），電気モーター（EV），燃料電池（FCV）と変化しても，高強度鋼適用による車体軽量化はいずれにおいても走行中のエネルギー消費を低減でき，低炭素社会に貢献できる。また，水素を燃料とした燃料電池車，水素エンジン自動車を軸とした水素利用社会を実現できれば，脱炭素社会に貢献できる。さらに，機械，建築，通信，電力，ガスなど産業界において，長年使用されてきた社会基盤構成材料の適切な寿命・交換時期を判定できれば，強靭かつ安全な社会への変革が一歩前進する。

しかし，共通する喫緊の課題として水素脆化が挙げられる。水と水素の循環社会である水素利用社会が実現したら，多くの金属材料が水素と接することになる。さらなる鉄鋼材料の高強度化，および高圧水素ガス環境下でも安全に使用可能で，かつ，安価な鉄鋼材料を開発し適用するためには，水素脆化研究の基礎・基盤構築は益々重要な位置付けとなる。本稿では，水素脆化に関する最近の知見を基に，水素脆化破壊に至る潜伏期からき裂発生・進展，破壊までについて，各種水素脆化メカニズムを通して概説する。

2　水素脆化理論

水素は最も小さな原子であるため，金属中の原子の隙間を自由に動き回る。応力が負荷された状態で使用されることの多い機械・構造材料では，水素の影響を受けてある年月経過後に小さな力で突然破壊する水素脆化が危惧され，高強度化するほど水素脆化が起こりやすい問題を抱えている。

従来，水素脆化理論については多くの説[1]が提案されてきたが，その中で，代表的な3つの水素脆化理論の模式図を図1に示す。(1) 格子間に固溶した水素により原子間結合力が低下する格子脆化理論，(2) 水素により転位の運動・発生が助長され，局所的な塑性変形が促進される水素局部変形助長理論，(3) 塑性変形に伴う原子空孔の生成を水素が安定化し凝集・クラスター化を助長し，延性的な破壊の進行を容易にする水素助長塑性誘起空孔理論が提唱されている。しか

---

*　Kenichi TAKAI　上智大学　理工学部　機能創造理工学科　教授

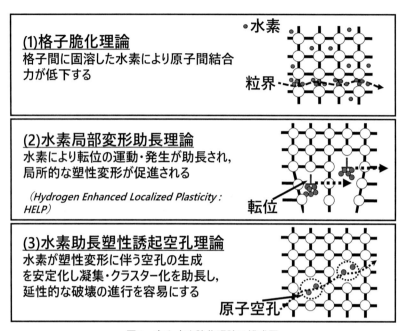

図1　主な水素脆化理論の模式図

し，未だ国際的にも統一されておらず，議論が分かれている。

3　水素脆化破壊における潜伏期

　水素脆化は，「高強度材料」に「応力」が負荷された状態で「水素」が侵入すると，き裂発生・進展・破壊に至るため，そのき裂発生前の潜伏期における材料中での変化を捉えることが重要である。第一に，高強度焼戻しマルテンサイト鋼に弾性域範囲の応力を負荷した場合の水素分布の変化について紹介する。

　図2(a)に，水素未添加材および水素添加材（水素量：12.1 ppm）を室温大気中で引張試験した公称応力－変位曲線を示す[2]。水素添加材の破壊強さは1348 MPaであり，弾性/塑性の境界付近まで延性が低下する。(b)に，水素未添加材および水素添加材を液体窒素（－196℃）中で引張試験した公称応力－変位曲線を示す。－196℃では，水素を12.1 ppm含んでも延性低下しない。

　図3(a)に，水素添加材を室温大気中で弾性域の各応力（1000，1150，1300 MPa）を予負荷し，応力を負荷したまま液体窒素中にて浸漬・除荷した過程，(b)にその後，液体窒素中で引張試験して得られた公称応力－変位曲線を示す[2]。室温での予負荷応力の増加とともに，その後の延性は低下する。この中で，1300 MPaを予負荷した場合のみ，その後の液体窒素中での引張試験後の破面において，粒界破壊が観察された。

第 2 章　水素脆化の潜伏期からき裂発生・進展・破壊まで

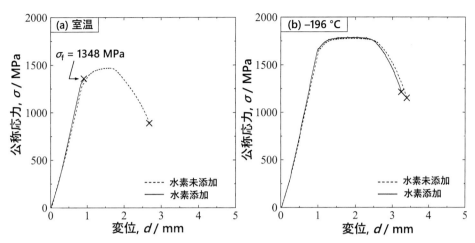

図 2　水素添加有り無しにおける焼戻しマルテンサイト鋼の公称応力－変位曲線
(a) 室温，(b) －196℃

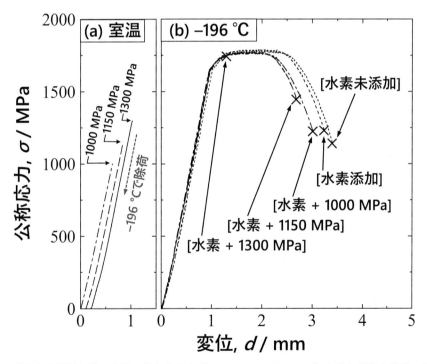

図 3　(a) 水素予添加後に室温で予負荷応力 (1000, 1150, 1300 MPa) をそれぞれ負荷後，応力を負荷したまま－196℃の液体窒素に浸漬して除荷し，その後，(b) －196℃の液体窒素中にて破断まで引張試験して得られた焼戻しマルテンサイト鋼の公称応力－変位曲線
(a) 室温，(b) －196℃

141

クリーン水素・アンモニア利活用最前線

以上より，水素予添加直後・無応力下での平衡水素分布から，室温で弾性域の応力負荷・除荷過程における粒界上に集積・脱離する可逆的な水素が特に弾性域での水素起因粒界破壊に関与することがわかる。これまでを総合して，弾性域の応力負荷過程に焼戻しマルテンサイト鋼中の旧オーステナイト（γ）粒界上へ水素が集積する様子の模式図を図4(a)に示す[2]。転位すべりの障害として，代表的にパケット粒界のみを示す。室温で弾性域の応力予負荷過程において，粒内に存在する粒界近傍の固溶水素が応力誘起拡散および局所的な転位すべりに伴う水素輸送により旧γ粒界上へ集積する。その後，(b-1)，(b-2)に示すように，それぞれ室温，-196℃で除荷後，-196℃で引張試験した場合を考える。(b-1)に示すように室温で除荷すると，内部の弾性ひずみ場の解消により，応力誘起拡散した水素は粒界上から脱離し粒内へ可逆的に直ちに拡散する。その後-196℃で引張試験しても，(c-1)に示すように凝集力が低下するだけの水素が旧γ粒界上へ集積していないため，粒界破壊は生じない。一方，弾性域の応力予負荷後に-196℃で除荷すると，(b-2)に示すように，応力負荷下での可逆的な応力誘起拡散の影響を含む，あらゆる因子によって旧γ粒界上へ集積した水素が凍結される。その後-196℃で引張試験すると，(c-2)に示すように旧γ粒界の凝集力が低下して粒界破壊が生じる。つまり，弾性域で発生する水素起因粒界破壊は，応力負荷過程における旧γ粒界上への応力誘起拡散を主因子とする可逆的な粒界水素量増加によって促進される。

第二に，水素を含んで塑性域範囲まで各ひずみを付与した場合の格子欠陥の形成挙動について紹介する。図5(a)に，水素添加有り無しの純鉄を破断まで引張試験した際の公称応力−公称ひ

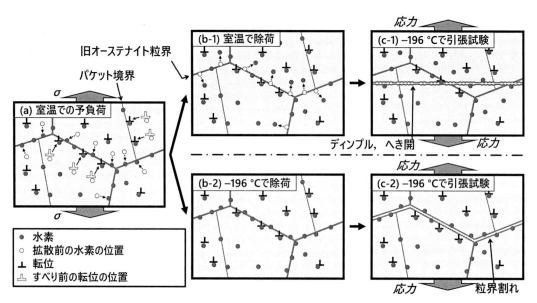

図4 弾性域での応力予負荷による焼戻しマルテンサイト鋼中の水素分布変化の模式図
(a)室温で予負荷後，(b-1)室温で除荷後，(c-1) -196℃で引張試験，および
(b-2) -196℃で除荷後，(c-2) -196℃で引張試験

第2章　水素脆化の潜伏期からき裂発生・進展・破壊まで

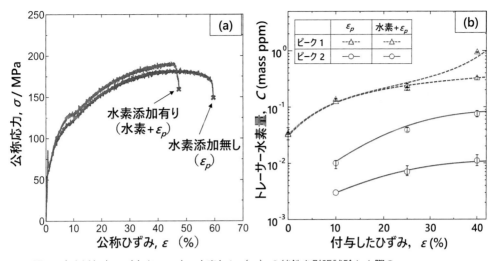

図5　水素添加有り（水素 + ε_p），水素無し（ε_p）の純鉄を引張試験した際の
(a) 公称応力-公称ひずみ曲線，および(b) トレーサー水素量と付与したひずみの関係

ずみ曲線を示す[3]。水素を含んでひずみを付与することで，延性低下が生じる。原子スケールでの水素の存在位置を解析するため，−200℃から昇温可能な低温昇温脱離法を用いて，水素を欠陥検出のトレーサーとして材料中の格子欠陥の形成挙動を調査した結果を紹介する。図5(b)に，水素添加有り無し純鉄にそれぞれ同一ひずみ（0, 10, 25, 40%）付与し，除荷後に得られたトレーサー水素量の変化を示す[3]。水素脱離スペクトルは低温側ピーク（ピーク1），高温側ピーク（ピーク2）の2つのピークに分離でき，ピーク温度の昇温速度依存性から水素脱離の活性化エネルギー（Ea）をそれぞれ算出すると，ピーク1のEaは30.5 kJ・mol^{-1}，ピーク2のEaが54.9 kJ・mol^{-1}となる。従来の報告からピーク1は転位，ピーク2は空孔型欠陥からの水素脱離に対応する。塑性ひずみが増加しても，水素添加の有り無しでピーク1水素量は25%ひずみまで差は認められない。一方，ピーク2水素量は差が認められ，水素の存在により約7倍程度まで増加する。以上より，塑性変形過程において，き裂発生以前に空孔型欠陥の形成が水素により助長され，これはき裂発生前の潜伏期を捉えられている可能性がある。同様の関係は焼戻しマルテンサイト鋼[4]でも得られている。

4　水素脆化破壊におけるき裂発生挙動の解析

図6に水素添加有り無しの切欠き付き焼戻しマルテンサイト鋼を引張試験した際に得られた(a)低水素量：0.18 ppm，および(b)高水素量：5.3 ppmの公称応力-変位曲線を示す[5]。それぞれの水素添加条件での破壊の直前で途中除荷した試験片の切欠き近傍を切り出し，走査電子顕微鏡を用いて切欠き近傍を観察した結果を図7に示す[5]。低水素量材に関しては，(a)に白矢印で

143

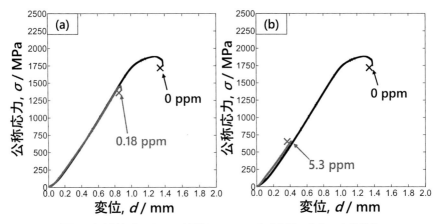

図6　水素添加有り無しの焼戻しマルテンサイト鋼の応力ー変位曲線
(a) 水素量：0.18 ppm，(b) 水素量：5.3 ppm

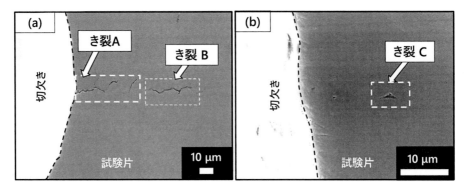

図7　水素添加破壊応力の直前で途中除荷した焼戻しマルテンサイト鋼の切欠き先端付近に発生した初期き裂のSEM写真
(a) 水素量：0.18 ppm，(b) 水素量：5.3 ppm

示すように切欠き先端からき裂A，少し遠方にき裂Bが観察される。一方，高水素量材に関しては，(b)に白矢印で示すように切欠き先端から遠方にき裂Cが観察される。

図8に，途中除荷試験後における(a)低水素量材と(b)高水素量材の切欠き近傍のIPFマップ上に，図7 (a)と(b)で観察されたき裂発生点をそれぞれ重ねた結果を示す[5]。(a1)より，低水素量材のき裂Aは切欠き先端の旧γ粒内から発生，および(a2)より，き裂Bは切欠き先端から離れた遠方の粒界あるいは粒界三重点から発生していることがわかる。一方，(b1)より，高水素量材のき裂Cは切欠き先端から離れた遠方の粒界三重点から発生していることがわかる。き裂発生と力学因子との関係を明らかにするため，両鋼が水素脆化破壊する応力でFEM解析した結果を図9に示す[5]。(a)に示すように，低水素量材の最大主応力は切欠き先端から約200 μm遠方，最大相当塑性ひずみは切欠き先端である。一方，(b)に示すように，高水素量材の最大主応力は切欠き先端から約80 μm遠方，最大相当塑性ひずみは切欠き先端である。低水素量材のき

第 2 章　水素脆化の潜伏期からき裂発生・進展・破壊まで

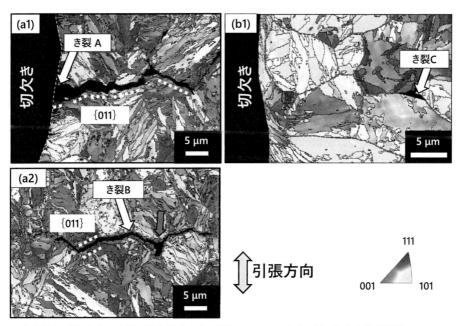

図 8　水素添加破壊応力の直前で途中除荷した焼戻しマルテンサイト鋼の切欠き先端付近の IPF マップ
(a) 水素量：0.18 ppm, (b) 水素量：5.3 ppm

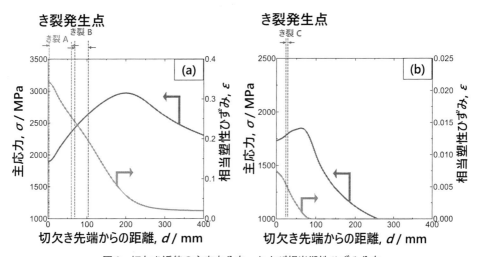

図 9　切欠き近傍の主応力分布，および相当塑性ひずみ分布
(a) 水素量：0.18 ppm, (b) 水素量：5.3 ppm

裂 A は，切欠き先の最大相当塑性ひずみ位置で擬へき開破壊として発生し，旧オーステナイト粒内の {011} 面に沿って進展する。また，ほぼ同時にき裂 B が，切欠き先端から遠方で粒界破壊として発生し，主に旧オーステナイト粒界に沿って進展する。一方，高水素量材のき裂は，切欠き先端から遠方の最大主応力位置近傍の粒界三重点で発生し，主に旧オーステナイト粒界に

145

沿って進展する。

以上，同一材料においても，水素量によって塑性ひずみが関与しない最大主応力点でのき裂発生，および塑性ひずみが関与する最大相当塑性ひずみ最大点でのき裂発生と，水素脆化メカニズムが異なることが示唆される。

5 水素脆化に及ぼす因子と抑制に向けた指針

高強度鋼の水素脆化に及ぼす組織因子を明らかにすることで，水素脆化感受性低減指針について考察する。供試材として，SCM420 を 960℃ から油焼入れして作製した焼入れままマルテンサイト鋼（焼入れまま材：0.18% C − 0.32% Si），および高周波焼入れ・焼戻しを施した Si 添加量の異なる 2 種類のマルテンサイト鋼（低 Si 材：0.34% C − 0.28% Si，高 Si 材：0.35% C − 1.88% Si）を準備した。

図 10 の金属組織観察より，焼入れまま材では，油焼入れの冷却過程で生じた炭化物が旧 γ 粒内に微細に分散している[6]。また，前報[7]と同様に，高周波焼戻しされた低 Si 材では粒内と粒界に板状炭化物，そして高 Si 材では粒内に微細分散した炭化物が観察される。

転位すべりの安定度評価のため，低 Si 材の引張強さ 1469 MPa を $1.0\sigma_B$ として 3 鋼種に対して $0.70 \sim 0.85 \sigma_B$ まで $3.33 \mathrm{MPa \cdot s^{-1}}$ で負荷した後，3600 s クロスヘッド変位を保持する応力緩和試験を実施した。さらに，低 Si 材に $0.93\sigma_B$ の応力緩和試験を施した低 Si_$0.93\sigma_B$ も準備した。図 11 に応力緩和試験結果を示す[6]。焼戻しをしていないため，炭化物の析出が少なく，可動転位密度が大きい焼入れまま材の応力緩和値が最も高い。

切欠き深さ 0.4 mm を付与した環状切欠き丸棒試験片を用いて，水素脆化感受性評価した。図 12 に最大破壊強さの比（水素添加有/水素添加無）と水素量の関係を示す[6]。低水素量域では，焼入れまま材の破壊強さは低 Si 材のそれより大きく低下する。この両材の主な差は図 11 で示した応力緩和値であることから，転位すべりの安定度が主因子である。一方，高水素量域では，低 Si 材の破壊強さは高 Si 材のそれより大きく低下する。この両材の主な差は図 10 で示した旧オーステナイト粒界への板状の炭化物の析出有無であることから，炭化物の析出形態が主因子であ

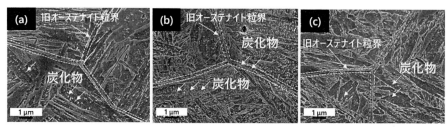

図10 各種熱処理を施した鋼の金属組織写真
(a) 焼入れまま鋼，(b) 低 Si 鋼，(c) 高 Si 鋼

第 2 章 水素脆化の潜伏期からき裂発生・進展・破壊まで

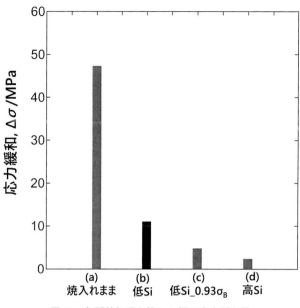

図 11 各種熱処理を施した鋼の応力緩和量
(a) 焼入れまま鋼，(b) 低 Si 鋼，(c) 0.93 σ_B 応力緩和後の低 Si 鋼，(d) 高 Si 鋼

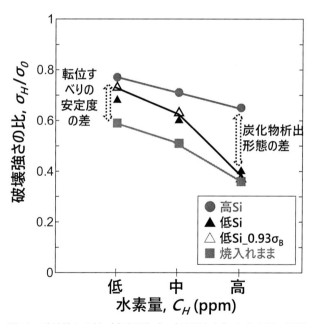

図 12 破壊強さの比（水素添加有/水素添加無）と水素量の関係

る。転位すべり安定度と炭化物析出形態の水素脆化特性への影響度は水素量によって異なることが示された。今後，耐水素脆化特性に優れた鋼材開発において，使用される水素環境によって，

金属組織制御指針も変える必要性が示された。

6 おわりに

　最近の水素脆化に関する各種解析技術・計算科学の進歩により，金属材料に応力を負荷されてから破壊までの過程における水素および格子欠陥の形成挙動が解明されつつある。また，水素脆化破面およびその直下の局所における各種解析技術からも，従来の破壊形態観察だけでなく，き裂の発生・進展挙動を直接，結晶学的，および下部組織の観点から実態解明できるようになってきた。長年研究されてきた水素脆化というマクロな力学特性の劣化に対し，これらを組み合わせて水素脆化破面近傍の局所領域を原子スケールで解明できれば，より水素脆化の本質に迫ることが可能となる。このような基礎・基盤技術を積み上げ，水素脆化という学際的かつ複雑な現象を紐解くことで，安全で信頼性の高い高強度鋼の開発，さらには水素エネルギー社会で安全に使用可能な鉄鋼材料の開発へ展開でき，最終的には持続可能な社会へ貢献できると確信している。

文　　献

1)　南雲道彦, 水素脆性の基礎, p. 274, 内田老鶴圃 (2009)
2)　K. Okuno and K. Takai, *Acta Mater.*, **259**, 119291 (2023)
3)　Y. Sugiyama and K. Takai, *Acta Mater.*, **208**, 116663 (2021)
4)　K. Saito, T. Hirade and K. Takai, *Metall. Mater. Trans. A*, **50**, 5091 (2019)
5)　N. Uemura, T. Chiba, K. Saito, and K. Takai, *ISIJ Int.*, **64**, 678 (2024)
6)　K. Saito and K. Takai, *ISIJ Int.*, **64**, 1587 (2024)
7)　Y. Matsumoto, K. Takai, M. Ichiba, T. Suzuki, T. Okamura and M. Shigeru, *ISIJ Int.*, **53**, 714 (2013)

第3章 大容量の低温液化アンモニア貯蔵タンクの開発状況

榊原洋平[*1]，小林寛幸[*2]，中村英晃[*3]

1 はじめに

アンモニア（NH_3）は，窒素と水素から成り立ち，炭素を含まない物質である。刺激臭があり，有毒であるがドイツでアンモニア合成の工業化に成功して以来，肥料や化学製品の原料として100年以上，現在では世界で年間約2億トンが取り扱われている。このアンモニアを脱炭素の燃料として利用する視点で見ると，液化が容易なことから水素の輸送・貯蔵する手段として利用が可能で，そのまま燃焼させて利用することもできることから，今後，脱炭素燃料として利用拡大が進んでいくものと期待されている。

アンモニアを貯蔵するタンクとしては，内圧・温度・容量などにより，高圧ガス容器，縦置き・横置き円筒形貯槽，球形貯槽，地上式平底円筒形貯槽，地下式貯槽など様々な種類が考えられるが，これまで国内では主に化学製品の原料として利用され，高圧ガス容器（ボンベ）や横置き円筒形貯槽，球形貯槽，大容量が必要な場合には低温液化され地上式平底円筒形貯槽が利用されてきた。

今後，アンモニアを脱炭素燃料として石炭の代わりに利用する場合，石炭火力1基（100万kW）に対してアンモニアを20%混焼すると年間50万トンのアンモニアが必要と言われている[1]。日本で利用する場合，海外で製造された液化アンモニアを船で輸送してくることになるが発電所内やその近くに設置したアンモニアタンクに一時的に貯蔵して利用することになる。利用量を増やすには，タンクへの液の受入回数を増やせばよいが，日本の限られた土地，敷地を考えると貯蔵するタンクは敷地を有効利用できる大容量のタンクを設置することが望ましい。

アンモニアと石炭の混燃発電については，2024年上半期にJERA碧南殿で20%混燃発電の実証試験が実施され，引き続いて商用化発電設備の建設も計画されている。日本では2050年にはアンモニア発電の燃料として3,000万ton/年の需要が予測されており[1]，LNGと似た利用状況になることを考えると，そう遠くない将来，タンク容量はLNGタンク容量同等の10万トンク

---

*1 Yohei SAKAKIBARA ㈱IHI　技術開発本部　技術基盤センター　材料・構造技術部　主幹

*2 Hiroyuki KOBAYASHI ㈱IHI プラント　ライフサイクルビジネスセンター　構造技術部　スタッフ

*3 Hideaki NAKAMURA ㈱IHI プラント　ライフサイクルビジネスセンター　構造技術部　主査

クリーン水素・アンモニア利活用最前線

ラス以上が必要となってくると思われる。

そこで，アンモニアの燃料利用拡大に対応する大容量アンモニアタンクについて現在の開発状況について紹介する。

2 技術課題と対策[2]

アンモニア（NH_3）を内容物として LNG と比較することでアンモニアに対してタンクに求められる性能に対する技術課題と対策について考える。

表1に比較を示す。アンモニアは毒性があり，万が一，外部へ漏洩した場合のリスクが大きい。また，アルミ合金・銅・銅合金に対して腐食性を有し，炭素鋼に対しても応力腐食割れ（SCC）を発生させる。オーステナイト系ステンレス鋼に対しては腐食性を有していないと言われている。

大容量のアンモニアタンクを建設する際の大きな技術的課題は，毒性の問題と，腐食性の問題である。

毒性の問題については，LNG 等の可燃性ガスでは外部へリークしたとしても爆発可燃下限界（メタンで5 vol.%）までは許容できると考えられてきたが，アンモニアの場合は 25 ppm（0.0025 vol.%）[3] を超えると人体にリスクが生じる可能性がある。この課題に対する1つの解決策は，アンモニア用の大容量低温液化タンクにはプレストレストコンクリート（PC）防液堤・外槽一体型地上式貯槽（以下，PC タンク）を採用することである。PC タンクであれば，万が一内槽からの漏洩があったとしても PC 防液堤により漏洩液が保持できるので外部への漏洩量を極小にでき，リークガスの放出源を限定できるので無害化処理などが比較的容易に実施できる。2024年に発行された燃料アンモニア地上式貯槽指針[4]で採用されたタンク形式の1つである。

ただし PC タンクの場合は，液中ポンプが必須となるが，前述したようにアンモニアは銅・銅合金に対して腐食性を有するので，銅・銅合金部がアンモニアに直接接しない構造の液中ポンプ開発が必要である。このような液中ポンプは海外では採用例があるが，国内では実績がない。

次に腐食性の問題であるが，アンモニアによる炭素鋼の SCC 発生に関しては，1950 年代に米

表1　内容物の比較

	LNG	NH3
設計温度	−162℃	−34℃
液密度	0.485	0.683
ガス特性	可燃性	可燃性 毒性
腐食性	無	有

※設計温度，液密度は組成・圧力により変わるので，いずれも1例である。

第3章 大容量の低温液化アンモニア貯蔵タンクの開発状況

国において農業用液安の輸送用または散布用まくら形タンク（横置き円筒形貯槽）に発生し研究が行われ，日本では 1970 年代に球形貯槽等で多くの研究[5]が行われたが，定性的な内容で定量的にはわかっていないことが多い。各種の文献などの成果をまとめると，下記のことが言える。

① 一定濃度以上の酸素の存在により引き起こされ，逆に水分が一定以上あると抑制される。

② 低強度鋼よりも高強度鋼で発生しやすい。特に溶接線近傍に多く発生しており，溶接残留応力が関係していると思われる。また熱処理方法・表面硬さに関連しているという文献も見られる。

③ 発生した場合でも，亀裂はあまり深くならず，進展速度はかなり遅い可能性がある。

上記のような研究成果を考慮して，国内では内槽材として比較的低強度の低温圧力容器用炭素鋼鋼板 SLA325A 材を使用している。しかし SLA325A 材でもアンモニア SCC を完全には防止できてないケースもあり，場合によっては更なる対策として，溶接部へのショットピーニングや亜鉛溶射を採用しているケースもあるが，いずれも恒久対策ではなく，定期的な開放検査と補修が必要となっている。

また SLA325A 材は 9 % Ni 鋼などに比べて低強度なので，この材料で大容量 PC タンクを製作すると板厚が厚くなってしまうという課題がある。炭素鋼では板厚 38 mm を超える溶接継手に対しては溶接後熱処理（PWHT）が必須となっているが，大容量 PC タンクを溶接組立する現場での PWHT は現実的ではなく，事実上，板厚 38 mm が限界となっており，容量も約 6 万 kL（4 万 ton）程度が限界となっている。

SUS304 材はアンモニア SCC を発生しないと言われており，腐食性の問題は解決できるが，炭素鋼に比べ大幅に材料コストが上がってしまうというデメリットがある。

なお，球形タンクに関しては表層軟質クラッド鋼板を用いて建設，運用されてきたアンモニアタンクがあり，耐 SCC 性の評価報告例[6]もある。

3 大容量化のための設計指針の作成

火力発電の燃料としてアンモニアを利用するために必要となる大容量の低温液化アンモニア貯蔵タンクについて電気事業法には技術基準がなかったことから，一般社団法人クリーン燃料アンモニア協会（CFAA）において技術指針が作成され，日本電気技術規格委員会の規格として 2024 年に「燃料アンモニア地上式貯槽指針」として発行された。その中では PC タンクが建設可能な例として挙げられている。従来のアンモニアタンクで使用されていた鋼板（SLA325A）では 4 万トンが限界であるが 4 万トンを超える大容量タンクを建設するために引き続き PC タンク以外の形式等についても検討中となっている。

4　大容量アンモニアタンクに資する鋼材の応力腐食割れ性評価方法

　液体アンモニア中では鋼材が応力腐食割れ（SCC，Stress Corrosion Cracking）を起こすことが知られている。SCC は材料の環境劣化の一種で，通常用いられる不活性な環境においては十分な強度を示す材料であっても，特定の環境によっては環境の作用によって割れが発生する事象である。応力，環境，材料が重畳することで SCC は発生する。1950 年代にアンモニアが肥料として用いられるようになってからアンモニアタンクの損傷事例が多発し，アンモニア SCC が問題となった[7]。1954 年には米国にて Agricultural Ammonia Institute Research Committee が創立され，肥料用アンモニアタンクの損傷について原因分析と実プラントでの精力的な実験が行われた[8]。実プラントでの試験ではあらかじめひずみを付与した定ひずみ型試験片が液体アンモニア中に暴露され，一定期間後に観察して割れの有無が確認された。これら調査の結果，高い引張強さを有する鋼材ほど SCC 感受性が高いこと，液体アンモニアへの空気，二酸化炭素，水などの不純物の SCC へ及ぼす効果などが整理された。

　実験室での評価試験法については，1970 年代に Jones らによる液体アンモニア中での電気化学試験が行われ，液体アンモニア SCC のメカニズムが検討された[9]。液体アンモニア中に暴露した鋼材細線にひずみを付与すると溶解電流が検知されたことから，液体アンモニア中の SCC は活性溶解型の SCC であることが提唱された。1980 年代には Lunde らの内圧式円筒試験片を用いた応力腐食割れ発生試験や CT（Compact tension）試験片を用いたき裂進展試験が実施され，種々の鋼材の液体アンモニア中での SCC 感受性が調査された[10]。同時期に，国内では今川，中井らによる液体アンモニア中 SCC 試験法が開発された[11,12]。1970〜1980 年代はタンクへの高張力鋼を適用することを視野に SCC 評価が進められたが，その後，SLA325A の強度レベルであれば，その溶接継手において PWHT がなくともタンクとして使用できることが経験的に分かってきたため，液体アンモニア SCC に関する研究ならびにその評価法のニーズは減少した。

　しかしながら最近，アンモニア燃料利用のニーズが高まってきたため，再度，液体アンモニアによる SCC 評価を行う必要が生じてきた。1980 年代までの鋼種と異なる鋼種や同じ強度レベルでも熱加工制御（TMCP，Thermo-Mechanical Control Process）による製造方法が確立したため，これから新設する燃料用液体アンモニアタンク用鋼材の評価が必要となっている。ここ最近では，河原崎らによる液体アンモニア中での SCC 評価試験法が開発されており，その手法では，自然浸漬状態より貴な電位に試験片電位を制御することで，1 週間の試験期間で鋼材の SCC 感受性が評価できることが報告されている[13]。この試験法では，高強度な鋼材ほど SCC 感受性が高くなることが SCC 試験で確認されており，妥当な加速試験と言える。図 1 に 1 週間後に発生したき裂の光学顕微鏡写真を示す。

　SCC 試験条件の設定においては，特に環境因子の設定が重要である。以下，河原崎らの試験法について概説する。既往文献でも二酸化炭素発生源として用いられるカルバミン酸アンモニウムを液体アンモニアに添加している。また，低温での電気化学制御を可能にするために，低温で

第3章　大容量の低温液化アンモニア貯蔵タンクの開発状況

図1　1週間の液体アンモニア SCC 試験による割れ
(HT60，焼入れ材)

も十分電離する硝酸アンモニウムを添加している。また，意図的に水を少量添加することで鋼材の不働態化と呼ばれる現象を促している。一般に活性溶解型の SCC では，不働態化した皮膜が局部的に損傷することで，その先端がき裂となって，溶解を伴いながら割れが進行すると考えられている。また，酸素も不働態化のために必要であり，一定量を添加している。電位については，まだ十分なデータが得られていないが，+0.5 V vs. Pt での保持が割れ促進に寄与していると考えられている。中井らによれば電位が貴な方向に大きければ大きいほどアンモニア SCC が加速することが報告されているが，保持電位が大きいほど鋼材の腐食が激しくなり実環境条件との乖離が大きくなることが懸念される。2023 年に腐食防食学会においてアンモニア SCC 試験法小委員会が発足し，2024 年現在では 16 機関が参加して SCC 試験法を議論している。上述の保持電位の設定などは技術的に本会で議論されている。ここで標準化された試験法により，大型タンク候補材の耐 SCC 性が SLA325A と同等かそれ以上であることを示すことで，一般社団法人クリーン燃料アンモニア協会での技術指針に使用可能な鋼材として読み込むことが可能となる予定である。アンモニア SCC 試験法小委員会では，2026 年度末を目標に，液体アンモニア SCC 試験法の規格化を進めている。

5　大容量アンモニアタンク（PC タンク，PC メンブレンタンク）[2]

現在，大容量の低温液化アンモニア貯蔵タンクとしては，指針で示されている 1 形式である PC タンクであれば内槽材に炭素鋼の SLA325A 材を採用することで約 4 万トンのタンクを建設することができる（図2）。

4 万トンを超えるタンクはアンモニア SCC がないオーステナイトステンレス鋼を採用すれば大幅に材料コストが上がってしまうデメリットがあるものの建設することは可能である。このデ

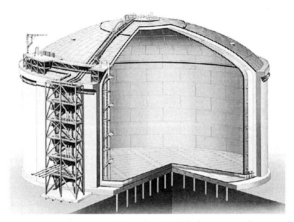

図2　PC外槽一体型地上式貯槽（PCタンク）

メリットをできるだけ小さくして大容量タンクを建設する方法がないかを考えると，いくつかの方法が考えられる。ここでは3つの方法について紹介したい。現在，技術基準としては認められていない技術であるが，大容量を実現できる有力な技術である。

1つ目は内槽材にSLA325Aと同等以上のSCC耐性がありかつ，オーステナイトステンレス鋼よりも強度が強い材料を採用することである。その1つとして2相ステンレス鋼（オーステナイト・フェライト相）が挙げられる。IHIの技術開発本部で性能確認試験を行い2相ステンレス鋼（SUS821L1）の耐SCC性能はオーステナイトステンレス鋼と同等であることが確認できている。JIS規格上板厚50 mmの制限があることを考慮すれば8万トン（貯槽内径や圧力等の設計条件によっては10万トン程度まで）のタンクを建設することが可能と考えられる。

2つ目は材料コストの高い厚板の内槽金属部（例えばSUS304）で貯液（液密・気密性と圧力支持性能）するのではなく内槽のステンレス鋼を厚さ2 mmの薄板のSUS304製シール材（メンブレン）とし，保冷材と共にPC側壁の内面側に取付ける，PCメンブレンタンクが考えられる（図3）。PCメンブレンタンクではメンブレンが液密・気密性を持ち，PC側壁が圧力支持性能を持つ構造となる。またPC側壁は1次バリアーであるメンブレン漏洩時の防液堤を兼ねている。

PCメンブレンタンクの場合，屋根もステンレス鋼製とすれば高いSCC耐性のあるタンク構造となり，経年によるSCC発生リスクを最小化することができ，開放検査周期を延長またはなくせる可能性がある。

3つ目は，内槽に表層軟質クラッド鋼板[6]を用いて大容量化する方法である。

これらのタンクであれば，万が一内槽やメンブレンからの漏洩があったとしてもPC防液堤により漏洩液が保持できるので外部への漏洩量を極小にでき，リークガスの放出源を限定できるので無害化処理などが比較的容易に実施できる。

第3章　大容量の低温液化アンモニア貯蔵タンクの開発状況

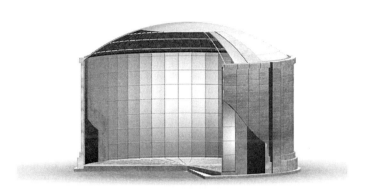

図3　PCメンブレンタンク

6　国際規格化

　ISOの技術委員会（TC67）でアンモニアタンクの国際的な規格作りが進められている。各国が独自の技術基準を持ち寄り，具体的な議論が始まっており，日本はCFAAで作成された技術基準（燃料アンモニア地上式貯槽指針）を中心に協議に臨んでいる。また，窒素酸化物等の排出基準については国際標準化のメリット有と判断し，METI委託事業の関係者と連携し，貯蔵，利用の各工程において日本が強みのある技術を調査し，また国際標準化の可能性を検討した結果，最優先で注力すべきアイテムを抽出し，活動が進められている[14]。

7　おわりに

　アンモニアの燃料利用拡大に対応する大容量の低温液化アンモニア貯蔵タンクについて現在の開発状況について紹介した。世界の人々と力を合わせ，目の前の技術課題を1つ1つ解決し，脱炭素社会の実現に向けて取り組みを加速させていきたい。

文　　献

1) 燃料アンモニア導入官民協議会，燃料アンモニア導入官民協議会中間取りまとめ，p.6，11（2021年2月）
2) 田附英幸，展望特集号 第2部 産業界の最近の動向と溶接工学，3章 構造製作，3.5 貯槽，溶接学会
3) 許容濃度等の勧告（2021年度），産衛誌，**63**(5)，179-211（2021）
4) 燃料アンモニア地上式貯槽指針，（JESC　T0009(2023) CFAA指-001-23）

155

5) 川本輝明ほか，石川島播磨技報，**17**，259-266（1977）

6) 橋本薫ほか，材料と環境，**73**，57-60（2024）

7) 小若正倫，金属の腐食損傷と防食技術，アグネ承風社，pp. 162-177（1983）

8) A. W. Loginow *et al.*, *Corrosion*, **18**, pp. 299t-309t（1962）

9) D. A. Jones *et al.*, *Corrosion*, **33**, pp. 50-55（1977）

10) L. Lunde *et al.*, Proceedings of International Fertilizer Society, pp. 5-52（1991）

11) 今川博之，日本金属学会誌，**41**，pp. 992-998（1977）

12) 中井揚一ほか，鉄と鋼，**67**，pp. 2226-2233（1981）

13) 河原崎琢也ほか，材料と環境，**72**，pp. 312-317（2023）

14) 燃料アンモニア導入官民協議会，第5回燃料アンモニア導入官民協議会　資料4　燃料アンモニア導入・拡大に向けた直近の政府の取組について，p. 29（2022年7月）

第4章 水素サプライチェーンの水素コスト及び炭素集約度の分析事例について

石本祐樹*

1 はじめに

　本稿は，令和4年度に(一財)エネルギー総合工学研究所（IAE）が資源エネルギー庁より委託され，(一社)水素バリューチェーン推進協議会（JH2A）と共同で実施した「競争的な水素サプライチェーン構築に向けた水素コスト分析に関する調査」[1]の輸入及び国産の水素サプライチェーンの水素コスト及び炭素集約度（Carbon Intensity, CI）の主な分析結果について述べる。この調査は，図1に示す3つの項目からなり，(1)及び(2)が本稿に関連する項目である。

(1) 水素コスト調査・分析

　文献調査等を通じ，水素燃料電池戦略協議会で取り上げられた社会実装モデル等に基づき，2030年時点で想定される用途に適した，製造から輸送・貯蔵までの供給サプライチェーンについて類型化した上で，総合的なコスト分析を実施した。事業者等ヒアリングを実施することにより，調査範囲と分析の前提条件に漏れがないかを確認した。

(2) 水素の非化石価値の顕在化に向けた調査・分析

　(1)において類型化した水素サプライチェーンと整合的に，水素を製造した際のCO₂等排出量

図1　本調査の構成

＊ Yuki ISHIMOTO　(一財)エネルギー総合工学研究所　カーボンニュートラル技術センター
　　水素エネルギーグループ　部長代理，主管研究員

クリーン水素・アンモニア利活用最前線

の測定方法など水素の非化石価値顕在化の在り方について，文献等で調査の上，CO_2等の排出量を定量分析した。

(3) 上記(1)及び(2)を踏まえ，2050年のカーボンニュートラル達成を見据えた，2030年の競争的な大規模水素サプライチェーン構築に向けて，政府や民間企業等の各プレイヤーが必要な評価基盤整備や技術開発，規制等の措置を検討する際の材料を整理・検討した。

2　水素サプライチェーンの水素コスト及び炭素集約度分析の方法論

調査では，2050年のカーボンニュートラルの達成を見据えた，2030年の競争的な大規模水素サプライチェーン構築を実現する観点から，将来に予想される製造から利用までを想定したサプライチェーンを類型化した類型化サプライチェーンを設定した。この類型化サプライチェーンは，JH2Aによって作成された。

図2に本調査における類型化したサプライチェーンの評価範囲とその定義を示す。原料採掘から水素製造プラントの出口まで Well to Gate（WtG），水素製造プラントの出口から需要家の貯槽入口までを Gate to Tank（GtT）とし，これら2つを統合した原料採掘から需要家の貯槽入口までを Well to Tank（WtT）とした。なお，評価範囲には，それぞれの場合の需要家の貯槽は含まない想定とした。本調査では図2に示した範囲のコストやCIを分析した。アンモニアは石炭火力発電所などで直接利用される場合も想定されている。また，合成メタンは，直接利用が主な利用方法であることに加え，調査当時は利用後のCO_2の帰属が審議会等で議論されていた。このように分析の条件が異なるため，本調査では，アンモニア及びメタンを直接利用する場合は参考値として取り扱った。

評価したサプライチェーンを構成する生産国（輸入の場合），原料，輸入キャリア，配送用のキャリアは以下のとおりである。生産国別の資源や輸入キャリアと配送用のキャリアの組み合わせや前提条件の詳細については，参考文献[1]を参照されたい。

生産国（輸入の場合）：オーストラリア，マレーシア，UAE，サウジアラビア
原料：太陽光，風力，水力，天然ガス，褐炭
輸入キャリア：液化水素，MCH，アンモニア（分解，直接利用），合成メタン（直接利用のみ）
配送用のキャリア：高圧水素ローリー，液化水素ローリー，一般ローリー（MCH），水素パイプライン

水素コストは，図3に示すように固定費と変動費から構成され，固定費の見積もりは，建設費の精度に大きく依存する。類似プロセスのコストデータや詳細な設計データがない場合の建設費は，一般に±30〜50％の精度と言われている。変動費の見積もりは，質量・エネルギーバランス，燃料単価に大きく依存し，分析は，これらの不確実性を含む。

158

第4章 水素サプライチェーンの水素コスト及び炭素集約度の分析事例について

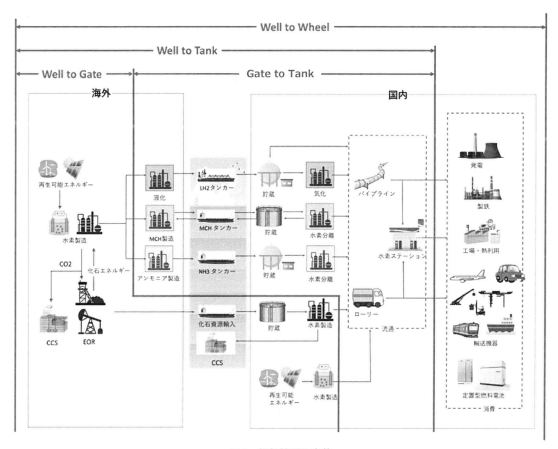

図2 評価範囲の定義

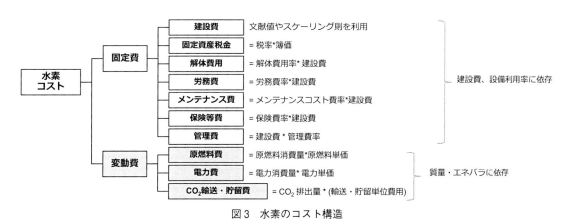

図3 水素のコスト構造

　コスト分析では，期間中の総コストを製品に均等に割り振った際のコストを算出する均等化コスト法を用いた。この手法は，発電コスト検証WGやIEAなどで採用される一般的な手法である。

クリーン水素・アンモニア利活用最前線

使用する前提条件の設定の原則は，2030年の当該地域の前提条件（文献値等，引用可能なもの）を利用することとし，ヒアリングで値や範囲が示唆された際は，それを考慮に入れてIAEにて設定した値を用いた。また，調査した範囲で文献やデータが入手困難な場合は，現在や世界平均の値を代替として用いた。なお，本調査の基準年（物価）は2018年，熱量は低位発熱量基準で分析を実施した。

CIの試算にあたっては，調査した各国や国際機関のCI算出の方法論等の計上範囲を考慮し，分析対象のサプライチェーン内で消費される燃料の採掘，輸送，燃焼時のCO_2排出と電力の利用による排出量を計上することとした。燃料の熱量当たりのCO_2排出量は温対法の燃料種別のCO_2排出量を文献のLHV/HHV比で除してLHV換算し，採掘，輸送に伴って生じるCO_2を加えて算出した。採掘に起因するCO_2排出量は，文献の値を用いた。日本で用いる石炭は豪州，石油は中東からの輸送を想定し，LNGの輸送は，文献における日本の輸入LNGの加重平均である。なお，WtGは，IPHE（International Partnership for Hydrogen and Fuel Cells in the Economy）のGHGの計算のプロトコル（バージョン1）と整合している。

3　分析結果の例

3.1　輸入サプライチェーン

図4に輸入WtG（水素製造）コストの分析結果を示す。天然ガスの水蒸気改質や水力発電の電力を用いる水電解設備のように，設備利用率が高い場合は，変動費（天然ガス，電力）が主要なコスト要素になる。また，変動性の再生可能エネルギーを水電解装置の電源として用いる場合，太陽光のように設備利用率が相対的に低い場合は，コスト全体に占める固定費の比率が高くなることが分かる。

図5に輸入WtG（水素製造）のCIを示す。天然ガスの水蒸気改質（SMR），褐炭ガス化について，動力に用いる電力の種類とCO_2回収の対象の組み合わせでのCIを示した。プラントの動力に系統電力を用い，CO_2回収がない場合のCIは，文献のCO_2回収率から概算した値として，SMRの場合で約13 kg-CO_2/kg-H_2，褐炭ガス化の場合で約22 kg-CO_2/kg-H_2である。SMRの場合，CIはCO_2回収の対象を原料となる天然ガスを改質する製品ラインに加え加熱炉排ガスの回収，さらに用いる電力を再生可能エネルギーにすることで2.7 kg-CO_2/kg-H_2まで低下した。褐炭ガス化のCIは，製品ラインと電力を再生可能エネルギーにすることで，1.1 kg-CO_2/kg-H_2まで低下した。

図6に輸入WtTコスト（水素ステーションへの供給）を示す。水素ステーションへの供給では，図中のすべての組み合わせでWtTのコストが100円/Nm^3前後となっている。液化水素の場合，最も大きなコスト要素は水素ステーションであり，MCHは，水素ステーションで脱水素を行う場合，脱水素反応器や貯槽といった脱水素のコストが過半を占める。本調査で想定した水素のパイプラインは，2030年を想定したためネットワーク化されたものではなく，水素ステー

160

第4章 水素サプライチェーンの水素コスト及び炭素集約度の分析事例について

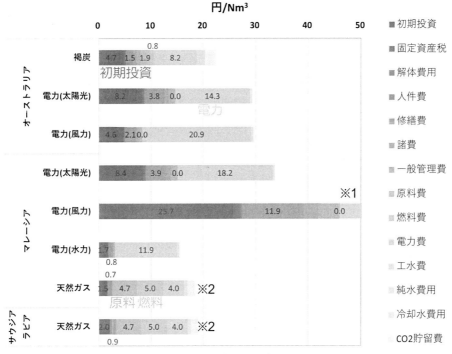

図4 輸入WtG（水素製造）コスト

（年間の製造量：25億Nm³/年，天然ガス：3.7 USD/MMBTU，再エネ電力コスト：風況や日照から決定）
※1 マレーシアの風力は，風況が良くなく，設備利用率が非常に低いため，約190円/Nm³
※2 CO_2回収率85％の場合

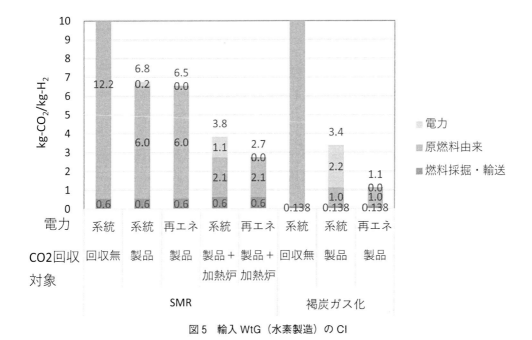

図5 輸入WtG（水素製造）のCI

クリーン水素・アンモニア利活用最前線

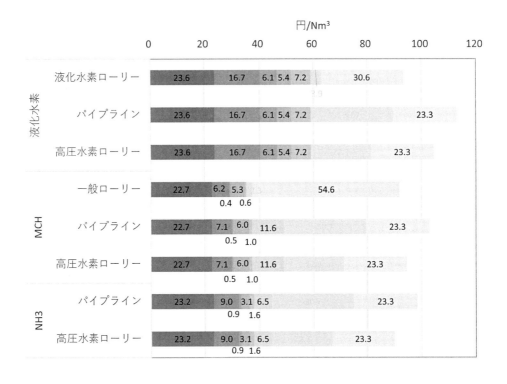

図6 輸入 WtT コスト（水素ステーションへの供給）

ションの需要を満たす2点間の小口径の10 kmのパイプラインを想定したため，他の配送手段と比べても高コストな方法となっている。なお，本調査で想定した条件では，水素コストが水素ステーションのディスペンサーにおいて100円/Nm^{3}前後になっているが，別途CIF相当における水素コストが30円/Nm^{3}に近づくようなコスト低減策を参考文献1)で検討しており，そちらも参照されたい。

また，図7に示すように，液化水素チェーンのCIは，液化用の電力利用に起因するCO_2排出量が主であり，MCHは，脱水素で天然ガスを利用する想定としたため，天然ガスに由来するCO_2排出が主要な要素である。アンモニアは，水素と窒素を原料とする想定であるため，原料窒素の製造や昇圧の動力に起因するCO_2排出とアンモニア分解用の熱源として利用する天然ガスに由来する排出が支配的である。

CIの低減について，一般的に定常運転が求められる化学プラントと変動する再エネ電力を整合的に用いるには技術・制度的な検討が必要であるが，再エネ電力を用いることで電力由来のCO_2排出量が低減でき，液化水素や合成メタンのCO_2排出の大部分が削減できる。これらの対策を行っても天然ガスや船舶燃料としての重油からの排出は残る。本調査では検討していないも

第4章　水素サプライチェーンの水素コスト及び炭素集約度の分析事例について

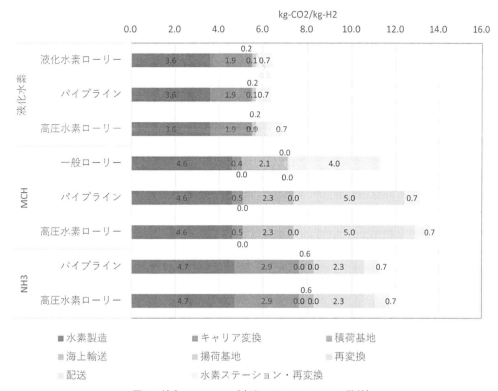

図7　輸入 WtT の CI（水素ステーションへの供給）

のの，船舶燃料は，バイオ燃料や低炭素化したアンモニアの利用，脱水素熱源については，熱融通や排熱利用によって天然ガスを削減することで CO_2 排出を削減することができると考えられる。

3.2　国産サプライチェーン

図8に国産 WtG（水素製造）コストを示す。化石燃料を用いた水素製造のほうが再生可能エネルギー電力を用いた水電解による水素製造よりも安価な傾向であることがわかる。この中では，国産の天然ガスを用いた CCS 付の天然ガス水蒸気改質による水素コストが最も安価である。

再生可能エネルギーを用いる水電解では，高い設備利用率と安価な電力量当たりのコストから水力発電の電力を用いる場合が最も安価である。図9に国産 WtG（水素製造）の CI を示す。再生可能エネルギー電力からの排出ゼロとしたため，水電解による水素製造の CI はゼロである。化石燃料由来の水素製造法は，CO_2 回収を用いた場合も $4〜6\,kg\text{-}CO_2/kg\text{-}H_2$ であるが，輸入の WtG で述べたように，動力を再エネ電力，CCS 付火力，原子力といった CO_2 排出係数の低い電力を用いたり，CO_2 回収率をさらに上げることで CI の低減が可能である。

図10に示すように需要先へローリーを用いて輸送する場合，同一の水素製造技術では，GtT

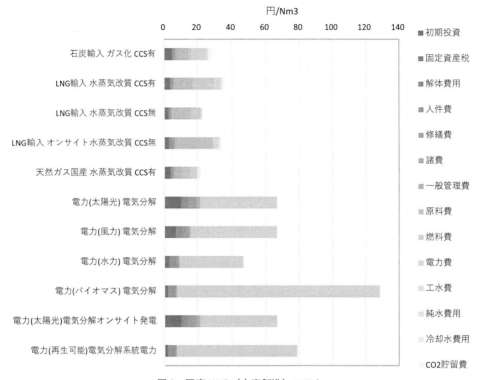

図8 国産WtG（水素製造）コスト

の最も安価な技術であるMCHによる輸送が全体のコスト競争力を決めているが，水電解と石炭ガス化を比較すると，サプライチェーン全体（WtT）の競争力は，水素製造技術で決まっていることがわかる。

また，図11に示すようにCIについては，水素製造法が水電解の場合は，WtGのCIはゼロであるため，水電解を水素製造法とするチェーンの方が石炭ガス化を用いるチェーンよりもCIは低い。

第 4 章　水素サプライチェーンの水素コスト及び炭素集約度の分析事例について

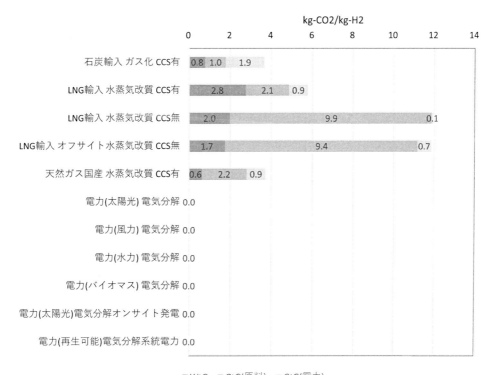

図 9　国産 WtG（水素製造）の CI

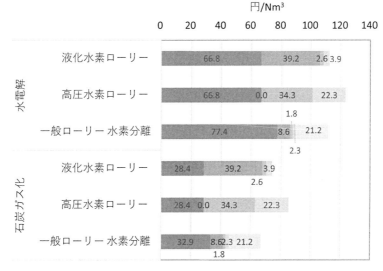

図 10　国産 WtT コスト（需要先への供給）

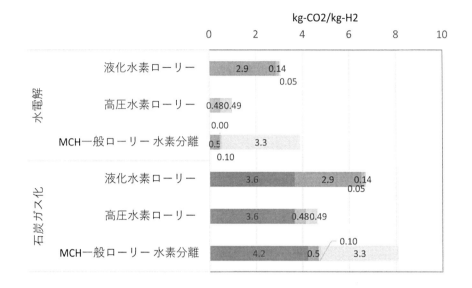

図11 国産 WtT の CI（需要先への供給）

4 まとめ

本稿では，2050年のカーボンニュートラルの達成を見据えた，2030年の競争的な大規模水素サプライチェーン構築を実現する観点から，将来に予想される製造から利用までを想定した輸入・国産のサプライチェーンを類型化した上で，文献調査だけでなく，事業者へのヒアリング等を通じて，網羅的・包括的なコスト分析を行った結果について述べた。

また，今後の水素の非化石価値の顕在化等を見据え，類型化した水素サプライチェーンの各種プロセスと整合性を確保し，かつ国際的な議論動向にも留意しつつ，水素を製造・輸送した際のCO_2等排出量の測定方法等についても整理し，CI値の試算を実施した。

文　　献

1) エネルギー総合工学研究所，競争的な水素サプライチェーン構築に向けた水素コスト分析に関する調査報告書（2023），https://www.meti.go.jp/meti_lib/report/2022FY/000315.pdf

【第Ⅴ編　利活用】

第1章　水素・アンモニア焚きガスタービンの開発

川上　朋[*1], 羽田　哲[*2]

1　はじめに

世界の電力需要は2050年に向け増加が予測されている[1]。EVなど輸送分野の電化の加速やAI等によるデータセンターの電力需要増加が背景にあり，これを支えるエネルギー供給側には容量増加と同時にクリーンで安定供給を可能にするエネルギーミックスが求められる。日本ではGX（グリーントランスフォーメーション）を通じて脱炭素，エネルギー安定供給，経済成長の3つを同時に実現するべく「GX実現に向けた基本方針」を定め，二酸化炭素（CO_2）を発生しないクリーンエネルギーを中心とした社会構造へ転換していくための各種施策に取り組んでいる。

三菱重工グループ（以下，当社）においては"MISSION NET ZERO"を掲げ，製品，技術，サービスの提供を通してリアリティのあるエナジートランジションを推進しており，火力発電分野では脱炭素化に向けて，発電で排出されるCO_2を"減らす"・"回収する"・"出さない"取組みをしている（図1）。すなわち，①：石炭火力発電から低炭素・高効率であるガス火力発電（ガス

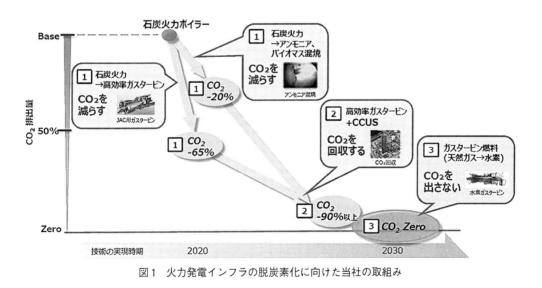

図1　火力発電インフラの脱炭素化に向けた当社の取組み

---

*1　Tomo KAWAKAMI　三菱重工業㈱　エナジードメイン　GTCC事業部
　　　　　　　　　　ガスタービン技術部　ガスタービン燃焼器2グループ　グループ長
*2　Satoshi HADA　三菱重工業㈱　エナジードメイン　GTCC事業部
　　　　　　　　　　ガスタービン技術部　部長

タービン複合発電（GTCC：Gas Turbine Combined Cycle））への置換え，ならびにガスタービンでの水素混焼，石炭火力でのアンモニア，バイオマス混焼を進めて CO_2 を減らす。②：GTCC と CO_2 回収装置を備えた発電所の全体最適化による，CO_2 の回収・貯留・有効利用（CCUS：Carbon dioxide Capture, Utilization and Storage）を進める。そして，③：CO_2 を排出しない水素専焼やアンモニア専焼へのガスタービン導入燃料への転換を進め，2030年のエナジートランジションによる脱炭素化を目指している。

当社は図2に示すカーボンフリー発電システムのラインアップを拡充しており，現在，天然ガスに水素を 30 vol%混ぜて使用できるガスタービン燃焼器の開発を完了し，水素 100%専焼の燃焼器についても燃焼試験を実施して実用化へ向けた開発を進めている。さらにアンモニア利用のガスタービンでは，中小型ガスタービンにてアンモニア 100%専焼の燃焼システムを鋭意開発中である。今後 2025 年にかけて，これら発電システムの実機実証試験を順次実施し，早期の実用化を目指している[2]。本章では，これら水素・アンモニア焚きガスタービンの開発状況について述べる。

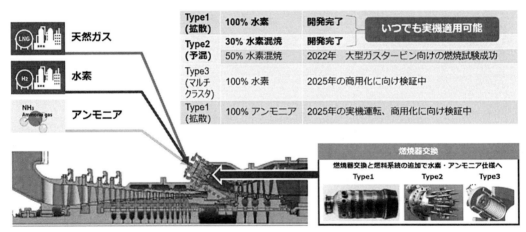

図2　当社のカーボンフリーガスタービンシステムのラインアップ

2　水素・アンモニア焚きガスタービン

2.1　水素・アンモニア焚きガスタービンの特徴とメリット

水素はカーボンフリーな燃料として，現在，化石燃料を利用している分野で使われている設備やシステムを活用しながらカーボンフリーに転換できる可能性が高く，化石燃料を代替あるいは補完するために有効であると考えられる。大容量・高効率の水素焚きガスタービンには，水素の製造から輸送・貯蔵・利用も含めたバリューチェーンにおいて，①既設のガスタービン設備を最小限の改造で，低炭素化あるいは脱炭素化することができ投資コストを抑制できること，②出力50万 kW クラスの大型水素焚きガスタービン（水素専焼）は，1つの発電設備で燃料電池車 200

第1章　水素・アンモニア焚きガスタービンの開発

万台相当の水素を必要とするため，大規模な水素需要が喚起され水素コスト低減が期待されること，③液体水素のみの利用にとどまらず，メチルシクロヘキサンやアンモニアといった多様な水素キャリアに対応可能なこと，④再生可能エネルギーの急激な供給力変動（気象・季節）に追従できるガスタービンの高い起動・負荷変化特性を生かし，電力需要と再生可能エネルギーのギャップを柔軟に埋めることが可能なこと，といったカーボンニュートラル社会の達成に向けて大きなメリットがある。

　一方，エネルギーの大部分を輸入に頼る日本で水素社会を実現するためには，アンモニアの活用も有効な手段と考えられる。水素キャリアの中で，アンモニアは液体水素やメチルシクロヘキサンに比べて体積あたりの水素密度が大きく，水素を効率良く運搬・貯蔵できる。また，既存の運搬・貯蔵インフラの転用が可能でありハンドリングに優位な点がある。更に，カーボンフリーな燃料として直接燃焼することも可能であることから，GTCCへ早期に導入することにより将来のカーボンフリー燃料としての活用が期待される。

　水素・アンモニアのガスタービンへの導入は，既設の天然ガス焚きガスタービンの燃焼器，燃料供給システムの追加といった最小限の改造範囲で対応可能である。従って，水素・アンモニア焚きガスタービンの開発におけるキーポイントは，ガスタービン燃焼器，燃焼技術の開発である。次節よりガスタービン燃焼器における水素燃焼・アンモニア燃焼の課題と当社の水素・アンモニア焚きガスタービン燃焼器について述べる。

2.2　ガスタービン燃焼器における水素燃焼・アンモニア燃焼の課題

　図3に当社ガスタービン用燃焼器に採用される燃焼方式と特徴を示す。拡散燃焼方式は，燃料と燃焼用の空気を別々に燃焼器内に噴射する。予混合燃焼方式に比べて，燃焼器内の火炎温度が局所的に高くなり窒素酸化物（NO_x）排出量が増えるため，蒸気・水噴射によるNO_x低減対策が必要になる。一方，比較的，安定燃焼範囲が広く，燃料性状変動への許容範囲は大きい。当社は，これまで，オフガス（製油プラント等で発生する排ガス）を燃料として利用する小型から中型のガスタービン発電設備に拡散燃焼器（Type 1 燃焼器）を適用しており，幅広い水素含有割合の燃料について多くの運用実績を有している。

　予混合燃焼方式は，燃料と空気を予め混合して燃焼器内に投入する。この方式は，拡散燃焼方式に比べて，燃焼器内の局所火炎温度を低減できるため，蒸気・水噴射によるNO_x低減手法を用いる必要が無く，サイクル効率の低下もない。低NO_x化とCO_2削減（高効率）を両立できるため，燃焼器開発のベースとなる。一方で，安定燃焼範囲が狭く，燃焼振動や逆火（フラッシュバック）の発生リスクがあり，未燃分も排出しやすい傾向がある。

　ガスタービン燃料として主に使用される天然ガス（主成分：メタン（CH_4））と，水素（H_2），アンモニア（NH_3）の低位発熱量，燃焼速度の比較を図4に示す。水素は，メタンに比べて発熱量，燃焼速度ともに高く，燃焼速度は約7倍である。そのため，予混合燃焼器にて天然ガスと水素を混焼，あるいは水素専焼させた場合，天然ガスのみを燃焼させた場合よりも火炎位置が上流

169

形式	拡散燃焼方式	予混合燃焼方式
構造	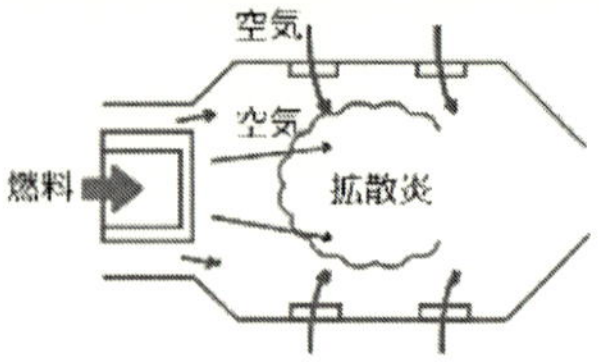 (図)	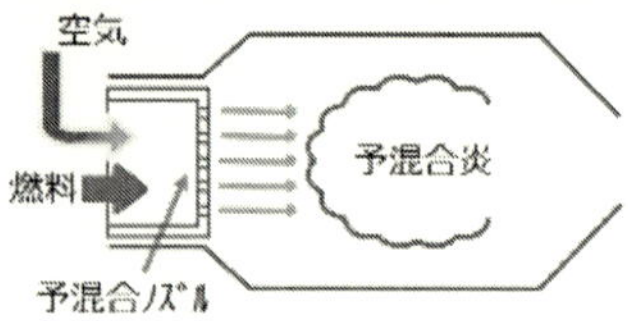 (図)
燃焼特性	・燃料と燃焼用空気を別々に噴射 ・高温スポットが生じやすい（NOx高） ・火炎が安定	・燃料は空気と混合され噴射 ・高温スポットが生じにくい（NOx低） ・火炎が不安定：燃焼振動, フラッシュバックリスク
特徴	・燃料性状変動への許容範囲が大きい ・燃料系統が簡素 ・NOx対策(蒸気/水噴射)による性能低下	・CO2削減(高効率)と低NOx化を両立 ・燃料系統が複雑
燃焼器	拡散燃焼器 	マルチノズル燃焼器 　マルチクラスター燃焼器 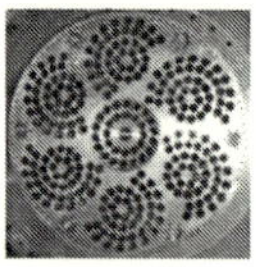

図3　拡散燃焼方式と予混合燃焼方式

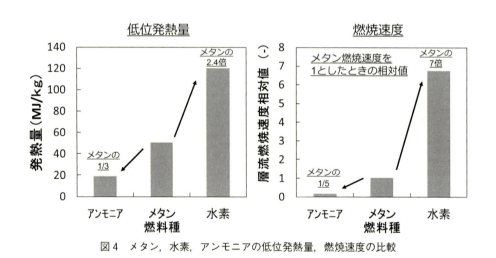

図4　メタン, 水素, アンモニアの低位発熱量, 燃焼速度の比較

に移動し，空気と十分に混合する前に高い火炎温度で燃焼するため，NO_xが増加する。また火炎が燃焼器の上流に遡上し当該部が焼損する逆火（フラッシュバック）の発生リスクが高くなる。そのため，水素焚きガスタービン燃焼器は，逆火発生の防止に向けた改良を中心に，低NO_x化や安定燃焼化を図る必要がある。一方，アンモニアはメタンに比べて発熱量が1/3，燃焼速度が1/5程度と低いため燃焼が不安定になりやすく，火炎を安定に保持することが課題となる。また，天然ガスや水素と異なり，アンモニア中に窒素分（N）を含んでおり，燃焼過程で生成するNO_x

第1章 水素・アンモニア焚きガスタービンの開発

の低減について，より考慮する必要がある。これら異なる特徴を有する水素，アンモニア燃料に対応する当社ガスタービン燃焼器の開発状況について，次項に紹介する。

2.3 水素焚き燃焼器

当社では天然ガスと水素の混焼に対応する燃焼器（Type 2）と水素100％専焼に対応する燃焼器（Type 3）の開発を進めている。

図5に示す，水素混焼燃焼器（Type 2燃焼器）は，天然ガス焚きの低NO_xマルチノズル燃焼器をベースとして燃料ノズルを改良し，逆火の発生を防止している。燃焼器は予混合方式の燃料ノズルを8本と，それらの中心に燃焼の安定化を図るパイロット火炎用の燃料ノズル1本を有する。ノズル部には旋回翼（スワラー）が設置され，スワラーを通過した空気とノズルから噴射された燃料がより均一に混合される。旋回流の中心部には，流速の低い領域（以下，渦芯）が存在し，ここを火炎が遡上することで逆火が発生すると考えられる。そこでノズルの先端から空気を噴射して渦芯の流速を上昇させ，渦芯の低流速領域を補うことで逆火の発生を防止している。実機相当の運転条件（圧力，温度）での燃焼試験では，逆火は発生せず，燃焼振動の上昇も無く安定に燃焼し，またNO_x排出量も許容値以下であることを確認している。2023年には最新の大型ガスタービンM501JACにて水素30 vol％までの実機検証が実施された。さらに水素混焼率を50％まで増加させた実機検証の準備も進められている。

水素が高濃度になると逆火発生のリスクも高くなるため，水素混焼燃焼器（Type 2燃焼器）より逆火の耐性を更に高めた図6に示す水素専焼マルチクラスター燃焼器の開発を進めている。燃焼器には多数の孔（予混合管）が設けられており，そこで空気と燃料が急速混合される。上述の水素混焼燃焼器のノズルにおける旋回流を用いた比較的低流速かつ大きな空間で空気と水素の

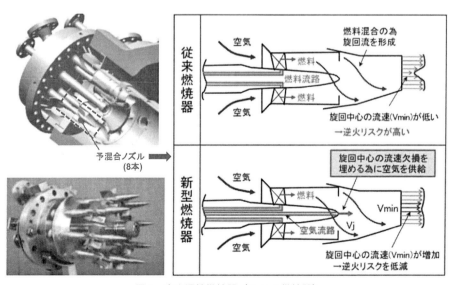

図5 水素混焼燃焼器（Type 2燃焼器）

クリーン水素・アンモニア利活用最前線

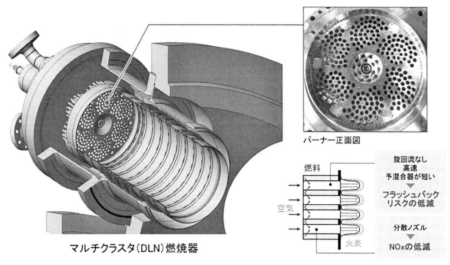

図6　水素専焼マルチクラスター燃焼器（Type 3燃焼器）

混合させる方式と較べて，より高流速で小さなスケールで空気と水素を混合させる方が混合距離の短縮が可能であり，逆火への耐性が高いと考えられる。また，火炎が多数に分散されることでNO_x低減が図られる。

図7にマルチクラスター燃焼器の一部を取り出したモデルバーナにて実機相当圧力の燃焼試験を実施した際の試験装置と燃焼時の火炎の画像を示す。水素火炎は可視領域の発光が殆ど無く，紫外領域に特有の発光が見られる。紫外光を映した画像では，バーナのノズル出口から少し離れた位置に火炎が均一に安定して存在する。試験では計画された条件にて逆火の発生は無く，安定燃焼することが確認された。実機スケールの燃焼器を使用した燃焼試験でも安定燃焼が確認された。2024年からは中小型H-25形ガスタービンにマルチクラスター燃焼器を組み込み，実用化に向けて実機検証を開始した。

 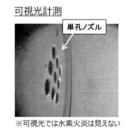

図7　マルチクラスター燃焼器のモデルバーナ燃焼試験装置と水素火炎の様子

第1章　水素・アンモニア焚きガスタービンの開発

2.4　アンモニア焚き燃焼器

当社では，アンモニアを利用するGTCCシステムとして図8に示すように，直接アンモニアを燃焼させるシステムと，ガスタービンの排熱を利用してアンモニアを水素と窒素に分解しそれを燃料とするアンモニア分解GTCCシステムの2種類の方式を検討している。

アンモニア直接燃焼GTCCシステムはNO_x排出量を低減するアンモニア用燃焼器と高効率の脱硝装置を組み合わせたガスタービンシステムである。燃焼器は図9に示すリッチ・リーン二段燃焼方式を採用し，中小型H-25ガスタービンを対象にしたものから検討を進めている。これまでフルスケールの試作燃焼器の大気圧燃焼試験を実施し，保炎性，NO_x排出量，炭化水素燃料からアンモニア燃料切替え時の特性などを確認した。図10に燃焼試験装置、ならびに炭化水素燃料とアンモニア燃料燃焼時の燃焼器内の可視化画像を示す。炭化水素燃焼時の青色炎に対して，アンモニア燃焼特有のオレンジ色の火炎が観察される。実機圧力相当の燃焼試験を実施し，2025年以降の実機運転，商用化を目指して開発を進める。

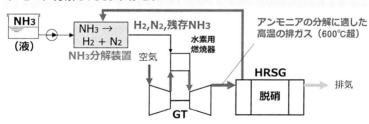

図8　アンモニア焚き燃焼システム

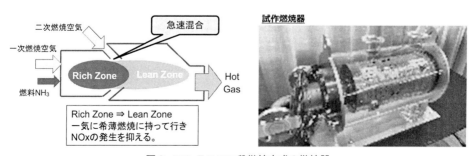

図9　アンモニア二段燃焼方式の燃焼器

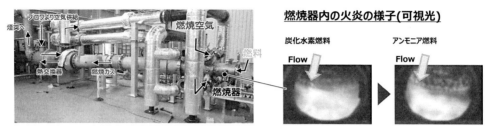

図10　アンモニア大気圧燃焼試験装置と燃焼器内の火炎の様子

3　高砂水素パークでの実証

　水素・アンモニア焚きガスタービンの早期商用化に向けて，今後は実機ガスタービンを用いた実証が進められる。当社は自社設備での実証を通じて製品の信頼性を向上させるため，当社高砂製作所に水素製造から発電までの技術を世界で初めて一貫して検証できる"高砂水素パーク"（図11）を整備し，2023年から順次運用を開始している。

　2023年秋には高砂水素パーク内に立地するGTCC実証発電設備でタービン入口温度1650℃級の最新鋭JAC形ガスタービンを使い，部分負荷および100％負荷において，都市ガスに水素を

図11　高砂水素パーク

第1章 水素・アンモニア焚きガスタービンの開発

30 vol%混ぜた混合燃料による実証運転を実施した[3]。使用した燃焼器は，前述 2.3 項の水素混焼燃焼器（Type 2 燃焼器）であり，水素混焼運転においても，都市ガス運転時と同等の低 NO_x 排出量でかつ安定燃焼を確認するとともに，部分負荷および 100%負荷運転中に都市ガスから水素混合燃料への燃料切り換えが可能であることを検証した。

試験に用いられた水素は高砂水素パーク内の設備で製造されたもので，同一敷地内で製造・貯蔵された大量の水素を使用した，地域の電力網に接続された状態での水素 30%混合燃料による大型ガスタービンの発電実証運転は世界初となる。引き続き JAC 形ガスタービンでは水素 50%混合燃料での実証運転に向けて準備を進めている。

また，2024 年には同パーク内の中小型 H25 形ガスタービンを用いた水素専焼での実証運転が実施された。こちらも引き続き実用化に向けた検証を進めていく。当社は CO_2 削減に貢献できる水素・アンモニア焚き GTCC の開発・実用化を通してカーボンニュートラルの早期達成に向けて今後も取組みを続ける。

4 まとめ

本章では，当社がカーボンニュートラルの達成に向けて取組み中の水素・アンモニア焚きガスタービンについて，主な開発項目となるガスタービン燃焼器の開発状況について述べた。

水素・天然ガス混焼方式では水素混焼（30 vol%）の実機検証を実施しており，今後は水素混焼（50 vol%）での実証運転に向けて準備を進めていく。水素専焼方式についても，中小型ガスタービンから実機検証を開始した。また，アンモニアを利用したガスタービンシステムについても引き続き実用化に向けた開発を進めて，これらカーボンフリー発電システムのラインアップの拡充を進める。当社は CO_2 削減に貢献できる水素・アンモニア焚き GTCC の開発・実用化を通してカーボンニュートラルの早期達成を目指し，今後も取組みを続ける。

文　　　献

1) World EnergyOutlook2023, https://www.iea.org/reports/world-energy-outlook-2023
2) 江川拓ほか，三菱重工技報，**60**(3)（2023）
3) 三菱重工業株式会社，プレスリリース，https://www.mhi.com/jp/news/23113001.html

第2章 水素サプライチェーンの全体像と日本の勝ち筋となりうる技術分野

関口 尚[*]

(注)

本原稿は，弊社が公開しているブログシリーズ「水素 Japan 戦略」vol. 2 に基づく寄稿記事である。本シリーズは，日本の強みであるものづくりと水素関連技術の親和性を軸に，水素社会の実現と日本の勝ち筋について論じており，本原稿の補足として是非参考されたい。

また，本原稿での記述内容は執筆者の個人的な意見であり，法人としての考えではない。

URL：https://www2.deloitte.com/jp/ja/blog/science-and-technology/2024/hydrogen-japan-strategy.html

1 イントロダクション

1.1 日本の水素産業振興と特に注力している技術分野

水素は最も小さく軽量な元素，かつ可燃性があるため取り回しが難しく，水素関連製品では「水素を漏らさない（安全性が高い）」「性能が劣化しにくく長寿命である（ライフサイクルコストが低い）」ことが重要である。本連載シリーズ「水素 Japan 戦略」vol. 1 では，以上のようなエンジニアリングの余地が大きい水素関連技術の普及において，日本の持つ「すり合わせ」技術

---

* Nao SEKIGUCHI　デロイト トーマツ リスクアドバイザリー合同会社
　　　　　　　　　グリーントランスフォーメーション＆オペレーション　コンサルタント

第 2 章　水素サプライチェーンの全体像と日本の勝ち筋となりうる技術分野

が国際競争で優位性をもたらす可能性について述べた。

シリーズ「水素 Japan 戦略」Vol. 2 では，2030 年，2050 年に向けた世界的な水素需要の大幅増加，および足元での欧米を中心としたクリーンエネルギー技術への投資拡大を背景に，日本は水素産業のどの部門や領域の技術開発に注力しているのか，国際市場でのシェア獲得を狙えるのかを考察する。

2　2050 年に向けた世界での水素需要量見通し

図 1 は，2050 年までの世界における水素需要量の予測を示している。2022 年では約 100 MtH2 の水素導入量であるが，2030 年では約 150 MtH2，2050 年では 400 MtH2 に達する見込みである。水素導入量の拡大に伴い，水素関連技術の市場規模も大幅な拡大が予想されている。

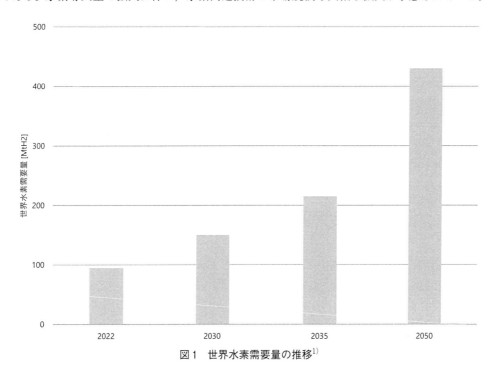

図 1　世界水素需要量の推移[1]

3　水素サプライチェーンの全体像

水素サプライチェーンとは，ここでは水素の製造から輸送，利用までの流れを指す。文脈によっては，水素製造装置のバリューチェーンや製造時に使用する電力の発電部門など，関連する周辺分野を包含する場合，もしくは利用地点への供給までを指す場合もある。本稿では，様々な技術を含む水素サプライチェーンを製造部門，貯蔵/輸送/転換部門，利用部門の大きく 3 部門に区分し，各部門における技術に着目していく。

4 国際展開を狙う注力分野利用

以下では，水素製造，貯蔵/輸送/転換，利用といった各部門で，海外諸国と比較して日本がどの技術分野に注力しているかを，市場規模と合わせて考察する。具体的には，横軸にIEAのネットゼロシナリオ（NZE）における2030年の水素導入量や投資額，縦軸にIPFs[3]（国際特許ファミリー）における日本の比率を置いた散布図を示し，市場規模と日本企業の存在感の2軸で考察する。グラフの（ ）内数値は，国別IPFs数における日本の順位を示している。

※技術を持っていても特許にするかは企業・研究機関次第であるため，ある技術分野における国ごとの注力度合いは特許数とイコールとは言えない。しかし，特許は技術革新の最も迅速なシグナル[2]であり，IPFs（国際特許ファミリー：複数ヵ国で申請および公開され，出願者が国際的に保護する価値があると判断した質の高い特許[2]）数と技術開発への注力度合いが概ね比例すると仮定する。

4.1 水素製造部門

図2は，水素製造技術について，横軸に2030年における技術ごとの製造量[3]を，縦軸に日本のIPFs比率[2]を取っている。2030年においては製造される水素の6割が化石燃料由来，3割が水電解由来と予想されている中で，日本は水電解技術の開発に注力し，世界で最も特許を取得している。

政府指針を示す水素基本戦略では，2030年までに国内外において日本関連企業の水電解装置を15 GW導入（世界市場の約10%），国内で水電解由来水素製造42万トンの目標が設定された[4]。世界でも2030年に向け水電解設備の導入が拡大することから，技術開発度の優位性を活

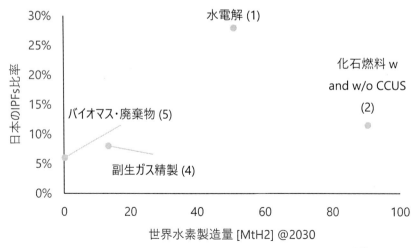

図2 水素製造部門における各技術の製造規模と日本のIPFs比率[2,3]
※（ ）内の数値は国別IPFs数における日本の順位

第 2 章　水素サプライチェーンの全体像と日本の勝ち筋となりうる技術分野

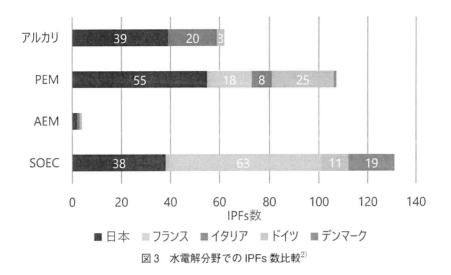

図 3　水電解分野での IPFs 数比較[2]

かした国際展開が期待される重要な市場であることがわかる。水素基本戦略では，国内よりも再エネ価格が安い海外での導入を先行する方針が示されている[4]。

水電解技術について詳述すると，水電解装置システムは，電解質・膜・電極・触媒などからなる「セル」を複数積層した「スタック」と，整流器や水素基液分離機などの「補器」によって構成される。「スタック」には 4 種類あり，アルカリ形・PEM（固体高分子）形・AEM（アニオン交換膜）形・SOEC（固体酸化物）形がある。アルカリ・PEM は商用段階に，AEM・SOEC は技術開発段階にある。アルカリと PEM に関しては，コスト・設備容量・負荷追従性などの特徴に応じ，アルカリは大規模プロジェクト，PEM は中小規模で地産地消プロジェクト向け，といった大まかな棲み分けが想定されている。

図 3 は水電解スタックにおける IPFs 数の上位 10 社を，国別に集計したものである。フランス企業が SOEC の開発に力を入れている一方で，日本企業は商用段階にあるアルカリ・PEM の特許数でリードしている。膜・触媒などの要素技術の性能面で優位性があり，国内企業の開発する高耐熱性・高耐圧性・低コストな炭化水素系電解膜が多くの海外企業で採用された例もある[5]。

4.2　水素貯蔵/輸送/転換部門

図 4 は，水素製造と利用を繋げる各インフラ技術について，横軸に 2030 年での世界年間投資額[6]，縦軸に日本の IPFs 比率[2]をとっている。合成燃料・キャリアの投資額については，アンモニア輸送および転換への投資額で代替しており，合成燃料・キャリアへの少なく見積もった投資額であることに留意されたい。また，ここでの合成燃料・キャリアとは，合成メタンや合成ディーゼルなど合成燃料・LOHC（メチルシクロヘキサン）・アンモニアを指し，ゲルマニウム水素化物など水素化合物：hydride とは区別する。

図 4 から，ガス貯蔵技術や水素ステーション関連技術を筆頭に，海外諸国と比較し日本が開発

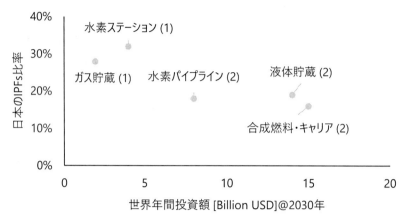

図4 水素貯蔵／輸送／転換部門における各分野の投資規模と日本の IPFs 比率[1,2,6~8]
※（ ）内の数値は国別 IPFs 数における日本の順位
（合成燃料・キャリアの投資額はアンモニア転換・輸送への投資額を示しており，ガス貯蔵の投資額は該当 IPFs に基づく執筆者の推定値である）

に注力している分野が多いことがわかる。これらの技術分野においては，vol.1 で論じたように最も小さく軽量な元素である水素を「漏らさない」ことが重要であり，日本の「すり合わせ」技術の強みを活かした市場シェア獲得が期待される。

また，投資規模が比較的大きく，水素利用の拡大に資する合成燃料・キャリア分野における技術を詳述する。図5は，合成燃料・キャリアにおける IPFs 数の上位 10 社を国別に集計したも

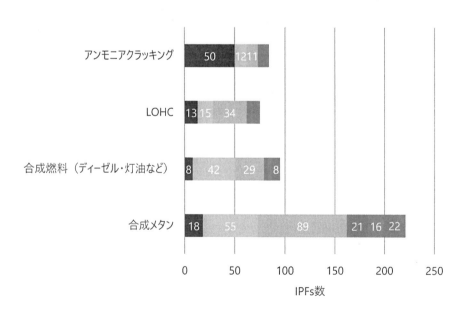

図5 水素由来燃料分野での IPFs 数比較[2]

第2章　水素サプライチェーンの全体像と日本の勝ち筋となりうる技術分野

のである。合成燃料・キャリア分野では，国内企業によるオーストラリア・ブルネイから水素キャリア（LOHC・MCH）の大規模船舶輸送実証事業が完了しているなど，国内企業の技術開発が進んでいるが，特にアンモニアクラッキング技術（アンモニアから水素を取り出す技術）において，日本が特許を多く取得している。伝統的な水素利用技術であるハーバー・ボッシュ法によるアンモニア製造においても，日本が最も特許を取得しており，アンモニアは日本の注力分野の一つである。

　IEAの予測によると，世界的な水素需要の高まりに伴い，水素の国際輸送量が拡大する。2030年では15 Mt-H2/年，2040年では25 Mt-H2/年の取引量に達し，そのうちの80％以上がアンモニアをキャリアに輸送される。このことから，日本企業による水素国際輸送に係る市場のシェア獲得が期待される。

4.3　水素利用部門

　図6は，水素利用技術について，横軸に2030年における技術ごとの利用量[9]を，縦軸に日本のIPFs比率[2]を取っている。日本については，家庭用燃料電池（エネファーム）を普及した建築物分野や，自動車を筆頭とするモビリティ分野など，多くの分野で技術開発に注力している現状が伺える。自動車分野については，IEAのNZEシナリオでは2030年に世界全体で約700万

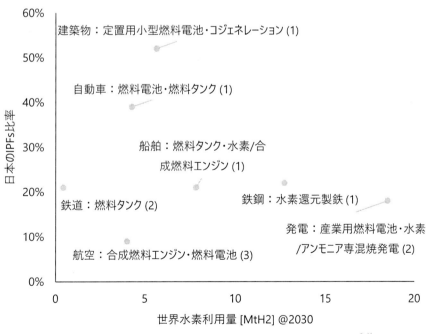

図6　水素利用部門における各分野の利用規模と日本のIPFs比率[2,9]
※（ ）内の数値は国別IPFs数における日本の順位
（具体的な主要技術を各分野の名称に続く：以降に記載している）

台の FCV 導入が予測されており[10,11]，日本の基幹産業で国際競争力を有していることから，FCV 市場の覇権を握る期待が大きい。

　燃料電池は，自動車などモビリティ分野だけでなく，民生・事業所などあらゆる分野での動力源/電源として利用されるポテンシャルがあり，逆反応を利用する水電解装置との親和性もある。水素基本戦略には，日本全体として国産燃料電池の分野で産業や国を跨ぎ世界市場でプラットフォーマーを目指す方針をとることが記されているように[4]，水素産業における重点領域である。

　Hard-to-abate 産業の一つである鉄鋼分野での水素還元製鉄技術に関しては，諸外国が低炭素化を目指し社会実装に向けた取り組みを加速している。従来のコークス還元と異なり水素還元は吸熱反応であるなど，技術的課題がいくつか把握されているが，IPFs 数では日本が最も多く，水素基本戦略では燃料電池と同じく国際競争力の拡充を図る領域であると記されている。

5 総括

　以下の表1〜3に，各部門における技術ごとの市場規模感・日本のIPFs 比率を整理し，国際市場獲得の有望度を三段階（◎/○/△）で示す。ここでの有望度は，現時点でのIPFs 数を基に目安として示しており，△の技術も国際市場でのシェア獲得が困難であると主張するものではない。

　今後世界的な水素需要の拡大が予想されている中，水素製造・貯蔵/輸送/転換・利用の各部門で，日本が技術開発に注力し，市場シェア獲得が有望な領域が多いことを確認した。全ての分野で市場シェアを握る必要はなく，水素基本戦略でも市場規模・日本の優位性を鑑みた特定の分野で覇権を握る将来が描かれているが，水素産業は日本の経済発展のカギになる可能性がある。

表1　製造部門での技術別比較

製造方法	世界水素製造量 [MtH2] @2030	日本のIPFs比率 （国別順位）	主要競合国 （IPFs比率）	有望度
化石燃料 w and w/o CCUS	90	12%（2）	米国（28%）	○
副生ガス精製	13	8%（4）	米国（38%）/ ドイツ（12%）	△
水電解	51	28%（1）	米国（13%）	◎
バイオマス・廃棄物	0.2	6%（5）	米国（34%）	△

第2章　水素サプライチェーンの全体像と日本の勝ち筋となりうる技術分野

表2　貯蔵/輸送/転換部門での技術別比較

技術区分	世界年間投資額 [Billion USD] @2030年	日本のIPFs比率 （国別順位）	主要競合国 （IPFs比率）	有望度
ガス貯蔵	2	28%（1）	米国（19%）	◎
液体貯蔵	14	19%（2）	ドイツ（21%）/ 米国（19%）/ フランス（18%）	○
水素パイプライン	8	18%（2）	米国（26%）	○
水素ステーション	4	32%（1）	米国（17%）	◎
合成燃料・ キャリア	15	16%（2）	米国（23%）	○

表3　利用部門での技術別比較

利用分野と主要技術	世界水素利用量 [MtH2] @2030	日本のIPFs比率 （国別順位）	主要競合国 （IPFs比率）	有望度
自動車：燃料電池・燃料タンク	4	39%（1）	米国（14%）/ ドイツ（13%）	◎
船舶：燃料タンク・水素/合成燃料エンジン	7.8	21%（1）	米国（16%）	◎
鉄鋼：水素還元製鉄	13	22%（1）	米国（13%）/ ドイツ（12%）	◎
発電：産業用燃料電池・水素/アンモニア専混焼発電	19	18%（2）	米国（34%）	○
建築物：定置用小型燃料電池・コジェネレーション	6	52%（1）	韓国（10%）	◎
航空：合成燃料エンジン・燃料電池	4	9%（3）	米国（35%）/ ドイツ（15%）	△
鉄道：燃料タンク	～1	21%（2）	米国（24%）	○

（以上の表に載ってはいないものの，製造部門における水の熱分解，貯蔵/輸送/転換部門における
　水素化合物など，日本の特許数が諸外国より多く技術開発に注力している分野がある。）

文　　　献

1) IEA, "Net Zero Roadmap A Global Pathway to Keep the 1.5℃ Goal in Reach", https://iea.blob.core.windows.net/assets/9a698da4-4002-4e53-8ef3-631d8971bf84/NetZeroRoadmap_AGlobalPathwaytoKeepthe1.5CGoalinReach-2023Update.pdf

2) IEA, "Hydrogen patents for a clean energy future", https://iea.blob.core.windows.net/assets/1b7ab289-ecbc-4ec2-a238-f7d4f022d60f/Hydrogenpatentsforacleanenergyfuture.pdf

3) IEA, "Global Hydrogen Review 2023", https://www.iea.org/reports/global-hydrogen-review-2023

4) 内閣官房, 水素基本戦略, https://www.cas.go.jp/jp/seisaku/saisei_energy/pdf/hydrogen_basic_strategy_kaitei.pdf

5) DBJResearch, 水電解装置における日本企業の競争力強化に向けて, https://www.dbj.jp/upload/investigate/docs/2078b65a4d234d069f2325b3ea91c2b1.pdf

6) IEA, "Average annual global investment in hydrogen and natural gas infrastructure in the Net Zero Scenario, 2016–2050", https://www.iea.org/data-and-statistics/charts/average-annual-global-investment-in-hydrogen-and-natural-gas-infrastructure-in-the-net-zero-scenario-2016-2050

7) U. S. D. o. Energy, "Hydrogen Storage Cost Analysis", https://www.hydrogen.energy.gov/docs/hydrogenprogramlibraries/pdfs/review22/st235_houchins_2022_p-pdf.pdf?Status=Master

8) 内田俊平, 南形英孝, 東京ガスの商用水素ステーション, https://www.jstage.jst.go.jp/article/ieiej/36/4/36_246/_pdf/-char/ja

9) IEA, "Global hydrogen demand by sector in the Net Zero Scenario, 2020–2030", https://www.iea.org/data-and-statistics/charts/global-hydrogen-demand-by-sector-in-the-net-zero-scenario-2020-2030-2

10) IEA, "Global EV Outlook 2023: Catching up with climate ambitions", https://iea.blob.core.windows.net/assets/dacf14d2-eabc-498a-8263-9f97fd5dc327/GEVO2023.pdf

11) IEA, "Share of electric and fuel-cell vehicles in total cars and light trucks sales in the Sustainable Development Scenario and Net Zero Emissions by 2050 case, 2019–2030", https://www.iea.org/data-and-statistics/charts/share-of-electric-and-fuel-cell-vehicles-in-total-cars-and-light-trucks-sales-in-the-sustainable-development-scenario-and-net-zero-emissions-by-2050-case-2019-2030

第3章　工業炉でのアンモニア直接燃焼利用

赤松史光[*]

1　まえがき

　私たちが利用しているエネルギーの約85%は，石油，天然ガス，石炭などの化石燃料を燃焼させることによって生み出されている[1]。しかしながら，近年，化石燃料の大量消費により，地球温暖化など図1に示すように地球規模の環境問題が起こっている。

　資源小国の日本にとって，エネルギー安全保障の観点から海外からの化石燃料依存を低減する必要がある。同時に地球温暖化防止に貢献するためCO_2の排出量を削減することが求められている。パリ協定の批准により，2030年度に2013年度比で－26.0%の水準（約10億4,200万t-CO_2），2050年度に－80%の水準を達成することが掲げられた。このような状況において，2018年6月に出されたエネルギー白書では，低炭素，脱炭素を進めるにあたって，太陽光・風力や，水素エネルギーの活用に重点がおかれている。

　また，2019年6月に軽井沢で開催されたG20エネルギー・環境大臣会合の前日に，日本政府

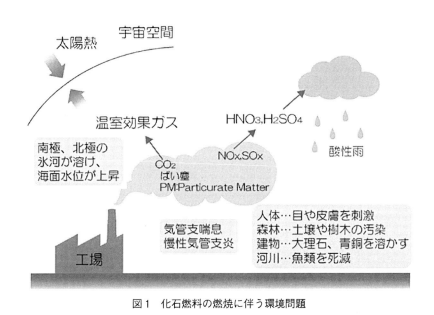

図1　化石燃料の燃焼に伴う環境問題

---

* Fumiteru AKAMATSU　大阪大学　大学院工学研究科　機械工学専攻　燃焼工学研究室　教授

の要請を受け IEA（International Energy Agency）が，水素に関する初のレポートを作成し水素エネルギー活用の重要性を発表した。その後，2020 年 10 月 26 日に，菅首相の所信表明演説にて，温室効果ガスの排出量を 2050 までに実質ゼロにする目標が掲げられ，また，2021 年 4 月 22 日に，菅首相が気候変動サミットにて，2030 年度までの二酸化炭素排出量の削減目標を，2013 年度比で−46.0％に大きく割り増しすることが表明された。

　このように，我が国のみならず国際的にも水素利用に関する研究開発は重要なアイテムとなって来ている。水素の利用は CO_2 を排出しないクリーンなエネルギーであることに加え，化石燃料や再生可能エネルギーから製造が可能でエネルギー供給源の安全保障にも寄与する。多くの水素を海外から調達する必要がある我国は，水素の貯蔵や輸送に関して純水素の貯蔵・輸送の方式以外に，エネルギーを水素として含む化学物質（エネルギーキャリア）に変換し，これを消費地まで運搬・貯蔵し，必要な時に最適な形でエネルギー変換する方式が，内閣府総合科学技術・イノベーション会議の戦略的イノベーション創造プログラム（SIP）「エネルギーキャリア」（管理法人：国立研究開発法人 科学技術振興機構）にて研究開発された。

2　エネルギーキャリアとしての水素・アンモニア

　前述のように，化石燃料の代替燃料としてのエネルギーキャリアとして水素が注目を集めている。将来的には，地球上に大量に賦存する再生可能エネルギーである太陽光発電や風力発電によって安価に生み出された電気を用いて水を電気分解することにより，低コストで水素を大量生産することが可能であると考えられている。

　例えば，太陽光発電であれば，全世界のエネルギー需要は，アフリカのサハラ砂漠の 1/3 の面積に太陽光発電パネルを敷き詰めることで満たすことができる。また，風力発電の場合，全世界の潜在的風力量は電力量にして年間 9 兆 6700 億 kWh（日本の年間使用電力量の 8 倍）のポテンシャルを持つ。もし世界中の風力を有効利用する技術を我が国が保有すれば，日本が世界屈指のエネルギー輸出国となることも夢ではない。

　しかし，高圧送電線を用いた電気の輸送距離は数百 km 程度が限度であり，再生可能エネルギー起源の電気を全世界へ供給するためには，図 2 に示すような水素をはじめとするエネルギーキャリアに関する技術とインフラを社会に実装する必要がある。

　水素は燃焼しても二酸化炭素を排出しないために，化石燃料に混合して燃焼（混焼）させれば，その分だけ二酸化炭素の排出量を削減することができ，地球温暖化防止に対して即効性がある。しかし，水素を大量に輸送・貯蔵するためには，−253℃ の極低温にして液化するか，もしくは常温であれば 700 気圧の超高圧ボンベに充填する必要がある。

　そのような中，水素のキャリア（分子内に多くの水素を含む物質）として，アンモニア（NH_3）が着目されている。アンモニアは，燃焼過程において二酸化炭素の排出を伴わない CO_2 フリーの燃料である。このことは，アンモニアの燃焼の際の化学反応式が，次式で表されることから理

第3章　工業炉でのアンモニア直接燃焼利用

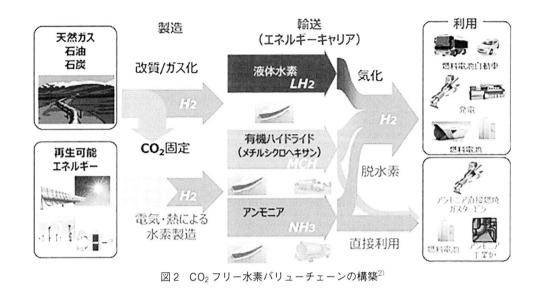

図2　CO₂フリー水素バリューチェーンの構築[2]

解できる。

$$NH_3 + 3/4 O_2 \rightarrow 1/2 N_2 + 3/2 H_2O \tag{1}$$

アンモニアは約100年前に，空気中から分離された窒素と，炭化水素などから得られる水素によるアンモニア合成法（ハーバー・ボッシュ法）が開発されたことで大量工業生産が可能となり，全世界で1年間に約1億9000万トンが生産されている。製造コストは水素1m³あたり36円から40円である。また，アンモニアは重量割合で17.8%の水素を含有しており，常温で8.5気圧程度の圧力で容易に液化することが可能であり，輸送・貯蔵に関する技術と社会インフラが既に確立されている。

アンモニアの直接燃焼に展開可能な分野としてガスタービン，レシプロエンジン，工業炉および工業用バーナーがある。また火力発電所や工業事業所には一定規模のアンモニア輸送，貯蔵インフラがすでにあるので，それぞれの技術開発の成果を実用燃焼システムに速やかに応用できる位置にある。

その中で，燃焼式の工業炉からの二酸化炭素排出量は国内総排出量の約6.2%を占めており，そのCO₂の排出量は年間6600万トンになるため，発電システムと同様にアンモニア燃焼によるCO₂排出削減のインパクトは大きい。また工業炉は様々な規模の炉が存在し，小型炉から導入し，順次大型炉に展開するリスクマネージメントが可能な分野である。

しかしながら，アンモニアを燃料として使用する際には，燃焼性が低いことの他，燃料中の窒素（N）由来の窒素酸化物であるNOx（Fuel-NOx）が多量に生成されることが懸念されていた。当研究室では，燃料を燃焼させるための酸化剤として利用される空気中の酸素濃度を高める"酸素富化燃焼"によりアンモニアの低燃焼性を克服し，また，二段燃焼技術や燃焼装置内の排気ガ

スの再循環技術によって，窒素酸化物（NOx）排出濃度を環境基準以下とする燃焼を実現することに成功している[3~8]。

3　工業炉でのアンモニア直接燃焼利用

アンモニアを燃料として工業炉に利用する際，従来の炭化水素系燃料に比べて，(1) 燃焼性が低い，(2) 高濃度な窒素酸化物（NOx）の発生，(3) 燃料に炭素を含まないことによるふく射強度の低下，などの課題があった。以下では，上記の3つの課題解決に向けた研究について述べる。

ボイラーや燃焼炉での利用を想定した際に，アンモニア燃焼時のふく射が従来燃料よりも弱い場合には，ふく射を強化するなどの対策が必要である。また，前節で述べた酸素富化燃焼によって，ふく射能に影響を与える温度を上昇させることができれば，アンモニア燃焼時に課題となるふく射熱流束を強化できると考えられる。そこで，燃焼炉，ボイラーを模擬した10 kW小型モデル工業炉を用いてアンモニア燃焼に酸素富化燃焼を適用し，アンモニア燃焼時のふく射熱流束およびスペクトル計測により，酸素富化によるふく射強度の強化の可能性を実験的に明らかにした。

実験装置は，10 kW小型モデル工業炉，ふく射熱流束計測計，赤外領域スペクトル計測計（FT-IR Rocket 2.5-12 μm，ARCoptix S. A.）からなるが，ここでは自作した10 kW小型モデル工業炉について説明する。

10 kW小型モデル工業炉の写真と構成を図3と図4に示す。

炉は全長が1000 mmで，内部は断熱材に囲われている。炉の上部には6箇所の熱電対設置用のポートが，炉の下部にはふく射熱流束の計測やふく射スペクトルの計測を行うための6箇所のポートを設けている。

バーナーに取り付けられたノズルは2重管構造となっており，燃料は内側の管から，酸化剤は外側の管から燃焼場に供給され，同軸噴流拡散火炎を形成される。

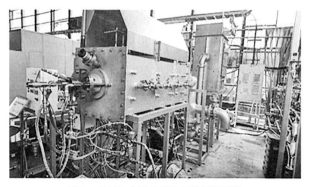

図3　10 kW 小型モデル工業炉の写真

第3章　工業炉でのアンモニア直接燃焼利用

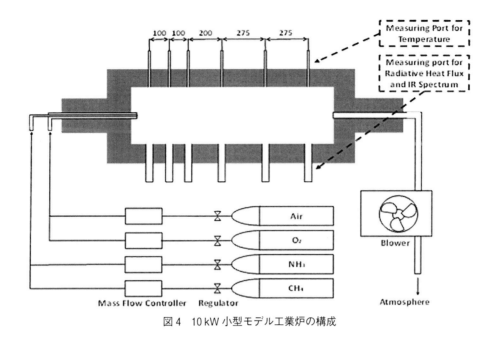

図4　10 kW 小型モデル工業炉の構成

4　二段燃焼による NOx 低減

NOx の発生は炭化水素系燃料では，空気中の窒素が高温域（1500℃以上）で生成される Thermal-NOx と呼ばれる式(2)で表される反応が支配的である。

$$N_2 + O \rightleftarrows NO + N \tag{2}$$

一方，アンモニアを燃料として利用した際に生成する NOx は，燃料由来の窒素が酸化され NOx となる Fuel-NOx が支配的であり，その生成機構は，式(3)で示される。

$$NH_i \rightleftarrows N, N + OH \rightleftarrows NO + H \tag{3}$$

多くの工業炉の使用温度領域は 1000〜1500℃とガスタービンに比べ比較的低温である。従来の炭化水素系燃料用に設計された工業炉にてアンモニア燃焼させた場合，式(3)で示した Fuel-NOx が支配的であるため，低温であるにかかわらず大量の NOx が発生する。このような状況で，我々は二段燃焼法をアンモニア燃焼に適用し大幅な NOx 削減効果を得て，現行の工業炉に関する環境基準をクリアしたアンモニア燃焼を実現した。（図5）

一般に二段燃焼法は，「酸化剤を複数位置から供給することにより燃焼領域を燃料過濃領域と燃料希薄領域2つの領域に分けて局所的な高温領域の形成を回避させることで NOx の生成を抑制する」燃焼手法である。

本研究には前述した 10 kW 級モデル燃焼炉（図4）を用いた。二段燃焼を行うにあたり，図

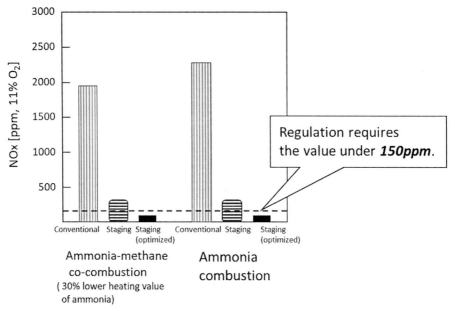

図5　二段燃焼によるNOx排出量の低減

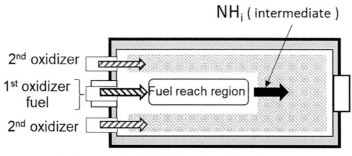

図6　10 kW 小型モデル工業炉の構成（2段燃焼用）

6に示すように燃料と1次酸化剤が同軸2重管となったバーナーと，その左右に2次酸化剤導入のためのノズルを有している。

前述の図5に示すように，本バーナー構成，燃料及び2次酸化剤導入条件によってNOx排出量（O_2 11%換算）が大きく変化することが明らかとなった。炭化水素系燃料としてメタンを用いた場合，二段燃焼によりNOxの排出量が120 ppmから50 ppmまで減少する。一方，メタンにアンモニアを体積分率で30%混焼（以降アンモニア30%混焼と記載）させた燃焼条件では，NOxの排出量を2000 ppmから120 ppmまで大きく減少させることができた。同様にアンモニア100%燃焼条件で，NOxの発生量を2350 ppmから120 ppmまで減少させることが可能となった。メタン燃焼時と比較するとアンモニア燃焼に本研究で開発した二段燃焼を採用することで大幅にNOxを削減可能である。本研究での10 kW級モデル燃料炉の炉内温度は，メタン燃焼時に

190

第3章　工業炉でのアンモニア直接燃焼利用

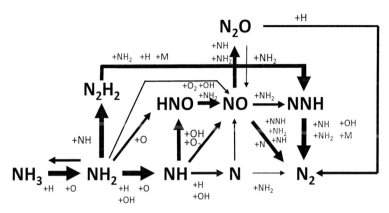

図7　詳細素反応の経路図

比べて，約50～100℃しか低下しておらず，従来の二段燃焼の考え方である局所的な高温域の形成を回避させ燃焼を緩慢にした現象だけでは，このアンモニア燃焼時のNOxの低減は説明がつかない。

　工業炉におけるアンモニア燃焼時のNOx削減のメカニズムは，以下のように考えている。燃焼炉の上流域で，酸化剤の供給を1次側と2次側に分割している。燃料と1次酸化剤が供給された火炎近傍の燃焼領域は燃料過濃な状態であり，意図的に未燃アンモニアあるいは，アンモニアの中間生成物の生成を可能とした。生成された未燃アンモニアもしくは中間生成物を炉下流まで流動させ，NOxを式(4)，式(5)で表される反応により還元している。

$$NH + NO \rightleftarrows N_2O + H \tag{4}$$

$$N_2O + H \rightleftarrows N_2 + OH \tag{5}$$

　中間生成物をLindstedtのメカニズムに基づき一次元自由伝搬火炎モデルを適用して詳細素反応経路図の導出を行った。図7にその結果を示す。アンモニアの中間生成物として，NH_2，NH，HNOなどが挙げられる。図7に示すように，生成されたNOは，式(4)，式(5)の反応により，N_2に還元される反応経路が存在する。

　なお，10 kW工業炉で実証した結果を，実働する工業炉のバーナー規模に近い100 kW級モデル工業炉において同等の効果が再現することを確認した。

5　結言

　工業炉において，アンモニアを燃料として直接燃焼させる場合の課題であった①低燃焼速度による燃焼の不安定性，②ふく射強度の低下，③多量のNOxの発生について，①，②に関しては酸素富化燃焼により，③に関しては二段燃焼法を適用することで解決されることを明らかにし

た。アンモニア燃焼に適用する二段燃焼法は従来の炭化水素系燃料の場合と異なり，燃焼反応を緩慢にして局所的な高温領域を発生さないこととは異なり，炉内再循環を利用して燃焼反応領域中に未燃アンモニアを積極的に残存させて，その還元性を利用して NOx を低減させることが可能であることを明らかにした。

6　おわりに

2009 年 7 月 4 日付の日本経済新聞のインタビュー記事で，サウジアラビア元石油相アハメド・ザキ・ヤマニ氏は，"石油に代わって主役になるのは何ですか。"という問いに対して，"最も影響のあるのは水素エネルギーだ。"と答えた。また，"水素エネルギーへの転換はいつになりますか。"という問いには，"それは分からない。だが，近い将来，転換は必ず来る。（中略）原油はまだまだ地下に眠っているし，コストをかけて新技術を使えば採掘できる。だが，時代は技術で変わる。石器時代は石がなくなったから終わったのではない。（青銅器や鉄など）石器に代わる新しい技術が生まれたから終わった。石油も同じだ。"と語った。

昨今，シェールガスやシェールオイルをはじめとする非在来型の化石燃料の生産技術が確立され，数十年のオーダーでは，現在のように化石燃料が安価で安定的に供給されることが予測されているが，自国に化石資源がほとんどない日本が，水素社会が到来した後も工業国として生き残っているためには，現時点での目先の利便性や利益を求めるだけではなく，水素やアンモニアといったエネルギーキャリアのバリューチェーンの構築を世界に先んじて成し遂げ，これらの非化石燃料の燃焼技術でも世界をリードするための先行投資が求められていると言えよう。

謝辞
　本研究は国立研究開発法人科学技術振興機構戦略的イノベーション創造プログラム（SIP）により行われた。本研究の遂行にあたり，大陽日酸株式会社，大阪大学 燃焼工学研究室の関係各位にご尽力をいただいた。

文　　　献

1) 令和 2 年度エネルギーに関する年次報告（エネルギー白書 2021），資源エネルギー庁，https://www.enecho.meti.go.jp/about/whitepaper/2021/pdf/
2) 科学技術振興機構，水素社会に向けた取り組み，https://scienceportal.jst.go.jp/columns/opinion/20150522_02.html
3) 世界初！アンモニアと混焼する微粉炭の詳細燃焼挙動を明らかに〜再生可能エネルギーの利用拡大につながる新たな知見〜，https://www.jst.go.jp/pr/announce/20161031/index.

第3章　工業炉でのアンモニア直接燃焼利用

html

4) 工業炉分野で化石燃料の代替燃料，アンモニアの社会実装に一歩近づく NOx の発生量を抑制する「アンモニア燃焼技術」を開発，http://www.jst.go.jp/pr/announce/20161031-2/index.html

5) 工業炉における CO_2 排出量削減に向けた，アンモニア燃焼利用技術を開発〜連続亜鉛めっき鋼板製造工程における実証評価に目途〜，https://www.jst.go.jp/pr/announce/20170626/index.html

6) Hiroyuki Takeishi, Jun Hayashi, Masashi Suzuki, Kimio Iino, Fumiteru Akamatsu, Proc. Grand Renewable Energy 2014（2014.7.27）

7) Hiroyuki Takeishi, Jun Hayashi, Kimio Iino and Fumiteru Akamatsu, INFUB2015（2015.04.08）

8) Ryuichi Murai, Ryohei Omori, Ryuki Kano, Yuji Tada, Hidetaka Higashino, Noriaki Nakatsuka, Jun Hayashi, Fumiteru Akamatsu, Kimio Iino, Yasuyuki Yamamoto, *Energy Procedia*, **120**, pp. 325-332（2017）

第4章　石炭火力におけるアンモニア燃焼技術開発の状況

花岡　亮[*1]，山田敏彦[*2]

1　はじめに

　地球温暖化の抑制と持続可能な社会の実現に向け，電力業界のみならず，さまざまな業界において温室効果ガスの削減が世界的に強く[1]求められている。日本では，政府が2021年10月に第6次エネルギー基本計画を打ち出しており，その中で2050年までに温室効果ガスを実質的にゼロとするカーボンニュートラルの実現を目指すことを宣言している。また，その過程として，2030年までに2013年度比で46％の温室効果ガスを削減することを目標として掲げている。資源エネルギー庁の第6次エネルギー基本計画によると，2030年において再生可能エネルギー割合の増加だけでなく，水素・アンモニアの利用が明記されており，全発電量の1％相当を水素・アンモニアで賄う計画となっている。

　本稿では，上記の計画を利用側で達成するために，石炭火力用ボイラにおけるアンモニア燃焼の技術開発を推し進めている。ボイラでのアンモニア燃焼に係る技術開発として，現在実機実証まで進んだアンモニア20％燃焼，次いで50％以上のアンモニア燃焼を目指す高比率アンモニア燃焼，そしてアンモニア専焼バーナの技術開発状況を概説する。また，海外のさまざまなタイプの石炭火力用ボイラ向けに，技術開発の取り組みを進めており，その概要も紹介する。

2　石炭火力でのアンモニア燃焼ロードマップ

　火力発電で使用される化石燃料には炭素（C）が含まれており，燃焼するとCO_2が発生する。「CO_2を排出しない火力発電」の実現に向け，既存の石炭火力発電設備で，炭素を含まないアンモニア（NH_3）を燃やしてCO_2排出量を削減することを考えたのが，アンモニア燃焼ボイラである（設備としては石炭とアンモニアを混焼させるものであるが，アンモニアを燃料として燃焼させる技術であるためここでは"アンモニア燃焼"と表現する）。

　IHIでは，2010年代半ばからアンモニアの燃料利用に着目し，アンモニア燃焼技術開発を行っ

＊1　Ryo HANAOKA　㈱IHI　資源・エネルギー・環境事業領域
　　　　　　　　　　カーボンソリューションSBU　ライフサイクルマネジメント部
　　　　　　　　　　燃焼技術グループ　主幹
＊2　Toshihiko YAMADA　㈱IHI　資源・エネルギー・環境事業領域
　　　　　　　　　　カーボンソリューションSBU　開発部　部長

第4章　石炭火力におけるアンモニア燃焼技術開発の状況

てきた。その後，内閣府の戦略的イノベーション創造プログラム（SIP）（2017-2018年度）における調査研究により，既存石炭火力発電用ボイラでアンモニア燃焼実現の可能性を見出した。これに引き続くNEDO委託事業（2019-2020年度）[注1]により，株式会社JERA（以下，JERA）の碧南火力発電所（愛知県）（以下，碧南火力）でのアンモニア20%燃焼実証の実現性を詳細評価し，現在進行中の碧南アンモニア20%燃焼の実証研究の助成事業（2021-2024年度）[注2]に進んできた。現在，碧南火力での実証試験が完了し，最終的な分析・評価を実施しているところである。

また，アンモニアと従来燃料（微粉炭）を同時に燃焼するアンモニア高比率燃焼バーナの開発については，2021～2024年度にかけてNEDO GI基金事業[注3]の下でFS（Feasibility Study）とともに取り組み，バーナ開発については完了している。現在は2025～2028年度に実施する実証試験に向けて準備中である。そして，アンモニア専焼バーナの開発については，自主的に開発を進め，まずはボイラへの部分的導入を目指している。

これらの流れ，今後目指していくべき姿を定めた技術開発ロードマップを図1に示す。2030

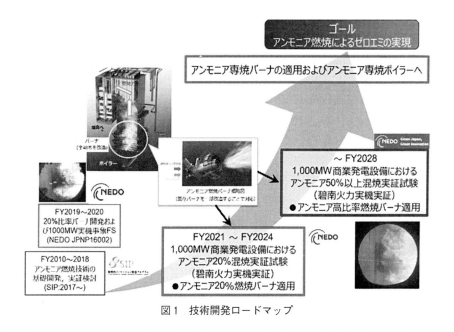

図1　技術開発ロードマップ

注1）カーボンリサイクル・次世代火力発電等技術開発／次世代火力発電等技術開発／次世代火力発電技術推進事業／アンモニア混焼火力発電技術の先導研究／微粉炭焚ボイラにおけるマルチバーナ対応アンモニア混焼技術の研究開発

注2）カーボンリサイクル・次世代火力発電等技術開発／アンモニア混焼火力発電技術研究開発・実証事業／実証研究／100万kW級石炭火力におけるアンモニア20%混焼の実証研究

注3）グリーンイノベーション基金事業／燃料アンモニアサプライチェーンの構築プロジェクト／石炭ボイラにおけるアンモニア高混焼技術（専焼技術含む）の開発・実証

年までに石炭焚ボイラを，燃料アンモニアを利用したカーボンニュートラルなボイラへ転換する技術の確立を目指している。

3 アンモニア20％燃焼

火力発電設備のカーボンニュートラル化としてアンモニアが有望視されているが，石炭火力用ボイラにアンモニア燃焼を導入するために克服すべき主な課題を図2に示す。この中でも，アンモニアの中には窒素（N）分が含まれ，燃焼時に窒素酸化物（NO_x）が発生することが特に懸念される。NO_xの生成原理は主に2種類あり，燃料を燃やしたときに排出される燃料中N分からのNO_xをFuel-NO_x，高温燃焼時に空気中N_2から生成するNO_xをThermal-NO_xという。NO_xは，光化学スモッグの原因となる大気汚染物質であり，また，一部の亜酸化窒素（N_2O）は地球温暖化係数の高い温室効果ガスでもある。燃料アンモニアは，燃料中のN分が燃焼しているとも言え，窒素酸化物の％オーダーでの発生も予想される中，従来燃料専焼と同等である100 ppm（0.01％）オーダーにこの排出を抑えることが，燃料アンモニア直接燃焼における一番の技術課題であった。

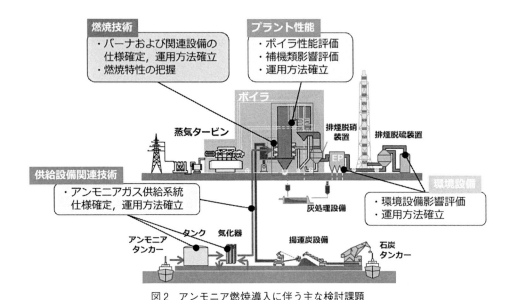

図2　アンモニア燃焼導入に伴う主な検討課題

3.1　試験設備での燃焼試験

試験的検討は，IHI相生事業所内の試験設備にて各種燃焼試験を行ってきた。開発当初は，小型燃焼試験設備（投入熱量約1 MW）と大型燃焼試験設備（投入熱量約10 MW）を用いて燃焼試験を実施していた。この際のアンモニア供給設備の容量は大型燃焼試験設備でアンモニア

第4章 石炭火力におけるアンモニア燃焼技術開発の状況

20%燃焼容量相当であったが,2022年度に大容量アンモニア供給設備を設置することで,大型燃焼試験設備でアンモニア高比率燃焼やアンモニア専焼の試験実施が可能なようにした。なお,大容量アンモニア供給設備は最大供給量 2,400 kg/h となっており,アンモニアは液化アンモニアタンクから蒸気加熱式の気化器を通して気化させ,バッファータンクなどを介することでバーナまで安定供給が可能な仕様である。本燃焼試験炉は投入熱量 10 MW の単一バーナ炉であり,実際の発電所で使用されているバーナに近いスケールで試験が可能である。図3に燃焼試験炉とアンモニア供給設備の外観を示す。

図4は燃焼試験時における従来燃料専焼時の火炎およびアンモニア20%燃焼時の火炎の様子である。なお,アンモニア燃焼バーナは,従来燃料の噴射ノズルの内側にアンモニアの噴射ノズルが配置されたバーナ構造とし,同時に燃焼させる形になっている。図中(a)の写真が従来燃料専焼時の火炎であるが,アンモニア燃焼することで,若干着火位置がバーナポートから離れる様子が窺える(図中(b))。これは,アンモニアの燃焼速度が遅いことが要因と考えられる。図中(c)はアンモニア燃焼時において,燃焼空気が通過する旋回ベーンの開度を調整した状態のものである。その着火位置は石炭専焼時と同等であり,アンモニア燃焼時においても燃焼空気の旋回を適切に調整することで着火の安定性は維持できることが示される結果を得ている。

図5には従来燃料専焼条件とアンモニアを20%燃焼させた場合の燃焼特性を示している。懸念していた窒素酸化物は,燃焼試験を行った範囲の空気比(空気過剰率)および二段燃焼率においては少なくとも従来燃料専焼時と同程度となることが確認された。また,その際の燃焼灰中の

図3 燃焼試験炉とアンモニア供給設備

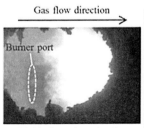
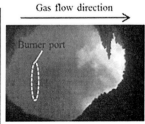
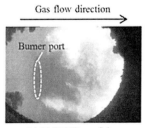

図4 燃焼試験設備における火炎状態比較[2]

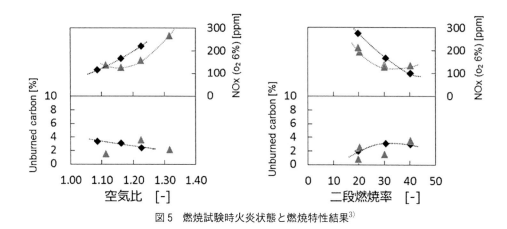

図5 燃焼試験時火炎状態と燃焼特性結果[3)]

未燃分割合についても，燃焼試験を行った条件においては従来燃料専焼時と同程度となることが確認された。また，排ガス中の N_2O 濃度と未燃アンモニア濃度については，双方とも定量下限値以下であり，燃焼性能という点で問題ないことを確認した。

3.2 碧南火力での実機実証試験

碧南火力発電所へのアンモニア燃焼適用を想定しての検討は2017-2018年度に実施したSIP検討内で行っていた。その後2019-2020年度に実施したNEDO委託研究の中でJERAとともに碧南火力発電所での実証に向けての具体検討を進めることになり，JERA碧南火力発電所にある世界最大規模である4号機（1,000 MW）（以下，碧南4号機）を使って一気に商用化を目指すことにした。一方，火力発電所としてもアンモニアを燃料として使用したことはなく，先行事例もないため安全性の確保についてはJERAとIHIおよび協力会社との協議，検討に多大な時間を要した。JERAとしては基地設備の防災設備の計画に際し，様々な安全防災に関するリスクアセスメントを実施し，対策を実施するとともに，有事の防災活動に備えるため，所轄消防と合同での防災訓練を行うなど近隣自治体との協調を図ってきた。その結果，無事故・無災害で実証試験を遂行することができた。

石炭燃焼ボイラに対してアンモニア燃焼を実現させるため必要となるボイラ側の改造とアンモニア供給設備の追設設備についてそれぞれ紹介する。

まずボイラについては，碧南4号機の場合はアンモニア20％燃焼を実現するためには既設のバーナにアンモニアノズルを追加設置する改造を行うのみとなった（アンモニアを供給するための配管や弁の追設も必要ではある）。アンモニア燃焼比率が20％程度であれば，ボイラ廻りについては，バーナ改造だけでアンモニアによる CO_2 の20％削減が可能ということである。ただし，各プラントの設備の状態や設備能力の裕度によってはバーナ以外の改造が必要になる場合もあるため，設備改造範囲の特定には事前の詳細な検討が必要である。

バーナ改造前後の写真を図6に示す。IHIのアンモニアバーナは，アンモニア不使用時は既設

第4章　石炭火力におけるアンモニア燃焼技術開発の状況

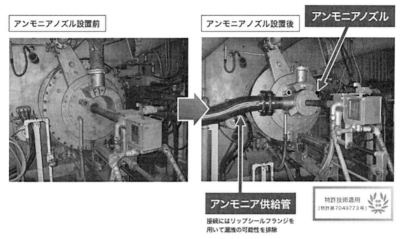

図6　微粉炭バーナからアンモニア 20% バーナへ[4]

と全く同じ従来燃料専焼運転が可能なものとしていることに特徴がある。これによりアンモニアの供給状態によらずボイラの能力を常に維持できるようにし，電力の安定供給を確保している。具体的には碧南4号機に設置されている全バーナ（48本）にアンモニアノズルを設置している（IHIにて改造実施）。

　次に，アンモニア供給設備について紹介する。全体の構成としては，液体アンモニアを受け入れ，貯蔵し，気化器で気化してアンモニアガスとしてボイラへ供給する方式であり，表1のような設備が設置されている（JERAにて設置）。

　これまで開発およびFSを行って来た火力発電設備の CO_2 排出量削減策としてのアンモニア利用について，社会実装に向けては実機で実証し，技術を確立する必要がある。このため，碧南4号機においては，ボイラ関係設備の改造を担当するIHIとアンモニア供給設備の発注・設置を担当するJERAと十分な協議を行い，お互い合理的な仕様を決定し，20%燃焼実証を行うことにより，運転条件などの特性を把握し実運用上の課題抽出・解決を図っていく必要があった。これ

表1　碧南4号機における燃料アンモニア供給設備

No.	設備名
1	アンモニア受入設備（ローディングアームなど）
2	燃料アンモニアタンク
3	燃料アンモニアBOG（タンクで気化したアンモニアガス）圧縮機
4	燃料アンモニア払出ポンプ
5	燃料アンモニア気化器
6	燃料アンモニア気化器海水ポンプ
7	燃料アンモニア過熱器

クリーン水素・アンモニア利活用最前線

表 2 碧南 4 号機実機実証試験における主目的

No.	主目的
1	燃焼技術の確立[*1] ・バーナおよび関連設備の使用確定，運用方法確立 ・燃焼特性把握
2	プラント性能の評価[*1] ・ボイラ性能評価 ・補機類影響評価 ・運用方法確立
3	環境設備の評価[*2] ・設備への影響評価 ・運用方法確立
4	燃料アンモニア供給設備関連技術の確立[*2] ・設備仕様の妥当性評価 ・運用方法確立

（＊1）IHI／JERA にて評価
（＊2）JERA にて評価

により社会実装に向けた火力発電におけるアンモニアの燃料としての利用技術を確立していくものである。これらを実現するために実施した実証試験の主目的を表 2 に示す。

　碧南 4 号機におけるアンモニア燃焼は 2024 年 4 月 1 日に初点火し，その後は計画どおり進捗した。4 月 10 日には，定格 100 万 kW 運転におけるアンモニア 20％燃焼を達成した。

　実証試験の結果の評価としては，アンモニア 20％燃焼において二酸化炭素（CO_2）排出量は約 20％削減，窒素酸化物（NO_x）排出量は従来燃料専焼と同等であり，硫黄酸化物（SO_x）排出量は約 20％減少していることを確認した。また，温室効果が高い亜酸化窒素（N_2O）も定量下限値以下および未燃 NH_3 分も定量下限値以下と，環境性能の面でも良好な結果を得た。なお，負荷変化試験等を通じて，燃焼安定性および運用性においても従来燃料専焼時と同等であることを確認した。図 7 には，石炭燃焼時およびアンモニア 20％燃焼時の火炎写真とその時の火炎温度計測結果を示す。火炎形状としては，大きな違いは見られず，火炎温度もほぼ同等であることを確認した。これら火炎および燃焼特性においては，燃焼試験設備での試験結果と同等の結果であった。

　碧南火力 4 号機において，JERA は 2020 年代後半に燃料の 20％をアンモニアに転換した商用運転の開始を目指しており，燃料アンモニアのサプライチェーン構築に向けた協議を進めているところである。

第4章 石炭火力におけるアンモニア燃焼技術開発の状況

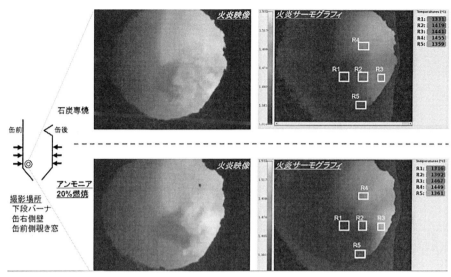

図7 火炎状態と火炎温度

4 アンモニア高比率および専焼バーナ開発状況

4.1 高比率燃焼バーナ

3節では，アンモニア燃焼比率が20％であったが，お客さまの要望に広く対応するため，50％以上の高比率燃焼バーナの開発を進めている。バーナでカーボンニュートラル燃料であるアンモニアの比率を高めることで，大きくCO_2排出量を削減しようとするものである。なお，ここでは，従来燃料専焼の機能を持たせつつ，アンモニア高比率燃焼バーナの開発を進めている。

燃焼試験は，3.2項の大型燃焼試験設備で，バーナを変更することで実施した。図8に，燃焼試験設備における高比率アンモニア燃焼時の火炎状態とトレンドの一部を示す。アンモニア20％バーナでは，バーナ中心からアンモニアを噴出する形式としていたが，50％以上の高比率燃焼バーナでは，中心からの噴出に加え，バーナ外周側からの噴出を組み合わせてアンモニアを供

 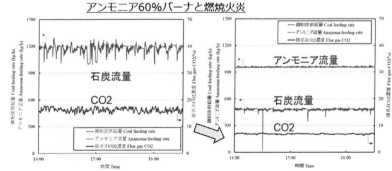

図8 火炎状態と排出CO_2トレンド

201

クリーン水素・アンモニア利活用最前線

給することとしている。結果，火炎形状について，着火点は従来燃料専焼およびアンモニア20％燃焼の火炎とほぼ変わらず，燃焼特性（NO_xなど）も従来燃料専焼と遜色ないデータが取得できている。また，燃焼試験設備で，60％のアンモニア高比率燃焼した時のCO_2濃度トレンドからは，排ガス中CO_2濃度が減少し，安定した燃焼状態であることが読み取れる。

4.2 アンモニア専焼バーナ

アンモニア専焼バーナの開発では，小型燃焼試験設備において有害物質を抑制した状態での燃焼に成功しており，さらに実際の発電所規模を想定した大型炉での詳細な評価を実施するため，2022年度より3.2項の大型燃焼試験設備での専焼試験を開始している。

図9にアンモニア専焼時の火炎を示す。燃焼試験において，その火炎は，他のガス火炎と同様に，火炎が不輝炎となっている。一方，火炎の燃焼状態を適切に把握し，燃焼技術の高度化に向けては，火炎を可視化し，より正確に実機に反映することが重要である。そこで，特殊カメラとフィルタにより，火炎可視化に成功し火炎形状を把握することができた。これにより，詳細な燃焼状態の確認や計測結果の妥当性評価が可能となり，より信頼性の高いバーナの開発ならびに実用化に取り組んでいる。

NO_x排出については，燃焼条件および各種パラメータを設定することで，適切に制御できることを確認している。今後も，実機での導入に向け，バーナ構造及び燃焼条件の最適化の検討を進めていくところである。

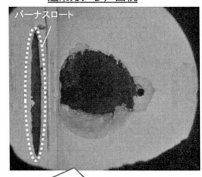 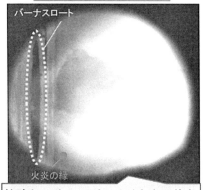

図9　アンモニア専焼火炎および火炎可視化画像

第4章　石炭火力におけるアンモニア燃焼技術開発の状況

5　海外石炭火力での取り組み[5)]

2050 年のカーボンニュートラル社会実現のためには，国内での取り組みだけでなく，海外へ展開し，その国で CO_2 排出削減に取り組んでいくことが重要である。特にアジア地域では，石炭火力が主力の電源であり，今後も電力消費が伸びていくことを考えると，石炭火力を維持したまま，カーボンニュートラル化に向けたトランジション期の取り組みを行っていく必要がある。

5.1　インドネシアでの取り組み

インドネシアでは，火力発電用ボイラに対するアンモニア利用技術に注目が集まっている。インドネシアの Gresik 発電所 1 号機では，2022 年 10 月に天然ガスとアンモニアの少量利用技術の実証試験を実施した。同機のボイラは IHI が納入した重油焚きボイラであるが，後に天然ガス焚きボイラに改造されている。IHI ではこの実証試験におけるアンモニア系統計画，手配，燃焼器の供給などを行い，インドネシア政府の関係者が見守るなか，アンモニア少量利用技術の実証試験に成功した。これは ASEAN 諸国では初めてとなる実機を用いた実証試験であり，その成果は 2022 年 11 月に同国で開催された G20 に関連する会議で世界中に報告された。インドネシアにおいても増大する電力需要に応えつつ，火力発電所から排出される CO_2 の削減に向けてカーボンフリー燃料の適用が検討されており，この実機を用いた実証試験の成功はその第一歩と位置付けられている。

また，2024 年 9 月には，PLN 社グループが保有する商用石炭火力発電所 Labuan 火力発電所（発電出力：30 万 kW）において，クリーンエネルギーであるグリーンアンモニアへの燃料転換を目指し，同発電所でグリーンアンモニアの燃焼実証の実施に向けた検討を行うこととしている。グリーンアンモニアの製造から Labuan 火力発電所への供給，発電設備の燃料転換までのバリューチェーン全体について技術性・経済性の検討を行うと同時に，発電所の改造検討といったアンモニア燃焼実証に関する技術的検討を行う。

今後はインドネシアの電力会社および政府と連携し，同国における火力発電所からの CO_2 排出量削減を実現すべく，アンモニア利用・燃焼技術の積極的な展開を図っていく。

5.2　インドでの取り組み

インド政府は，2070 年までに温室効果ガス排出量ゼロを目指し，火力発電所における水素・アンモニアの利活用を検討している。今後も電力需要の増大が見込まれていることから，火力発電が必要となっており，燃料としてアンモニアを利用することで火力発電所からの CO_2 の排出量削減が期待されている。このような状況のなか，インドの Adani Power Limited が所有するMundra 発電所（図 10）を対象として，アンモニア利用技術の適用に関する事業性評価を 2022 年に実施した。Mundra 発電所は Babcock & Wilcox Beijing Co., Ltd.（中国）が納入した対向燃焼方式のボイラが設置されている。対向燃焼方式とは，火炉の前後に向かい合わせに配置した

203

クリーン水素・アンモニア利活用最前線

図10　Adani Power Limited Mundra 発電所

バーナで燃焼する方式である。IHI では対向燃焼方式のボイラの設計・改造の実績が数多くあり，この知見を活かし，他社製の既設ボイラに IHI のアンモニア利用技術を適用していこうと取り組んでいる。

　Mundra 発電所における事業性評価は，NEDO の助成を受け実施したもので，アンモニア 20％燃焼の実施のための技術検討および経済性の検証を実施している。また，技術検討における燃焼試験実施を通じて，他社製ボイラにおけるアンモニア 20％燃焼の適用について検討・評価する予定としている。

　この事例のように，他社製を含む既設ボイラに IHI のアンモニア利用技術を適用していくため，技術評価を燃焼試験と数値解析を用いて行い（実証前調査），その後に実機展開するべく計画を進めている。

5.3　マレーシアでの取り組み

　マレーシア政府および国営電力会社 Tenaga Nasional Berhad（以下，TNB）社は，2050 年までに温室効果ガス排出量ゼロを目指し，火力発電所におけるカーボンニュートラル燃料の活用を検討している。さらに，脱炭素化を加速するため，2035 年までに CO_2 排出量を 0.35 t-CO_2/MWh に下げる目標を打ち出している。そこで，石炭火力発電所における脱炭素実現の具体的な手段として，バイオマス燃料利用に加えて，燃焼時に CO_2 を排出しないアンモニアなどの燃焼技術について協議を重ねてきた。2022 年度から，共同で実施してきた TNB Genco 社所有の石炭火力発電所を対象に脱炭素化を目指し，アンモニアやバイオマス燃焼技術の適用に向けた技術的および経済的な検証が 2023 年 6 月に完了した。現在，当該発電所における脱炭素化計画の骨子を策定し，アンモニア・バイオマス少量燃焼を早期に実施するための基本設計を行うとともに，大規模化に向けてより詳細な実現可能性調査を実施する予定である。

　対象の発電所は，対向燃焼方式とは異なり，旋回燃焼方式のボイラとなっている。本方式のボ

204

第 4 章　石炭火力におけるアンモニア燃焼技術開発の状況

イラは，東南アジア地域に多数建設されており，燃料アンモニアの利用が可能となれば，その市場は大きなものになると考えている。

6　最後に

2010 年代半ばから，アンモニア燃焼に取り組み，約 10 年が経過したところである。カーボンニュートラルの流れを受け，実機実証を完了するところまできた。今後，急激な気候変動に対応するため，カーボンニュートラルの実現に向けた動きは加速こそすれ，逆戻りすることはないものと思われる。国内外の産官学が一丸となり，2050 年のカーボンニュートラル社会を目指し，ボイラおよびそれ以外へのアンモニア燃焼の適用，またそのバリューチェーンを構築し，貢献していきたいと考える。

謝辞

　この成果は，内閣府総合科学技術・イノベーション会議の戦略的イノベーション創造プログラム（SIP）「エネルギーキャリア」（管理法人：国立研究開発法人 科学技術振興機構）の委託研究課題「アンモニア直接燃焼」，国立研究開発法人新エネルギー・産業技術総合開発機構（NEDO）の委託業務／助成事業（JPNP16002）および GI 基金助成事業（JPNP21020）において実施した結果によるものです。ここに謝意を表します。

文　　　　　献

1)　エネルギー基本計画，経済産業省，2021（令和 3）年 10 月
2)　日本機械学会論文集，**86**(883)，pp. 19-00363，2020 年 3 月
3)　IHI 技報，**63**(1)，pp. 4-7，2023 年 6 月発行
4)　IHI 技報，**64**(1)，pp. 4-7，2024 年 6 月発行
5)　IHI 技報，**63**(1)，pp. 8-9，2023 年 6 月発行

第5章　ガスタービンでのアンモニア利用

壹岐典彦[*]

1　アンモニアを燃料とする様々なガスタービン

アンモニアを燃料として利用するガスタービンは，米国で1960年代には車両用の研究開発がすでに行われていた[1,2]。ただし，当時は，燃焼効率が低く，NO_x排出も高い状態であり，実用化に至らなかった。その後，40年以上アンモニア燃料のガスタービンは開発されなかったが，今世紀になって地球環境問題への対策として，再生可能エネルギーから製造可能なカーボンフリー燃料としてのアンモニアが注目されるようになり，ガスタービンでの発電が検討されるようになった。米国ではアンモニア燃料についての様々な研究開発が開始され，Evansらは再生可能エネルギー由来の水素を用いてアンモニアを合成して，ガスタービンで発電する構想を打ち出し，ジェットエンジンをベースにアンモニア燃焼器の開発を始めた[3]。

日本でもアンモニア燃料の研究開発が開始された。内閣府戦略的イノベーション創造プログラムSIPでは，マイクロガスタービン，小型ガスタービンのプロジェクトが開始され，その後，大型発電用タービンのプロジェクトまで開始された[4~9]。

2014年には，50 kWマイクロガスタービンを灯油で起動して，アンモニアと混焼して発電できることを産総研が示した。アンモニアの供給能力が不十分であったため，発電出力21 kWに抑えることで30%のアンモニアを混焼している。その後，アンモニア及びメタンの供給設備を整備することにより，アンモニアガスを燃料とするガスタービンの研究開発を進めてきた。2015年にはアンモニア専焼で41.8 kWの発電，メタンとアンモニアの50%混焼でも41.8 kWの発電に成功し，さらに低NO_x燃焼器の開発も行い，最終的に50 kWの発電に成功した。SIPにおいてトヨタエナジーソリューションズは，東北大学，産総研と共同で開発した50 kWマイクロガスタービン（再生サイクル）の他に，300 kWマイクロガスタービン（シンプルサイクル）のアンモニア専焼運転に成功した。

2 MWのガスタービンにおいては，IHIがメタンに対してアンモニア20%の混焼に成功した。SIP終了後には液体アンモニア噴霧燃焼技術の開発に取り組み，グリーンイノベーション基金において，液体アンモニア噴霧の専焼に成功している。

ノルウェーでは，ジーメンスの3万kW級ガスタービンをアンモニア燃料とする研究開発が進められ，一部改質したアンモニアの燃焼技術の開発が進められている[10]。また三菱重工業では

---

* Norihiko IKI　（国研）産業技術総合研究所　エネルギー・環境領域

再生可能エネルギー研究センター　水素キャリア利用チーム　招聘研究員

206

第5章　ガスタービンでのアンモニア利用

4万kW級ガスタービンの開発が行われている[11]。

さらにスケールアップしたガスタービンについては，SIPにおいて三菱重工業がコンバインドサイクルでのアンモニア燃料利用について検討した。ガスタービン排気を熱源としてアンモニアを改質し，得られた水素を燃焼させる方式を提案し研究開発を行った[11]。コンバインドサイクルの廃熱回収ボイラー（HRSG）の蒸気を用いた改質器を開発し，開発済みの水素混焼もしくは水素専焼燃焼器を用いることでアンモニア燃料に対応する方式である。

2　産総研におけるマイクロガスタービン試験

産総研では，アンモニアを燃料とする50kW級マイクロガスタービンの研究開発を行ってきた。燃焼器開発から発電試験まで様々なプロジェクトに東北大学及びトヨタエナジーソリューションズ等とともに取り組んできたので，以下に紹介する。

2.1　燃料供給設備について

アンモニアガスを燃料とする場合は，アンモニアの気化装置を用意する必要があるが，日本において液化ガスはゲージ圧0.2MPa以上に調圧すると，高圧ガス製造として法規制の対象となる。従って，図1のように0.2MPa未満のアンモニアガスをガス圧縮機により燃焼器圧より高い圧力に上昇させてから調圧して燃焼器に供給を行った。また液アンモニアを直接ガスタービンに供給すると，アンモニアガス圧縮機および気化装置を廃止できる。一方，液化ガスの昇圧ポンプが必要となる。アンモニアは腐食性があるので，ガス圧縮機も液化ガス昇圧ポンプもアンモニアに対する耐食性のシールが必要である。また液化ガスを噴霧燃焼させるためには専用の機器の開発が必要であり，実用化までに開発すべき課題は多い。

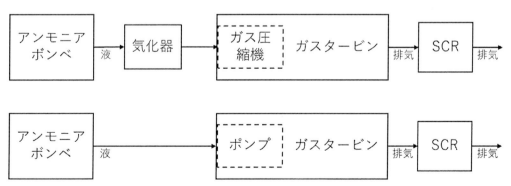

図1　アンモニア供給設備とガスタービンの構成
（上：アンモニアガス供給の場合，下：液アンモニア供給の場合）

2.2 ガスタービンの起動について

アンモニアは燃焼速度が遅く,安定な燃焼を行うために,燃焼用空気の温度を高めることが有効である。そのため,アンモニア燃焼を行う際には,起動用燃料を用いた暖機運転が行われている。圧力比が大きい大型ガスタービンでは圧縮空気温度が高くなるが,圧力比が小さい再生サイクルのガスタービンでは,再生熱交換器を温める必要もあり,起動用燃料は必須の状況である。産総研では,図2のようにSIPの初期は灯油及びメタンにてガスタービンの起動を行ってきたが,アンモニアを一部改質して水素を添加する手法でも起動できた。カーボンニュートラルを目指すとすると,水素,合成メタン,DME,バイオマスなどが起動用燃料の候補になってくる。

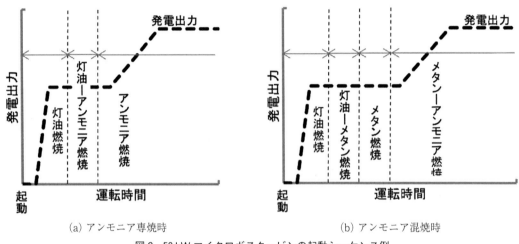

(a) アンモニア専焼時　　　　　　　　(b) アンモニア混焼時
図2　50 kWマイクロガスタービンの起動シーケンス例

2.3 定常運転について

ガスタービンには安定に運転可能な回転数,発電出力の範囲があるが,アンモニアのみを燃焼させるアンモニア専焼においては,安定な運転範囲が狭くなった。なお発電所用の発電用ガスタービンは回転数が一定のため,制御方法が異なる点には注意が必要である。図3のように初期型の燃焼器においては発電出力が小さい条件において,燃焼器入口空気温度が低くなり,未燃アンモニアが発生しやすくなったため,ターンダウン比が小さくなった。一方,発電出力を大きくすると,燃焼ガス温度が高まり,再生熱交換器により燃焼用空気が高温まで予熱されて,燃焼器入口空気温度が高くなる。

混焼運転を行うことでターンダウン比が著しく改善されるが,混焼時の排ガス成分はアンモニアの割合により大きく変化する。図4は,マイクロガスタービンの部分負荷の場合を示す。メタン専焼時にはNO$_x$が低いが,アンモニア割合が数%で急激にNO$_x$とくにNOの発生が増加する。その後は,アンモニア割合が増加してもNOの増加は緩やかになりピークが見られる。アンモ

第5章 ガスタービンでのアンモニア利用

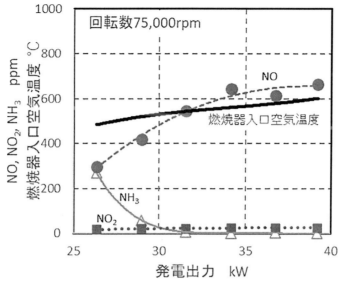

図3 アンモニア専焼時の排気ガス成分の例

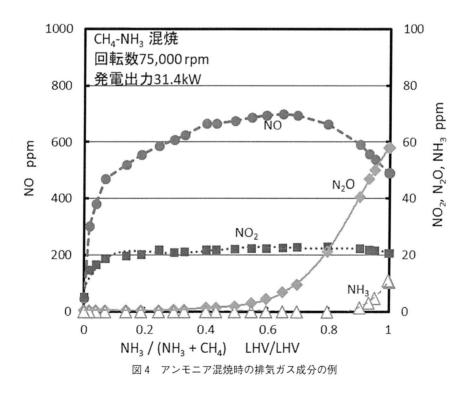

図4 アンモニア混焼時の排気ガス成分の例

ニア専焼時にはやや低くなる。なお，これらのNO$_x$は同程度のアンモニアを排気に添加することで，選択式還元触媒装置SCRにより脱硝可能な濃度であり，10ppm未満に抑えることができることを実証した。

209

2.4 低 NOx 燃焼器

社会実装を目指すにあたり，できるだけ SCR を小型化して低コスト化するため，低 NOx 燃焼器の研究開発を行った。アンモニアは 800℃ を超える高温で熱分解し，水素と窒素になり，ススは発生しない。東北大学による予混合火炎試験では，当量比が 1 を超えるやや燃料リッチな条件では，NOx が少なく，未燃アンモニアも残らないことが確認されている[12]。そこで，図 5 (a) のように，燃料リッチの一次燃焼を行い，NOx の発生を抑えた後に，空気を加えることで残った可燃成分で二次燃焼を行うリッチリーン燃焼器の研究開発を行った。燃料リッチ条件では，酸素が不足するため，可燃成分が残る。アンモニアは低い混合割合でも高い NOx 発生を示すことから，一次燃焼領域を経たのちに未燃アンモニアを極力減らすことが望ましく，水素を残すことが理想的である。水素のみが残るのであれば，二次燃焼領域では水素のリーン燃焼となるため，NOx 生成はアンモニアに比べて少なくなることが期待できる。図 5 (b) のように試作燃焼器の上流側に大きく一次燃焼領域を取り，空気希釈孔から二次燃焼領域用の空気を入れる形とすることで，ガスタービン燃焼器におけるリッチリーン燃焼の実現を目指した。その結果，図 5 (c) のように試作アンモニア用燃焼器に比べて，燃料消費量が一定範囲で NO を低下することができた。この知見をもとに燃焼器を設計し直し，低 NOx 燃焼器を開発するとともに，その燃焼器搭載を前提とした新ガスタービンを開発し，脱硝装置をパッケージ内に搭載した。メタンによりガスタービンの起動が可能であること，定格の発電出力が達成可能であることを確認し，試作アンモニア燃焼器を用いた場合に比べて NOx 生成が 1/5 以下にできることを実証した。

2.5 液体アンモニア噴霧燃焼

アンモニアは通常液化ガスとして貯蔵されるが，大量にアンモニアガスを供給するには蒸発潜熱が大きいため気化器を必要とする。また，燃料供給圧はガスタービン燃焼器より高い必要であり，ガス圧縮機よりも液ポンプの方が一般に昇圧の動力が小さい。液体アンモニアのまま噴霧燃焼ができれば，液ポンプが必要となるものの，気化器，ガス圧縮機を用いずに済むため，コストダウンが期待できる。噴霧燃焼に必要な燃料噴射弁には，渦巻き噴射弁などの適用例があるが，液化ガスであるアンモニアの噴霧特性，噴霧燃焼特性，噴射方式についても知見は十分ではない。アンモニアは発熱量に比べて蒸発潜熱が比較的大きく，液体アンモニアは燃焼場の温度を低下させるため，着火保炎が困難となっている。液体アンモニア専焼を実現するために燃焼器の改良が取り組まれている[13]。プレ燃焼場付き燃焼器を用いて発電試験を成功した例もある[14]。また，実機に採用できる周辺機器も開発する必要があり，課題となっている。

2.6 社会実装に向けた取り組み

アンモニア燃焼ガスタービンの実証試験については，様々な計画が進められてきた。SIP においては再生可能由来水素を用いて合成したアンモニアを用いてグリーンアンモニアのサプライチェーンを模擬した実証を行い，産総研敷地内で成功している。50 kW 級ガスタービンについ

第5章　ガスタービンでのアンモニア利用

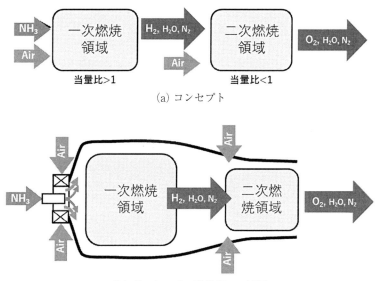

(a) コンセプト

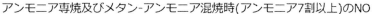

(b) ガスタービン燃焼器への適用

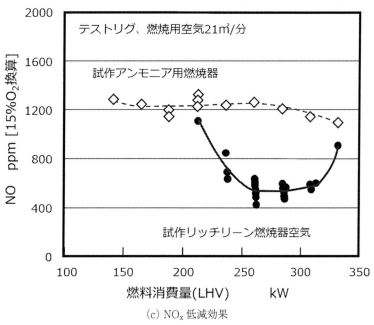

(c) NO_x 低減効果

図5　リッチリーン燃焼による NO_x 低減

てブルーアンモニアのサプライチェーン実証にも用いられた。さらに農業ハウスへの熱電併給については環境省予算で開始されている[15]。

3 最後に

アンモニアを燃料とするガスタービンについては様々なサイズで研究開発が進められている。アンモニアガスを安定に燃焼しながらもNO_x生成を抑える技術は小型のガスタービンでは実証されており，アンモニア専焼も可能となっている。一方，耐久性，信頼性といった面では今後も研究開発が必要である。特に，システムのコストダウンを図る上では，液アンモニアの噴霧燃焼の技術は重要であるが，まだ研究開発段階であり，実機に搭載しようにも，液化ガス用ポンプをなど未だ商用化に耐える段階にない周辺機器もみられる。小型のガスタービンの実証試験が進んでいるものの，コストダウンの面では厳しい。社会実装にむけては技術開発とともに，サプライチェーンの確立，燃料転換のインセンティブ付与など工夫が必要である。

文　　献

1) Pratt, D. T., Technical Report No. 9, DA-04-200-AMC-791(x) (1967)
2) Solar Division of International Harvester Company, Final Technical Report, DA-44-009-AMC-824(T) (1968)
3) Evans, B., The tenth Annual NH3 Fuel Conference (2013)
4) SIP（戦略的イノベーション創造プログラム）エネルギーキャリア アンモニア直接燃焼「アンモニア燃焼の基礎燃焼特性と基盤技術研究開発」終了報告書（2019），https://www.jst.go.jp/sip/dl/k04/end/team6-1.pdf
5) SIP（戦略的イノベーション創造プログラム）エネルギーキャリア アンモニア直接燃焼「アンモニア内燃機関の技術開発」終了報告書（2019），https://www.jst.go.jp/sip/dl/k04/end/team6-7.pdf
6) SIP（戦略的イノベーション創造プログラム）エネルギーキャリア アンモニア直接燃焼「アンモニア燃焼マイクロガスタービン」終了報告書（2019），https://www.jst.go.jp/sip/dl/k04/end/team6-19.pdf
7) SIP（戦略的イノベーション創造プログラム）エネルギーキャリア アンモニア直接燃焼「アンモニアガスタービンコジェネレーションの技術開発」終了報告書（2019），https://www.jst.go.jp/sip/dl/k04/end/team6-5.pdf
8) SIP（戦略的イノベーション創造プログラム）エネルギーキャリア アンモニア直接燃焼「アンモニア利用ガスタービンの技術開発（システムおよび燃焼器）」終了報告書（2019），https://www.jst.go.jp/sip/dl/k04/end/team6-15.pdf
9) SIP（戦略的イノベーション創造プログラム）エネルギーキャリア アンモニア直接燃焼「アンモニア利用ガスタービンの技術開発（アンモニア分解装置の検討）」終了報告書（2019），https://www.jst.go.jp/sip/dl/k04/end/team6-16.pdf
10) Indlekofer *et al.*, *J. Eng. Gas Turbines Power*, **145**(4): 041018 (2023), https://doi.org/10.

1115/1.4055725

11) 江川ほか，カーボンニュートラルの達成に向けた水素・アンモニア焚きガスタービンの取組み，三菱重工技報，**60**(3)，1（2023），https://www.mhi.co.jp/technology/review/pdf/603/603030.pdf

12) Kobayashi, H. *et al.*, *Proc. Combust. Inst.*, **37**, 109 (2019), https://doi.org/10.1016/j.proci.2018.09.029

13) 内田ほか，液体アンモニア直接噴霧燃焼ガスタービンの開発，IHI技報，**61**(2)（2021），https://www.ihi.co.jp/en/technology/sdgs/topic01/pdf/1808.pdf

14) 春日ほか，第49回ガスタービン定期講演会講演論文集，A-11（2021）

15) 環境省 地域共創・セクター横断型カーボンニュートラル技術開発・実証事業「アンモニアマイクロガスタービンのコジェネレーションを活用したゼロエミッション農業の技術実証」，https://www.env.go.jp/earth/ondanka/cpttv_funds/pdf/db/271.pdf

クリーン水素・アンモニア利活用最前線

2024 年 11 月 29 日　第 1 刷発行

監　　　修	小島由継	（T1275）
発 行 者	金森洋平	
発 行 所	株式会社シーエムシー出版	
	東京都千代田区神田錦町 1-17-1	
	電話 03（3293）2065	
	大阪市中央区内平野町 1-3-12	
	電話 06（4794）8234	
	https://www.cmcbooks.co.jp/	
編集担当	上本朋美／為田直子／門脇孝子	

〔印刷　尼崎印刷株式会社〕　　　　　　　　　　　Ⓒ Y. KOJIMA, 2024

本書は高額につき，買切商品です。返品はお断りいたします。
落丁・乱丁本はお取替えいたします。

本書の内容の一部あるいは全部を無断で複写（コピー）することは，法律で認められた場合を除き，著作者および出版社の権利の侵害になります。

ISBN978-4-7813-1823-3 C3058 ￥56000E